树帜农业历史文化研究丛书

黄河流域重要农业文化遗产识别评估

杨乙丹　朱宏斌　编著

U0350393

西北农林科技大学出版社

图书在版编目（CIP）数据

黄河流域重要农业文化遗产识别评估／杨乙丹，朱宏斌编著． -杨凌：西北农林科技大学出版社，2021.11

ISBN 978-7-5683-1033-8

Ⅰ．①黄… Ⅱ．①杨… ②朱… Ⅲ．①黄河流域-农业-文化遗产-识别 ②黄河流域-农业-文化遗产-评估 Ⅳ．①S

中国版本图书馆 CIP 数据核字（2021）第 219701 号

黄河流域重要农业文化遗产识别评估

杨乙丹　朱宏斌　编著

出版发行	西北农林科技大学出版社
地　　址	陕西杨凌杨武路 3 号　　　　邮　编：712100
电　　话	总编室：029-87093195　　发行部：029-87093302
电子邮箱	press0809@163.com
印　　刷	西安日报社印务中心
版　　次	2021 年 11 月第 1 版
印　　次	2021 年 11 月第 1 次印刷
开　　本	787 mm×1092 mm　1/16
印　　张	22.5
字　　数	402 千字

ISBN 978-7-5683-1033-8

定价：68.00 元

本书如有印装质量问题，请与本社联系

项目资助

农业农村部社会事业促进司委托项目"重要农业文化遗产识别评估"（09190048）

西北农林科技大学科创专项"黄河流域农耕文化遗产研究"（Z1090321168）

西北农林科技大学乡村振兴战略研究院专项

前 言 PREFACE

一

在长期的农业生产实践中,世界各地的先民们以多样化的自然资源为基础,通过因地制宜的种养殖生产实践活动,创造、发展、管理着许多独具特色的农业系统和景观,在不断满足自身生存需求的同时,也维持着农业生物多样性,传承着具有自我调节能力的生态系统,为后代的繁衍发展提供了生计安全和生活质量的切实保障。

然而,当今技术、文化和经济的快速发展,正威胁着传统农业系统的延续和发展。一方面,在过去的几十年里,人们高度关注农业生产能力、专业化水平和全球市场,而忽视了相关的外部性与适应性管理的策略,导致全面忽视了对这些多种多样、独具特色的农业生产系统的研究和发展的支持。在此过程中,自然资源被过度开发,不可持续的生产方式越来越被普遍采用,从而带来严重的基因污染、相关知识体系和传统文化的丧失,并可能将一些地区拖入到贫穷和社会经济动荡的恶性循环之中。另一方面,农业领域中许多传统发明创造、技术体系尽管仍具有重要的经济、生态与文化价值,但剧烈的社会变革使得它们不得不接受被浩瀚的历史长河所湮没的命运,如果不采取有效措施,它们终将无法逃脱消失于工业化、现代化和全球化浪潮中的厄运。

为了保护在经济、生态与文化价值方面具有全球意义的传统农业系统,2002年8月,联合国粮农组织(FAO)、联合国发展计划署(UNDP)和全球环境基金(GEF)一道,携手联合国教科文组织(UNESCO)、国际文化遗产保护与修复研究中心(ICCROM)、国际自然保护联盟(IUCN)、联合国大学(UNU)等10余家国际组织及国家,共同发起了一项创制——全球重要农业文化遗产系统(Globally Important Agricultural Heritage Systems,简称 GIAHS),旨在建立一个长期的开放式的项目,并最终计划在全球建立100到150个具有重要意义的农业文化遗产保护地,通过创新性的体制结构对 GIAHS 进行“动态保护”。截至目前,全球21个国家的57项传统农业系统被列入GIAHS名录。

中国是一个历史悠久的农业大国，是世界农业起源地之一。在长期的农业生产实践中，劳动人民发明和创造了许多原创性的农学理论、经营方式和技术体系，开创了独特的农业生产系统，留下了丰厚的农业文化遗产。这些农业文化遗产在传统农业向现代农业转化的过程中，仍具有显著的生态价值和社会经济效益，但同样面临被破坏、被遗忘、被抛弃的危险。在系统挖掘的基础上，对重要农业文化遗产进行保护和传承，已成为当前社会、经济和文化发展过程中的一项重要任务。

GIAHS项目启动后，我国便成为最早响应并积极参与这一项目的国家之一。其中，浙江青田稻鱼共生系统在2005年就被列入全球重要农业文化遗产保护名录。随后，江西万年稻作文化系统、云南哈尼稻作梯田系统、贵州从江侗乡稻鱼鸭系统、云南普洱古茶园与茶文化、内蒙古敖汉旱作农业系统、浙江绍兴会稽山古香榧群、河北宣化城市传统葡萄园、福建福州茉莉花种植与茶文化系统、江苏兴化垛田传统农业系统、陕西佳县古枣园、中国南方稻作梯田系统（由福建尤溪联合梯田、湖南新化紫鹊界梯田、广西龙胜龙脊梯田、江西崇义客家梯田联合申报）、浙江湖州桑基鱼塘系统、山东夏津黄河故道桑树群和甘肃迭部扎尕农林牧复合系统，也先后被列入全球重要农业文化遗产名录，在数量和覆盖类型方面居世界各国之首。

受GIAHS启发，中国农业部在2004年4月启动了"中国农业文化遗产保护项目"，先后制定出台了《中国重要农业文化遗产认定标准》《中国重要农业文化遗产申报书编写导则》《中国重要农业文化遗产管理办法（试行）》等系列文件。2012年3月，农业部下发了《关于开展中国重要农业文化遗产发掘工作的通知》，正式启动了"中国重要农业文化遗产"（China-NIAHS）评选工作，这也使我国成为世界上第一个开展国家级农业文化遗产评选与保护的国家。截至目前，我国已完成了5批共118项China-NIAHS的认定工作。2021年7月，农业农村部农村社会事业促进司公示了第六批中国重要农业文化遗产候选项目名单，包括20项新增项目和1项扩展项目。

二

在农业文化遗产研究领域，西北农林科技大学有着优良的传统和深厚的积淀。早在1952年，辛树帜、石声汉、夏纬瑛诸先生为响应毛泽东主席"整理研究祖国医学农学遗产，把它们发扬光大起来，为广大人民的幸福生活服务"的号召，发起成立了西北农学院古农学研究小组，致力于祖国农业遗产的整理研究。

1956年，农业部批准成立了西北农学院古农学研究室，为祖国农业遗产的整理研究提供了更高的平台。随后，辛树帜先生的《中国果树历史的研究》《禹贡新解》和《我国水土保持历史的研究》，石声汉先生的《氾胜之书今释》《齐民要术今释》、*A Preliminary Survey of the Book Chi Min Yao Shu*、*On Fan Sheng-Chih Shu*、《便民图纂校注》《四民月令校注》，夏纬瑛先生的《〈管子〉地员篇校释》《〈吕氏春秋〉上农等四篇校释》《〈周礼〉书中农业条文解释》《〈夏小正〉经文校释》等先后问世。

"文革"期间，西北农学院古农学研究室一度被撤并，但整理研究祖国农学遗产的工作仍在艰辛地开展着。"文革"结束后，石声汉先生的《中国农业遗产要略》《农政全书校注》《中国古代农书评介》《农桑辑要校注》，马宗申先生的《营田辑要校释》《商君书论农政四篇注释》《授时通考校注》《农桑辑要译注》等，先后出版。继而，西农农史学人又集体参与了《中国农业科技史稿》《农业百科全书·农史卷》的编撰工作。

在逐渐完成大型骨干农书校注出版，"完成一项规模浩大的、具有世界水平的农业遗产整理工程"（《人民日报》报道用语）之后，西农农史学人开始向农业历史文化研究进军，并取得了丰硕的成果，主要包括邹德秀先生的《绿色的哲理》《中国农业文化》《世界农业科学技术史》，张波先生的《西北农牧史》《不可斋农史文集》《中国农业通史·战国秦汉卷》（与樊志民先生合著），樊志民先生的《秦农业历史研究》《问稼轩农史文集》《陕西古代农业科技》（与李凤岐先生合著），张磊先生的《中国传统农业文化转型研究》，郭风平先生的《中国园林史》《中国传统文化概说》《中外园林史》，等等。

西北农林科技大学的合并组建，为农业文化遗产研究事业提供了新的历史机遇。1999年，西北农学院古农学研究室与西北林学院林业史研究室（1982年林业部批准成立）合并成立了西北农林科技大学中国农业历史文化研究所。研究所于2011年正式获批了陕西（高校）哲学社会科学重点研究基地。2018年，又正式获批了农业农村部传统农业遗产重点实验室。在此过程中，我们承担了包括教育部哲学社会科学研究重大攻关项目、国家社科基金、国家自科基金、国家出版基金等在内的科研项目100余项，出版了四卷本《中国农业通史（图文版）》（樊志民主编）、《秦汉时期区域农业开发研究》（朱宏斌著）、《和而不同：历史时期域外作物的引进及本土化》（朱宏斌）等著作10余部，在《历史研究》《中国农史》等期刊发表学术论文数百篇。

农业农村部传统农业遗产重点实验室旨在围绕传统农业遗产的基础理论和技术示范，推动传统农业遗产的价值挖掘和保护传承，打造集人才培养、科学研究、决策咨询、社会服务和文化传承为一体的高水平农业文化遗产研究基地、传统农业文化遗产保护和发展技术指导中心、中国农业历史文化普及教育基地,为我国美丽乡村建设和现代农业发展提供历史借鉴。重点实验室目前拥有珍本古籍特藏库 1 座,内藏各类古籍 1.2 万余种、5 万余册,其中善本文献 40 余种。特藏库以古农书收藏为特色,全国现存农业古籍 300 余种,本库收藏 280 余种,居全国农林院校之冠;拥有中国农业历史博物馆 1 座,建设面积 4000 平方米,馆藏农史文(实)物达到 2000 余件(套),其中珍贵农史文(实)物 500 余件(套),是国内目前展示体量最大、内容最为系统的农业历史专题博物馆。

近年来,西农农史学人"立足西北,面向全国",积极参与重要农业文化遗产挖掘、保护和传承工作。除积极参与全球重要农业文化遗产和中国重要农业文化遗产的调查论证,通过组织全国性的专门会议、举办学术讲座、开展业务培训等形式积极宣传推介重要农业文化遗产之外,还组织师生对西北地区重要农业文化遗产展开调查、挖掘和研究。

三

西北地区是中国农耕文化的发祥地之一,具有悠久独特的农耕文化和类型多样的农业体系。其中,甘肃皋兰什川古梨园、新疆吐鲁番坎儿井农业系统、甘肃岷县当归种植系统、宁夏灵武长枣种植系统、新疆哈密市哈密瓜栽培与贡瓜文化系统、甘肃永登苦水玫瑰农作系统、宁夏中宁枸杞种植系统、新疆奇台旱作农业系统、陕西凤县大红袍花椒栽培系统、陕西蓝田大杏种植系统、宁夏盐池滩羊养殖系统、新疆伊犁察布查尔布哈农业系统、陕西临潼石榴种植系统、西藏当雄高寒游牧系统、西藏乃东青稞种植系统、陕西汉阴凤堰稻作梯田系统等,先后被列入 China-NIAHS 保护名录,陕西佳县古枣园和甘肃迭部扎尕那农林牧复合系统不仅入选了中国重要农业文化遗产,还被列入了全球重要农业文化遗产保护名录。

西北地区重要农业文化遗产的挖掘保护工作虽已开展多年,并取得了一定的成就,但相比而言,在很多方面仍需进一步加强。

其一,西北地区重要农业文化遗产资源丰富、类型多样,具有深厚的挖掘保护空间,但目前入选中国重要农业文化遗产和全球重要农业文化遗产的项目中,无论是绝对数量还是相对数量,均低于全国平均水平,且明显低于江、浙、闽等沿海工业化和城市化水平较高的省份,更是低于同样处于祖国边远地区的云南。

其二,对重要农业文化遗产的价值认识不足,遗产资源的挖掘明显滞后。调查中发现,很多省、市、县级的主要领导和农业部门的主管干部,对中国重要农业文化遗产和全球重要农业文化遗产很陌生,缺乏挖掘重要农业文化遗产的意识。与之形成鲜明对照的,是一些国家对重要农业文化遗产申报的积极性空前高涨,甚至一些同类型的、我们国家具有良好基础的重要农业系统被"抢注"为全球重要农业文化遗产。例如,日本佐渡岛朱鹮—稻田共生系统(Sado's Satoyama in Harmony with Japanese Crested Ibis)于2011年成功申遗。但朱鹮—稻田共生系统的起源地在陕西洋县,目前日本稻田中的朱鹮是从中国引进的。再比如,伊朗卡纳特灌溉农业遗产系统(Qanat Irrigated Agricultural Heritage Systems)和阿尔及利亚、突尼斯、摩洛哥的绿洲农业系统等,也于近年来被列为全球重要农业文化遗产。其实,地下灌溉系统和绿洲农业系统在两千多年前的新疆就已经很发达了,时至今日,坎儿井水利灌溉系统依然在发挥着重要的农业生产功能。

其三,重要农业文化遗产项目的示范带动能力较弱。以陕西省为例,虽然佳县古枣园被认定为中国重要农业文化遗产和全球重要农业文化遗产,凤县大红袍花椒栽培系统、蓝田大杏种植系统、陕西临潼石榴种植系统等被列入中国重要农业文化遗产保护名录,但黄土高原淤地坝旱作农业系统、府谷古海红果园、千阳桃花米传统栽培系统与贡米文化、南郑古茶园与茶文化系统、宜君旱作梯田农业系统、佛坪山茱萸种植养殖复合生态系统、洛南古核桃园、西乡茶园立体生态系统、洋县传统黑米栽培系统及贡米文化、石泉桑蚕养殖系统、紫阳古茶园与茶文化系统、岚皋稻作文化系统、韩城大红袍花椒种植系统,等等;均具有重要的遗产保护价值。但这些传统农业系统仍未进入申报序列,已经列入全球或中国重要农业文化遗产保护名录的传统农业系统,仍比较缺乏示范和带动效应。

其四,重要农业文化遗产保护需要有新思路和新举措。早在全球重要农业文化遗产项目开展之初,GIAHS项目国际协调人Parviz Koohafkan就曾明确指出:与以往的单纯层面的遗产相比,GIAHS"更强调人与环境共荣共存、可持续发展"。农业部在开展中国重要农业文化遗产评选之前,也确立了"在发掘中保护、在利用中传承"的方针,明确了"动态保护、协调发展、多方参与、利益共享"的原则。一些被列入GIAHS或中国重要农业文化遗产保护名录的遗产地,通过建立规范的保护制度、落实合理的利益共享机制、利用多元的宣传推介平台,推动了重要农业文化遗产的可持续发展,带动了遗产地经济、文化和社会事业的发展。但在调查中我们发现,西北地区在保护GIAHS或中国重要农业文化遗产的过程中,尽管取得了明显成绩,但问题也较为突出。例如,因基础设施落后和管理措施不到位,甘肃迭部扎尕那农林牧复合系统遗产保护地无与伦比的美景不断遭受着破坏;陕西佳县古枣园所产的大枣因附加值低和运销成本高昂,被大批遗弃,可持续发展的前景堪忧;甘肃皋兰什川古梨园内,农家乐或度假村纷纷开建,一些古梨树因阻碍了农家乐的建设而遭受被砍伐的命运。要规避这些问题,需要有新思路和新举措。

党的十九大报告明确了实施乡村振兴战略,并要求坚定文化自信,加强文化遗产保护传承。2018 年中央一号文件明确指出,切实保护好优秀农耕文化遗产,推动优秀农耕文化遗产合理适度利用。2018 年 9 月中共中央、国务院印发的《乡村振兴战略规划(2018-2022 年)》,进一步要求实施农耕文化传承保护工程,深入挖掘农耕文化中蕴含的优秀思想观念、人文精神、道德规范,充分发挥其在凝聚人心、教化群众、淳化民风中的重要作用。2021 年中央一号文件强调:"深入挖掘、继承创新优秀传统乡土文化,把保护传承和开发利用结合起来,赋予中华农耕文明新的时代内涵。"这些充分反映了党和国家对保护利用农业文化遗产的高度重视。而农业文化遗产不仅是先民长期生产实践的智慧结晶,也是一个个具有活态传承性的生产生活系统,承载着人们的乡愁记忆和情感向往。它们在乡村振兴战略中具有巨大的社会、经济与文化价值。

2019 年 5 月,农业农村部农村社会事业促进司委托西北农林科技大学农业农村部传统农业遗产重点实验室,在黄河流域开展农业文化遗产识别评估试点工作,探索全国农业文化遗产识别评估的有效路径,为摸清全国农业文化遗产的家底积累经验。在 2019 年下半年和 2020 年,我们组织专家学者在对 GIAHS 和 China-NIAHS 综合研判分析的基础上,摸索出了重要农业文化遗产识别评估的经验和路径,选取了甘肃省景泰县、陕西省府谷县和韩城市、内蒙古清水河县、河南省陕州区(原陕县)等典型地区进行了实地调研,并对调研市县区的传统农业系统进行了识别和研判,提出了若干具有认定 China-NIAHS 和培育 GIAHS 的重要传统农业系统。我们期待这次工作的开展,有助于推进西北地区重要农业文化遗产的挖掘、保护和传承事业。

四

重要农业文化遗产不仅仅是看得见、摸得着、可感可知的历史农业景观,也是具有深厚历史文化底蕴和社会经济价值的遗产系统。因此,在识别和评估重要农业文化遗产的过程中,需要将其放置于特定的地域中,全面梳理与其相关的传统物种、独特的土地利用系统、传统种养殖制度与技术,以及形成于特定农业系统基础上的传统村落、遗址遗迹、非物质文化遗产、传统乡风民俗、地域性饮食风尚等文化要素。事实上,这些要素本身就是重要农业文化遗产的重要构成内容,或者从不同层面反映着重要农业文化遗产的内涵、价值与意义。

受区位和自然条件等的影响,一些地区的农业具有同质性和渐变性,区域内的重要农业文化遗产同样如此。

黄河流域适宜的气候环境、易于开垦的土地,孕育了厚重的中华农耕文明。黄河是中华民族的母亲河,在黄河母亲的滋养下,中华民族凝聚了自强不息的向上精神、厚德载物的向善精神、家国一体的向心精神、不惧艰险的斗争精神等独特价值体系和意志品质，为中华文明和中华民族注入了独特气质和优秀文化基因，推动着中华文明的延续和不间断发展。黄河、黄土、黄帝是中华民族的重要标志，她们的有机融合，又形成了独具中国特色的"黄色文明"，是凝结中华民族共同体的精神纽带。

在相当长的历史时期，黄河流域的旱作农业支撑了该地区作为我国经济、政治和文化中心地位。但随着时代的变迁，黄河流域的经济社会发展势头逐渐放缓，内部发展不平衡性日益凸显。据统计，2019年底，黄河流经的青海、四川、甘肃、宁夏、内蒙古、陕西、山西、河南、山东9省区，常住总人口42 180.15万人，占全国的30.05%；国土总面积356.84万平方公里，占全国的36.91%；地区生产总值247 407.66亿元，占全国的25.11%，明显低于全国水平。不过，黄河流域是我国重要的生态屏障和重要的经济地带，黄河流域生态保护和高质量发展是事关中华民族伟大复兴和永续发展的千秋大计。

在新时代，以习近平同志为核心的党中央非常重视黄河流域的治理、保护和发展，并为黄河流域生态保护和高质量发展指明了方向。2019年9月18日，习近平总书记在黄河流域生态保护和高质量发展座谈会上的重要讲话指出，治理黄河，重在保护，要在治理。要坚持山水林田湖草综合治理、系统治理、源头治理，统筹推进各项工作，加强协同配合，推动黄河流域高质量发展。要坚持绿水青山就是金山银山的理念，坚持生态优先、绿色发展，以水而定、量水而行，因地制宜、分类施策，上下游、干支流、左右岸统筹谋划，共同抓好大保护，协同推进大治理，着力加强生态保护治理，保障黄河长治久安，促进全流域高质量发展，改善人民群众生活，保护传承弘扬黄河文化，让黄河成为造福人民的幸福河。

黄河文化的保护、传承和弘扬是黄河流域经济社会高质量发展的重要举措。习近平总书记在黄河流域生态保护和高质量发展座谈会上强调，黄河文化是中华文明的重要组成部分，是中华民族的根和魂。要推进黄河文化遗产的系统保护，守好老祖宗留给我们的宝贵遗产。要深入挖掘黄河文化蕴含的时代价值，讲好"黄河故事"，延续历史文脉，坚定文化自信，为实现中华民族伟大复兴的中国梦凝聚精神力量。

黄河流域重要农业文化遗产是黄河文化的重要内容，识别黄河流域农耕文化要素，评选一批具有重要价值的农业文化遗产加以保护、传承与发展，是保护、传承和弘扬黄河文化的必然任务。

编 者
2021年10月

目 录 CATALOG

第一章　中国重要农业文化遗产的类型与特征分析

第一节　China-NIAHS 的类型分析

尽管目前的 139 项中国重要农业文化遗产(含第六批候选项目,下同)分布范围较广、涉及领域较多,但通过它们的命名方式,我们依然可以发现一些共性特征。

一、具有地域特色的林果系统较受偏爱

我国地域广大,林果种类众多且地域性特征明显。"橘生淮南则为橘,生于淮北则为枳",是对我国林果分布地域特征的直观描绘。在目前中国重要农业文化遗产中,有 21 个省市区的 31 个林果种植或栽培系统入选,分别为辽宁鞍山南果梨栽培系统、宁夏灵武长枣种植系统、新疆哈密市哈密瓜栽培与贡瓜文化系统、吉林延边苹果梨栽培系统、浙江仙居杨梅栽培系统、四川苍溪雪梨栽培系统、河北兴隆传统山楂栽培系统、山西稷山板枣生产系统、吉林柳河山葡萄栽培系统、江苏无锡阳山水蜜桃栽培系统、江西南丰蜜橘栽培系统、河南新安传统樱桃种植系统、广西恭城月柿栽培系统、海南海口羊山荔枝种植系统、陕西蓝田大杏种植系统、河北宽城传统板栗栽培系统、江苏泰兴银杏栽培系统、河北迁西板栗复合栽培系统、北京平谷四座楼麻核桃生产系统、河北宣化传统葡萄园、浙江黄岩蜜橘筑墩栽培系统、河南嵩县银杏文化系统、广东岭南荔枝种植系统、重庆万州红橘栽培系统、浙江安吉竹文化系统、四川宜宾竹文化系统、贵州锦屏杉木传统种植与管理系统、陕西临潼石榴种植系统、山东莱阳古梨树群系统、山东峄城石榴种植系统、广东岭南荔枝种植系统。林果种植或栽培系统占 China-NIAHS 总数的 22.3% 。

二、地方名茶和茶文化是 China-NIAHS 认定的重要内容

在当前 139 项中国重要农业文化遗产中,有 16 项是地方名茶和茶文化系统,分别为福建福州茉莉花种植与茶文化系统、云南普洱古茶园与茶文化系统、浙江杭州西湖龙井茶文化系统、福建安溪铁观音茶文化系统、湖北赤壁羊楼洞砖茶文化系统、广东潮安凤凰单丛茶文化系统、湖北恩施玉露茶文化系统、贵州花溪古茶树与茶文化系统、云南双江勐库古茶园与茶文化系统、安徽黄山太平猴魁茶文化系统、福建福鼎白茶文化系统、四川名山蒙顶山茶文化系统、江苏吴中碧螺春茶果复合系统、湖南安化黑茶文化系统、湖南保靖黄金寨古茶园与茶文化系统、江西浮梁茶文化系统。茶文化系统占中国重要农业文化遗产的 11.5%。

三、传统稻作系统在 China-NIAHS 中为主粮种植系统争得地位

我国是世界上最早种植水稻的国家,拥有万年的水稻栽培史。历史上的"稻米之路",曾将水稻带向日本、朝鲜半岛、东南亚,再到西亚乃至亚欧大陆。截至目前,水稻作为我国第一大粮食作物,仍占粮食总产量的 40% 左右。南至海南,北达哈尔滨,西到新疆,东濒大海,都有长期的水稻栽培实践,拥有多样的地方稻种资源。正因为此,江西万年稻作文化系统、湖南新晃侗藏红米种植系统、云南广南八宝稻作生态系统、北京京西稻作文化系统、辽宁桓仁京租稻栽培系统、黑龙江宁安响水稻作文化系统、广西隆安壮族"那文化"稻作文化系统、吉林九台五官屯贡米栽培系统、海南琼中山兰稻作文化系统、天津津南小站稻种植系统等,先后被列入 China-NIAHS。

四、古树群或古树园是 China-NIAHS 的靓丽名片

在悠久的农业生产实践中,人们通过种植适宜的树种,不仅维护了地方的生态环境,丰富了地方农耕文化,也支撑了家庭副业的发展,为家庭生计的维系注入了新的内涵。时至今日,一些特色鲜明的古树园或古树群,仍具有旺盛的生命力和产品生产功能,是农业文化遗产的重要组成部分。其中,陕西佳县古枣园、甘肃皋兰什川古梨园、天津滨海崔庄古冬枣园、山东夏津黄河故道古桑树群、浙江绍兴会稽山古香榧群、四川江油辛夷花传统栽培体系、山东枣庄古枣林、河南灵宝川塬古枣林、河南嵩县银杏文化系统、广东岭南荔枝种植系统、山东莱阳古梨树群系统、山东峄城石榴种植系统、广东岭南荔枝种植系统等,均入选

了 China-NIAHS 乃至 GIAHS。而挖掘具有农业生产功能、上规模的古树群,同样是未来中国重要农业文化遗产和全球重要农业文化遗产的重要考量。

五、独特的土地利用系统是 China-NIAHS 的重要支撑

我国地域辽阔,地形复杂,在不同的土地类型中发展农业生产,需要因地制宜,有效利用当地的土地资源。在农业文明时代,生活在各地的人们为了维系生计,对身边的土地进行因地制宜的改造,形成了梯田、沙田、砂田、畲田、柜田、葑田、涂田、圩田、淤泥坝地等独特的土地利用方式,持续地开展农业生产。其中,圩田始于春秋战国时期的长江流域,梯田在秦汉时期已经出现,葑田在东晋时期的南方已较为常见,畲田在汉代以后的南方丘陵地带盛行,沙田在六朝时期的东南沿海被开发,柜田、涂田在宋元时代已见诸史册,砂田在明代中期成为甘肃等地的保护性耕作方式,淤泥坝地在明清时期的黄土高原已经被有意识地开发。这些独特的土地利用系统在保障先民们生计安全的同时,也为我们留下了丰厚的农业文化遗产。

在目前的 118 项 China-NIAHS 中,包括了江苏兴化垛田传统农业系统、福建尤溪联合梯田、湖南新化紫鹊界梯田、云南红河哈尼稻作梯田系统、河北涉县旱作梯田系统、江西崇义客家梯田系统、广西龙胜龙脊梯田系统、浙江云和梯田农业系统、山东泰安汶阳田农作系统、江苏启东沙地圩田农业系统、广东海珠高畦深沟传统农业系统、陕西汉阴凤堰稻作梯田系统等独特的土地利用系统,它们中的相当一部分已经被列入 GIAHS 加以保护。

六、家禽家畜的养放系统逐渐被关照

中华农业文明不仅包含中原厚重的农耕文明和南方富庶的农渔文明,也包括北方遒劲的农牧文明。早在夏商周时期,猪、牛、羊、马、鸡、狗的"六畜"养殖模式已然形成。家禽家畜养殖,始终是中国农业发展进程中的重要组成部分。不仅如此,生活在各地的人们在长期的家禽家畜养殖实践中,也驯化和培育了具有地域特征的品种,它们同样是农业文化遗产的重要组成部分。其中,内蒙古阿鲁科尔沁草原游牧系统、宁夏盐池滩羊养殖系统、云南腾冲槟榔江水牛养殖系统、江西泰和乌鸡林下生态养殖系统、重庆大足黑山羊传统养殖系统、内蒙古乌拉特后旗戈壁红驼牧养系统、四川石渠扎溪卡游牧系统、内蒙古东乌珠穆沁旗游牧生产系统、西藏当雄高寒游牧系统等,先后被列入 China-NIAHS,表明家禽家畜的养放系统逐渐在农业文化遗产保护体系中得到关照。

七、复合性是 China-NIAHS 的重要考量

在 China-NIAHS 和 GIAHS 的认定过程中,某项农业系统不仅要具有活态性、适应性、多功能性等特征,还要具有复合性特征。而近万年的农业生产实践也表明,农业生产通常并不是某种单一农产品的生产,受生物多样性、农业生产制度复杂性、生物耦合共生性等的影响,复合农业系统是常见的农业生产模式。近年来,China-NIAHS 和 GIAHS 出现了众多复合农业系统,如云南剑川稻麦复种系统、云南漾濞核桃-作物复合系统、山东乐陵枣林复合系统、浙江青田稻鱼共生系统、贵州从江侗乡稻鱼鸭复合系统、浙江湖州桑基鱼塘系统、湖南花垣子腊贡米复合种养系统、四川盐亭嫘祖蚕桑生产系统、内蒙古伊金霍洛旗农牧生产系统、甘肃迭部扎尕那农林牧复合系统、江苏高邮湖泊湿地农业系统、新疆奇台旱作农业系统、辽宁阜蒙旱作农业系统、浙江宁波黄古林蔺草-水稻轮作系统、湖南永顺油茶林农复合系统、广东佛山基塘农业系统、四川郫都林盘农耕文化系统、贵州安顺屯堡农业系统、内蒙古东乌珠穆沁旗游牧生产系统、吉林和龙林下参—芝抚育系统、江苏吴江蚕桑文化系统、浙江缙云茭白—麻鸭共生系统、浙江桐乡蚕桑文化系统、安徽太湖山地复合农业系统、广西桂西北山地稻鱼复合系统,等等。因此,以复杂多样的耕作制度和动植物品种的耦合共生机制为线索,挖掘农业生产中的复合生产体系,仍是今后各地农业文化遗产的识别和认定的重要途径。

八、具有地域特色的农业物种种植体系

在当前的 China-NIAHS 中,出现了一些具有地域特色的中草药、蔬菜、花卉、杂粮等种植体系。

早在"神农尝百草"的神话传说时代,人们就已经有意识地利用身边具有药用价值和辛香味的植物,进而形成了博大精深的中医文化和香料文化。历代丰富的医书,如《内经》《五十二病方》《神农本草经》《伤寒论》《千金要方》《本草纲目》等,记载的中草药和香料达 5000 多种。时至今日,中医治疗仍是保障人们生命安全的重要途径,花椒、生姜、八角等,同样是人们日常饮食不可缺少的香料。

悠久的中草药和香料栽培史,为我们留下了独特的农业文化遗产类别。近年来,辽宁宽甸柱参传统栽培系统、四川江油辛夷花传统栽培系统、甘肃岷县当归种植系统、宁夏中宁枸杞种植系统、重庆石柱黄连生产系统、陕西凤县大红袍花椒栽培系统、江西横峰葛栽培生态系统、吉林和龙林下参-芝抚育系统、云南

文山三七种植系统等，先后被列入中国重要农业文化遗产保护名录。

蔬菜和花卉是我国农业生产的重要组成部分。根据《诗经》记载，先秦时期人们常吃的蔬菜有荇菜、卷耳、苯苢、荠菜、蕨、采藻、葑（蔓菁）等。秦汉时期，葵、藿、薤、葱、韭合称为"五菜"，是人们餐桌上不可或缺的蔬菜种类。张骞"凿空"西域之后，茄子、黄瓜、菠菜、莴苣、扁豆、刀豆等传入中原，逐渐成为人们常吃的蔬菜。宋代《梦粱录》记载，当时南宋都城临安一地，蔬菜就有芥菜、生菜、菠菜、莴苣、葱、韭菜、大蒜、小蒜、茄子、黄瓜、葫芦、冬瓜、瓠子、山药、芋头、茭白、蕨菜、萝卜、水芹、芦笋、莲藕、生姜、菌等30多种。元明清时期，胡萝卜、辣椒、西红柿、马铃薯、南瓜、菜豆等蔬菜从西亚和美洲传入我国，逐渐成为人们食用的主要蔬菜品种。至于花卉，隋唐时期牡丹已经得到广泛栽培，宋代的牡丹甚至达到109种之多，菊花更是有163种之多。此外，芍药、梅花、芭蕉、荷花等，同样得到大规模栽培。目前，包括浙江庆元香菇文化系统、安徽铜陵白姜生产系统、江西广昌传统莲作文化系统、山东章丘大葱栽培系统、湖南新田三味辣椒种植系统、甘肃永登苦水玫瑰农作系统、江苏宿豫丁嘴金针菜生产系统、福建松溪竹蔗栽培系统等。

我国的杂粮作物丰富多样，种植历史悠久，早在商周时期已经形成"百谷""九谷"和"五谷"的认识体系，它们充分印证了我国传统农业的丰富内涵和独特地位。当前，内蒙古武川燕麦传统旱作系统、西藏乃东青稞种植系统等，已经被列入China-NIAHS。

我国的传统农业一直是开放的体系，当前很多农业物种是从域外引种而来。在引种的同时，我国劳动人民还进行了"植之秦中，渐及东土"的本土化改造，将外来的物种逐渐改造为本土作物，在丰富人们饮食生活和调节日常情趣的同时，也留下了丰厚的农业文化遗产。

九、水利遗产与传统灌溉农业系统

早在神话传说时代，人们就通过"伏魔降龙"的水利工程治理水患，发展农业生产。春秋战国时期，楚相孙叔敖主持修建的芍陂、秦蜀郡太守李冰父子修建的都江堰、魏国邺令西门豹主持修建的漳水渠、韩国水工郑国主持兴建的郑国渠，被称为中国古代四大水利工程。秦汉以降，修建农田水利工程仍是国家发展农业的重要举措，而一些农田水利工程至今仍发挥着作用，是我国乃至世界农业文化遗产的重要内容。例如，新疆吐鲁番坎儿井农业系统、安徽寿县芍陂（安丰塘）及灌区农业系统、新疆伊犁察布查尔布哈农业系统，已经被列入China-NI-AHS。今后，发掘历史时期的灌溉工程及其孕育的农业生产系统，仍是农业文化遗产识别认定的一个抓手。

十、具有地域特征的水产养殖体系

我国不仅是粮食和瓜果蔬菜生产大国,也是渔业大国,渔猎采集本就是中华文明起源发展的重要支撑。在农业文明时代,生活在水域地带的人们充分利用天赐水源从事水产养殖,从而保留了独特的渔业文化和传统水产养殖体系。其中,黑龙江托远赫哲族鱼文化系统、浙江德清淡水珍珠传统养殖与利用系统、安徽休宁山泉流水养鱼系统、浙江开化山泉流水养鱼系统等,被列入 China-NIAHS,是对具有地域特征的水产养殖体系的肯定。

十一、印证农业起源的考古遗址所在地的独特农业生产系统

我国是世界三大农业起源地之一,农业文化垂万年而不衰。随着现代考古技术的发展,越来越多的新石器时代的农业遗址被挖掘,进一步印证了我国作为世界农业起源地的地位和悠久的农业历史文化。其中,江西万年仙人洞和吊桶环遗址出土了距今10000多年的栽培稻,内蒙古自治区敖汉旗兴隆洼遗址出土了距今约8000年的碳化粟和黍粒,浙江河姆渡遗址出土了距今7000多年的稻谷、葫芦、菱角等,就是典型代表。而这些考古遗址不仅印证了遗址地悠久的农作历史,也从侧面反映了这些地方独特的农作文化。正因为如此,江西万年稻作文化系统和内蒙古敖汉旱作农业系统,得以入选 China-NIAHS 和 GIAHS。以农业考古遗址出土的农作物为线索,发掘遗址所在地独特的农作系统,也是今后农业文化遗产挖掘、识别和认定的重要抓手。

第二节　China-NIAHS 认定的共性特征

目前被认定的中国重要农业文化遗产还有一个重要的相似特点,就是遗产地生产的农产品,大多是国家质量监督检验检疫总局认定的地理标志保护产品,通过了农业部的农产品地理标志认证,或者获得了国家工商行政管理总局授予的地理标志证明商标。在目前得以入选 China-NIAHS 的 118 项农业生产系统中,除四川江油辛夷花传统栽培体系、云南剑川稻麦复种系统、四川盐亭嫘祖蚕桑生产系统、山东岱岳汶阳田农作系统、四川郫都林盘农耕文化系统、贵州锦屏杉木传统种植与管理系统、贵州安顺屯堡农业系统之外,其他 111 项 China-NIAHS 生产的产品至少拥有 1 种地理标志保护产品、地理标志证明商标或农产

品地理标志认证农产品。

表1 China-NIAHS 相关地理标志农产品

批次	系统名称	相关地理标志农产品
第一批	河北宣化传统葡萄园	宣化牛奶葡萄
	内蒙古敖汉旱作农业系统	敖汉小米
	辽宁鞍山南果梨栽培系统	鞍山南果梨
	辽宁宽甸柱参传统栽培体系	宽甸石柱人参
	江苏兴化垛田传统农业系统	兴化香葱、兴化龙香芋、兴化大米
	浙江青田稻鱼共生系统	青田田鱼
	浙江绍兴会稽山古香榧群	嵊州香榧、枫桥香榧
	福建福州茉莉花种植与茶文化系统	福州茉莉花茶
	福建尤溪联合梯田	尤溪绿笋、尤溪绿茶
	江西万年稻作文化系统	万年贡米
	湖南新化紫鹊界梯田	紫鹊界贡米
	云南红河哈尼稻作梯田系统	元阳梯田红米
	云南普洱古茶园与茶文化系统	普洱茶
	云南漾濞核桃—作物复合系统	漾濞核桃
	贵州从江侗乡稻鱼鸭系统	从江香禾糯、从江田鱼
	陕西佳县古枣园	佳县油枣
	甘肃皋兰什川古梨园	皋兰软儿梨
	甘肃迭部扎尕那农林牧复合系统	迭部县蕨菜
	新疆吐鲁番坎儿井农业系统	哈密瓜、吐鲁番葡萄
第二批	天津滨海崔庄古冬枣园	崔庄冬枣
	河北宽城传统板栗栽培系统	宽城板栗
	河北涉县旱作梯田系统	涉县柴胡、涉县连翘、涉县花椒、涉县核桃、涉县黑枣
	内蒙古阿鲁科尔沁草原游牧系统	阿鲁科尔沁牛肉、阿鲁科尔沁小米

续表

批次	系统名称	相关地理标志农产品
第二批	浙江杭州西湖龙井茶文化系统	西湖龙井茶
	浙江湖州桑基鱼塘系统	辑里丝
	浙江庆元香菇文化系统	庆元香菇
	福建安溪铁观音茶文化系统	安溪铁观音
	江西崇义客家梯田系统	赤水仙高山茶、崇义阳岭茶
	山东夏津黄河故道古桑树群	夏津葚果
	湖北赤壁羊楼洞砖茶文化系统	羊楼洞砖茶
	湖南新晃侗藏红米种植系统	新晃侗藏红米
	广东潮安凤凰单丛茶文化系统	凤凰单丛茶
	广西龙胜龙脊梯田系统	龙脊茶叶、龙胜翠鸭、龙脊辣椒、地灵花猪、龙胜凤鸡、龙胜红糯
	云南广南八宝稻作生态系统	广南八宝米
	甘肃岷县当归种植系统	岷县当归
	宁夏灵武长枣种植系统	灵武长枣
	新疆哈密市哈密瓜栽培与贡瓜文化系统	哈密瓜
	北京京西稻作文化系统	京西稻
	辽宁桓仁京租稻栽培系统	桓仁京租稻
	吉林延边苹果梨栽培系统	延边苹果梨
	黑龙江抚远赫哲族鱼文化系统	抚远鳇鱼、抚远大马哈鱼
	黑龙江宁安响水稻作文化系统	响水大米
	江苏泰兴银杏栽培系统	泰兴白果
	浙江仙居杨梅栽培系统	仙居杨梅
	浙江云和梯田农业系统	云和雪梨、云和黑木耳、云和湖有机鱼
	安徽寿县芍陂(安丰塘)及灌区农业系统	郝圩酥梨、寿州香草
	安徽休宁山泉流水养鱼系统	板桥泉水鱼

批次	系统名称	相关地理标志农产品
第二批	山东枣庄古枣林	店子长红枣
	山东乐陵枣林复合系统	乐陵金丝小枣
	河南灵宝川塬古枣林	灵宝大枣
	湖北恩施玉露茶文化系统	恩施玉露茶
	广西隆安壮族"那文化"稻作文化系统	隆安香蕉
	四川苍溪雪梨栽培系统	苍溪雪梨
	四川美姑苦荞栽培系统	凉山苦荞麦
	贵州花溪古茶树与茶文化系统	贵州绿茶
	云南双江勐库古茶园与茶文化系统	勐库大叶种茶
	甘肃永登苦水玫瑰农作系统	苦水玫瑰
	宁夏中宁枸杞种植系统	中宁枸杞
	新疆奇台旱作农业系统	奇台面粉
第三批	北京京西稻作文化系统	京西稻
	辽宁桓仁京租稻栽培系统	桓仁京租稻
	吉林延边苹果梨栽培系统	延边苹果梨
	黑龙江托远赫哲族鱼文化系统	托远鲟鳇鱼、大马哈鱼
	黑龙江宁安响水稻作文化系统	响水大米
	江苏泰兴银杏栽培系统	泰兴白果
	浙江仙居杨梅栽培系统	仙居杨梅
	浙江云和梯田农业系统	云和雪梨
	山东枣庄古枣林	店子长红枣
	山东乐陵枣林复合系统	乐陵金丝小枣
	河南灵宝川塬古枣林	灵宝大枣
	湖北恩施玉露茶文化系统	恩施玉露茶
	四川苍溪雪梨栽培系统	苍溪雪梨
	四川美姑苦荞栽培系统	凉山苦荞麦

续表

批次	系统名称	相关地理标志农产品
第四批	河北迁西板栗复合栽培系统	迁西板栗
	河北兴隆传统山楂栽培系统	兴隆山楂
	山西稷山板枣生产系统	稷山板枣
	内蒙古伊金霍洛农牧生产系统	伊金霍洛旗敏盖绒山羊
	吉林柳河山葡萄栽培系统	柳河山葡萄
	吉林九台五官屯贡米栽培系统	九台五官屯贡米
	江苏高邮湖泊湿地农业系统	高邮湖大闸蟹、高邮鸭蛋
	江苏无锡阳山水蜜桃栽培系统	阳山水蜜桃
	浙江德清淡水珍珠传统养殖与利用系统	雷甸珍珠
	安徽铜陵白姜种植系统	铜陵白姜
	安徽黄山太平猴魁茶文化系统	太平猴魁茶
	福建福鼎白茶文化系统	福鼎白茶
	江西南丰蜜橘栽培系统	南丰蜜橘
	江西广昌莲作文化系统	广昌白莲
	山东章丘大葱栽培系统	章丘大葱
	河南新安传统樱桃种植系统	新安樱桃
	湖南新田三味辣椒种植系统	陶岭三味辣椒
	湖南花垣子腊贡米复合种养系统	花垣子腊贡米
	广西恭城月柿栽培系统	恭城月柿
	海南海口羊山荔枝种植系统	海口火山荔枝
	海南琼中山兰稻作文化系统	保亭山兰米
	重庆石柱黄连生产系统	石柱黄连
	四川名山蒙顶山茶文化系统	蒙顶山茶
	云南腾冲槟榔江水牛养殖系统	槟榔江水牛
	陕西凤县大红袍花椒栽培系统	凤县大红袍花椒

续表

批次	系统名称	相关地理标志农产品
第四批	陕西蓝田大杏种植系统	蓝田大杏
	宁夏盐池滩羊养殖系统	盐池滩羊
	新疆伊犁察布查尔布哈农业系统	察布查尔大米
第五批	天津津南小站稻种植系统	小站稻米
	内蒙古乌拉特后旗戈壁红驼牧养系统	乌拉特后旗戈壁红驼
	辽宁阜蒙旱作农业系统	化石戈小米
	江苏吴中碧螺春茶果复合系统	碧螺春茶
	江苏宿豫丁嘴金针菜生产系统	丁嘴金针菜
	浙江宁波黄古林蔺草-水稻轮作系统	古林蔺草
	浙江安吉竹文化系统	安吉冬笋
	浙江黄岩蜜橘筑墩栽培系统	黄岩蜜橘
	浙江开化山泉流水养鱼系统	开化清水鱼
	江西泰和乌鸡林下养殖系统	泰和乌鸡
	江西横峰葛栽培系统	横峰葛
	河南嵩县银杏文化系统	嵩县银杏
	湖南安化黑茶文化系统	安化黑茶
	湖南保靖黄金寨古茶园与茶文化系统	保靖黄金茶
	湖南永顺油茶林农复合系统	永顺猕猴桃、永顺莓茶、永顺蜜橘
	广东佛山基塘农业系统	三水黑皮冬瓜、合水粉葛
	广东岭南荔枝种植系统（增城、东莞）	增城荔枝、东莞荔枝
	广西横县茉莉花复合栽培系统	横县茉莉花
	重庆大足黑山羊传统养殖系统	大足黑山羊
	重庆万州红橘栽培系统	万州红橘
	四川宜宾竹文化系统	兴文方竹笋
	四川石渠扎溪卡游牧系统	石渠藏系绵羊
	陕西临潼石榴种植系统	临潼石榴

续表

批次	系统名称	相关地理标志农产品
第六批	山西阳城蚕桑文化系统	阳城桑葚、阳城蚕茧
	内蒙古武川燕麦传统旱作系统	武川莜麦、武川莜面
	内蒙古东乌珠穆沁旗游牧生产系统	乌珠穆沁羊、乌珠穆沁羊肉
	江苏启东沙地圩田农业系统	启东洋扁豆、启东青皮长茄
	浙江缙云茭白-麻鸭共生系统	缙云麻鸭
	浙江桐乡蚕桑文化系统	桐乡蚕丝被
	安徽太湖山地复合农业系统	太湖黄牛、太湖六白猪
	江西浮梁茶文化系统	浮梁茶
	山东莱阳古梨树群系统	莱阳梨
	山东峄城石榴种植系统	峄城石榴
	云南文山三七种植系统	文山三七
	西藏当雄高寒游牧系统	当雄牦牛
	广东岭南荔枝种植系统	高州荔枝

第三节 China-NIAHS 需要加强的领域

一、虽然目前很多地方的林果种植或栽培系统已经被认定为 China-NIAHS，但一些民众接受较广的林果品种,如猕猴桃、椰子、杧果等,还没能"登堂入室"。

二、尽管茶文化系统在 China-NIAHS 中占有较高的比例,但很多具有地域特色的名茶生产体系和茶文化系统,还没有被挖掘出来,今后这一领域仍后较大的空间。例如,河南信阳浉河毛尖、四川旺苍米仓山古茶园与茶文化、安徽铜陵野雀舌等等,均具有重要的挖掘保护价值。

三、与水稻相比,我国亦有近 4000 年的小麦栽培史,以及近 500 年的玉米、土豆栽培史。但从 China-NIAHS 的角度而言,它们并没有水稻那么幸运。如何在中国重要农业文化遗产中,更多地体现小麦、玉米、马铃薯等主粮作物,是一个值得思考的问题。其实,粮食作物包括谷类作物、薯类作物、豆类作物,也可以划分为分主粮作物和杂粮作物。其中,主粮作物包括水稻、小麦、玉米,马铃薯也将步入主粮作物之列。与主粮作物相比,杂粮作物种类更多。我国大面积种植的杂粮作物不仅有大麦、谷子、甘薯、大豆，也包括燕麦、荞麦、高粱、甘薯、薏仁、木薯、蚕豆、芸豆、豌豆、绿豆、赤豆、小豆、蚕豆、黑豆等。它们中还有很多独特品种，有些甚至是我国独有的品种。在 China-NIAHS 的挖掘认定中，需要关注到它们。但目前仅有四川美姑苦荞栽培系统入选 China-NIAHS。

四、目前被列入 China-NIAHS 和 GIAHS 的独特土地利用系统仅包括梯田和垛田两类，即使是梯田，也没有涵盖黄土高原的土坡梯田。因此，在今后的农业文化遗产挖掘保护过程中，需要对沙田、砂田、柜田、葑田、涂田、淤泥坝地和黄土高原的土坡梯田等加以关注。

五、目前的 China-NIAHS 中，中草药和香料的品种较为单一，所占比例与我国丰富多样的中草药和香料种植栽培实践不相适应，且它们在全球重要农业文化遗产中还缺乏身影。因此，在今后的农业文化遗产挖掘保护方面，需要进一步关注中草药和香料栽培系统，并积极申报全球重要农业文化遗产，让世界人民分享我们博大精深的中医文化和香料文化。并且，目前蔬菜花卉类的 China-NIAHS 和 GIAHS，仍显得单调和稀少，且其背后蕴含的饮食和观赏文化，仍缺乏系统深入的挖掘。

六、我国地域辽阔，家禽家畜类别和品种丰富多样，很多地方品种不仅在历史时期人们的农业生产和生活中发挥着重要作用，也在当下人们的经济活动、社会生活和文化认同乃至生物多样性维系等方面，具有重要意义。在今后农业文化遗产的识别评估和认定保护中，需要重视地方家禽家畜养放系统。

第二章　黄河流域农业文化遗产识别评估的方向与路径

第一节　黄河流域农业文化遗产的整体梳理

黄河发源于青海高原巴颜喀拉山北麓约古宗列盆地,现流经青海省、四川省、甘肃省、宁夏回族自治区、内蒙古自治区、山西省、陕西省、河南省、山东省等9省区,流域总面积79.5万平方公里(含内流区面积4.2万平方公里),涉及66个地市(州、盟)、340个县(市、旗),其中有267个县(市、旗)全部位于黄河流域,73个县(市、旗)部分位于黄河流域。据估算,2019年黄河流域总人口约1.07亿人,占全国总人口的7.6%左右。黄河流域GDP占全国的6%不到,人均GDP仅为全国人均的78.9%,在全国仍属欠发达地区。

黄河是中华民族的摇篮,也是世界古代文明发祥地之一。至少在七八千年以前,生活在黄河流域的人们已经开始了农业生产活动。距今8000年的老官台文化遗址,出土了粟类作物和猪、狗等的遗存,以及石凿、骨铲、角锥等生产工具。距今六千多年的西安半坡遗址表明,当时的原始居民已经种植粟、芥菜、白菜等农作物,饲养绵羊、山羊和猪等家畜。秦汉以前,粟、黍、麦等旱作农作物已经在黄河流域广泛种植。汉唐时期,蚕豆、胡萝卜、核桃、葡萄、茄子等作物随着丝绸之路,逐渐传播到内地。明清时期,从美洲引种的玉米、马铃薯、红薯、花生、西红柿、烟草等农作物,同样在黄河流域找到了适宜的生长区。

在近万年的农业生产实践中,生活在黄河流域的先民们通过运用熟练的农业生产技术,培育了众多的农作物品种,驯育了多种多样的家禽家畜品种,开发了砂田、土坡梯田、淤泥坝地等独特的土地利用系统,创造了丰富的农业生产系统,为我们留下了丰厚的农业文化遗产资源。其中,内蒙古敖汉旱作农业系统、陕西佳县古枣园、山东夏津黄河故道桑树群、甘肃迭部扎尕农林牧复合系统等,已经被列为全球重要农业文化遗产。而甘肃皋兰什川古梨园、甘肃岷县当归种植系统、宁夏灵武长枣种植系统、河南灵宝川塬古枣林、甘肃永登苦水玫瑰农作系统、宁夏中宁枸杞种植系统、山东岱岳汶阳田农作系统、河南嵩县银杏文化系统、陕西临潼石榴种植系统、内蒙古乌拉特后旗戈壁红驼牧养系统等,也已经被列入中国重要农业文化遗产。

黄河流域的重要农业文化遗产涵盖了农、林、牧等领域,但从类型来看,仍具有以林果产品为主的结构型特征,20 项重要农业文化遗产中,有 9 项属于北方特有的枣、梨、樱桃、杏、石榴等林果品种。此外,农林牧复合系统或农牧复合系统 3 项,以粟为主导的旱作农业系统 1 项,中草药、花卉和具有地域特征的禽畜各 1 项。这些入选 GIAHS 或 China-NIAHS 项目的农业生产系统,体现了明显的黄河流域农业生产特征。

从数量上看,黄河流域的 8 个主要省区共有 20 个中国重要农业文化遗产,平均每省区 2.5 个,分别占全国的 16.9% 和 65.8%,低于全国平均水平。从内部分布来看,也呈明显的不均衡状态,其中青海省的 GIAHS 和 China-NIAHS 均为 0 个,山西也仅仅有 1 项 China-NIAHS。且与全国相比,黄河流域的 GIAHS 或 China-NIAHS 类型单一也较为明显。

第二节　黄河流域传统农业系统的识别路径

一、以地理标志保护产品、农产品地理标志认证为线索

国家质量监督检验检疫总局的地理标志保护产品、农业部的农产品地理标志认证、国家工商行政管理总局的地理标志证明商标,具有较长的实践期,也积累了较为丰富的经验。在认定过程中,它们均要求被认定的农产品具有生产区域性、产品独特性、品种稀缺性、历史人文悠久性和产品特色专属性等。因此,传统农业生产系统生产的农产品,很多都已经被认定为地理标志保护产品、农产品地理标志产品或地理标志证明产品。尤其是农产品地理标志产品,更是要求标示农产品来源于特定地域,产品品质和相关特征主要取决于自然生态环境和历史人文因素,该要求与农业文化遗产具有相通之处。因此,以地理标志保护产品、地理标志证明商标、农产品地理标志认证为线索,是农业文化遗产识别评估的重要抓手。

以地理标志农产品为线索进行识别的优点是,切入点易于把握,识别工作易于进行。但需要注意的是,由于农业文化遗产认定的历史性,该系统及其所包含的物种、知识、技术、景观等要求在中国使用的时间至少有 100 年历史,因而需要对种养殖历史不足百年的地理标志农产品加以排除。此外,地标农产品是以产品为主导的认定体系,某一项农产品被认定为地理标志保护产品或通过农产品

地理标志认证,并不意味着它一定构成独特的农业生产系统。进而言之,仅仅以地标农产品为农业文化遗产识别评估对象,很可能会忽略掉它背后的农业景观、生产系统、技术体系、生态系统等要素。因此,以地理标志保护产品、农产品地理标志认证为线索的过程中,还需要考虑该农产品背后独特的生产技术体系、土地利用系统和历史文化。

表 2-1 　 陕西省地理标志农产品

类别	产品名录
农产品地理标志认证	横山大明绿豆、丹凤核桃、蓝田大杏、米脂小米、阎良相枣、彬州梨、兴平关中黑猪、城固蜜橘、宁陕香菇、灞桥樱桃、靖边马铃薯、汉中白猪、汉中冬韭、佳县红枣、白河木瓜、山阳九眼莲、眉县猕猴桃、阎良甜瓜、平利女娲茶、太白甘蓝、灞桥葡萄、柞水核桃、柞水黑木耳、王莽鲜桃、商南茶、洛南核桃、彬州大晋枣、大荔冬枣、大荔西瓜、高石脆瓜、周至老堡子鲜桃、淳化荞麦、丹凤葡萄、高陵耿镇胡萝卜、商州孝义湾柿饼、大荔花生、富平尖柿、吴堡红枣、山阳核桃、秦都红薯、长安草莓、兴平大蒜、汉台褒河蜜橘、留坝黑木耳、留坝香菇、宜君玉米、留坝蜂蜜、耀州黄芩、蓝田樱桃、蒲城西瓜、靖边辣椒、靖边胡萝卜、镇坪黄连、合阳红薯、汉中大米、镇安象园茶、合阳九眼莲、留坝板栗、留坝白果、乾县漠西大葱、洋县黑米、镇坪洋芋、米脂红葱、大荔沙底辣椒、大荔沙苑红萝卜、陇县陇州核桃、旬阳拐枣、榆林山地苹果、富县直罗贡米、榆林马铃薯、凤翔苹果、礼泉小河御梨、靖边荞麦、镇坪乌鸡、略阳乌鸡、佛坪土蜂蜜、临潼石榴、蒲城直社红枣、旬阳狮头柑、旬邑苹果、商洛香菇、镇巴树花菜、镇巴香菇、镇巴黑木耳、宁陕猪苓、宁陕天麻、户县葡萄、神木小米、神木黑豆、耀州花椒、宝鸡蜂蜜、镇巴天麻、镇巴大黄、汉中银杏、周至猕猴桃、镇巴花魔芋、洛川苹果
地理标志保护农产品	韩城大红袍花椒、富平柿饼、临潼火晶柿子、临潼石榴、蓝田白皮松、商洛丹参、周至山茱萸、周至猕猴桃、户县葡萄、洋县黑米、略阳杜仲、汉中仙毫、宁强华细辛、佛坪山茱萸、甘泉红小豆、子洲黄豆、靖边羊肉、靖边土豆、安塞小米、略阳猪苓、洋县红米、陕西苹果、富平甜瓜、府谷海红果、华胥大银杏(蓝田华胥大杏)、兴平辣椒、太白贝母、宝鸡辣椒、凤县大红袍花椒(凤椒)、平利绞股蓝、白河木瓜、三原小磨香油、泾阳茯砖茶、岚皋魔芋、紫阳富硒茶、延川红枣、临潼石榴、大荔黄花菜、华县大葱、延安酸枣、蒲城酥梨、黄龙核桃、略阳天麻、略阳乌鸡、汉中附子、靖边小米、靖边苦荞、定边荞麦、榆林豆腐、横山羊肉、定边马铃薯、清涧红枣、子洲黄芪

二、以非物质文化遗产为线索

非物质文化遗产（intangible cultural heritage）指被各群体、团体，有时为个人所视为其文化遗产的各种实践、表演、表现形式、知识体系和技能及其有关的工具、实物、工艺品和文化场所。《中华人民共和国非物质文化遗产法》规定：非物质文化遗产是指各族人民世代相传并视为其文化遗产组成部分的各种传统文化表现形式，以及与传统文化表现形式相关的实物和场所。包括：传统口头文学以及作为其载体的语言；传统美术、（梅花篆字）书法、音乐、舞蹈、戏剧、曲艺和杂技；传统技艺、医药和历法；传统礼仪、节庆等民俗；传统体育和游艺；其他非物质文化遗产。

我国有着五千多年的农耕文明史，历史时期遗留的非物质文化遗产，大都与农业生产生活密不可分。因此，很多非物质文化遗产，尤其是节庆、民俗和传统技艺等，可能本身就是农业文化遗产的重要组成部分。例如，入选联合国教科文组织非物质文化遗产名录的二十四节气、中国朝鲜族农乐舞、中国传统桑蚕丝织技艺等。

三、以传统村落为线索

村落与农业的关系密不可分。村落是人类由狩猎采集文明步入农耕文明以后而随之产生的聚落形态，是农耕文化中农业生产者劳作聚集和繁衍生息之地，是农民生活的基本功能单位。历史时期形成的村落在现代社会中并未完全消失，一些地方仍保留着较多的传统村落。

传统村落又称古村落，拥有物质形态和非物质形态文化遗产，具有较高的历史、文化、科学、艺术、社会、经济价值，承载着中华传统文化的精华，是农耕文明不可再生的文化遗产。传统村落凝聚着中华民族精神，是维系华夏子孙文化认同的纽带。时至今日，传统村落仍在建筑环境、建筑风貌、村落选址等方面保留了原有的历史风貌，蕴藏着丰富的历史信息、文化景观和民俗民风。

为了保护民国以前建设的传统村落，2012 年 4 月，国家住房和城乡建设部、文化部、国家文物局、财政部联合启动了中国传统村落的调查，先后发布了 5 批《中国传统村落名录》，共有 6819 个传统村落。

传统村落与农业文化遗产关系较为密切。梳理 91 项重要农业文化遗产后，不难发现它们通常拥有一批传统的村落为支撑，拥有名特优农林牧产品，所依托的生态系统大多能做到稳定连续利用长达数百年，乃至上千年的历史，而相应的生态灾变却很少发生。但需要注意的是,古村落中需要有完整的农业生产系统,一些古村落周围的土地已经被承包用作旅游,没有原住民进行农业生产,不能纳入农业文化遗产的考虑范围。

四、以农业特色小镇为线索

农业特色小镇是遵循创新、协调、绿色、开放、共享发展理念,具有明确产业定位、文化内涵和优势资源,兼具产业、文化、休闲和社区功能的农业特色产业发展集聚区。农业特色小镇根植于当地历史悠久的农业生产实践和特色农业产业,具有较为深厚的农业历史文化底蕴,因而可以成为农业文化遗产识别的一个线索。

表2-2　黄河流域八省区重点打造的特色农业小镇

省区	特色农业小镇名录
陕西	绥德县满堂川镇(灵宝山地苹果特色产业小镇) 西安市高陵区张卜街道(源田梦工场特色产业小镇) 韩城市芝阳镇(花椒特色产业小镇) 黄龙县瓦子街镇(休闲农业特色产业小镇) 镇坪县曙坪镇(腊味特色产业小镇) 彬州市太峪镇(彬州梨特色产业小镇) 渭南市华州区瓜坡镇(蔬菜特色产业小镇) 山阳县漫川关镇、南宽坪镇(茶叶特色产业小镇) 杨凌示范区揉谷镇(葡萄特色产业小镇) 汉中市南郑区黎坪镇(休闲农业特色产业小镇) 铜川市耀州区小丘镇(现代农业特色产业小镇) 陇县温水镇(香菇特色产业小镇)
甘肃	武威市凉州区清源葡萄酒小镇 定西市陇西县首阳中药材小镇 兰州市皋兰县什川梨园小镇 金昌市金川区双湾香草小镇 兰州市永登县苦水玫瑰小镇
青海	海东市化隆回族自治县群科镇(千亩杏园、瓜果之乡) 海东市民和县官亭镇("东方庞贝古城"的喇家遗址、瓜果之乡) 海西州德令哈市柯鲁柯镇(农牧业、渔业、美丽的哈拉湖自然景观)

省区	特色农业小镇名录
宁夏	固原市泾源县泾河源镇（旅游、草畜和苗木产业） 银川市兴庆区掌政镇（设施农业、优质水稻、畜牧养殖、休闲观光农业） 银川市永宁县闽宁镇（菌草、葡萄） 吴忠市利通区金银滩镇（生产瓜果、水稻、小麦）
山西	晋城市高平市神农镇（神农文化） 吕梁市汾阳市贾家庄镇（休闲观光农业）
河南	周口市商水县邓城镇（农业产业） 长垣县恼里镇（林业） 林州市"红旗渠"智慧农业特色小镇 宝丰县周庄食用菌特色小镇
内蒙古	乌兰察布市察右后旗土牧尔台镇（农畜产品） 通辽市开鲁县东风镇（盛产小杂粮、益都椒） 通辽市科尔沁左翼中旗舍伯吐镇（黄牛之乡、粮食主产区） 赤峰市林西县新城子镇（林果小镇） 通辽市奈曼蒙中医药小镇（蒙医药、中药材） 通辽市奈曼旗青龙山甘薯特色小镇（盛产甘薯） 赤峰市元宝山国际种苗小镇（蔬菜种苗） 巴彦淖尔市河套彤锣湾现代农业小镇（花卉、蔬菜现代种植） 大兴安岭满归红豆康养小镇 敖汉旗下洼镇（盛产谷子、荞麦、芝麻、绿豆、红小豆、油葵等绿色杂粮）
山东	平阴县玫瑰小镇 平度市大泽山葡萄旅游古镇 滕州市滨湖微山湖湿地古镇 利津县陈庄荻花小镇 临朐县九山薰衣草小镇 金乡县鱼山蒜都小镇 岱岳区大汶口水上石头古镇 荣成市人和靖海渔港小镇 庆云县尚堂石斛小镇 沾化区冯家渔民文化小镇

　　以农业特色小镇为线索识别农业文化遗产的过程中,需要对小镇农业产业的历史性加以把握,如果支撑该镇的农业系统不足百年历史,则应予以排除。

五、以历史典籍和考古遗址及其发掘的农业遗存为线索

　　黄河流域是中华文明的发源地之一,生活在这里的先民们在近万年的农业生产实践中,创造了灿烂的农耕文化,留下了丰厚的文化遗产。历史时期流传下来的典籍,记载了传承数千年的农耕文明。而在文字记载出现之前,考古发掘可以填补其空白。因此,以历史典籍和考古遗址及其发掘的农业遗存为线索,是识别黄河流域农业文化遗产的重要途径。

表 2-3　黄河流域新石器时代文化及农业遗存

文化类型	时间	分布区域	农业遗存	代表性遗址
老关台文化	公元前6000年~公元前5000年	陕西、甘肃(渭河流域、关中及丹江上游地区)	彩陶器具,炭化的禾本科的黍和十字花科的油菜籽,骨末、磨盘、陶刀、石刀等农业生产工具	华县老官台遗址、宝鸡北首岭遗址、临潼白家村遗址、渭南北刘白村遗址、秦安大地湾遗址
裴李岗文化	公元前5500年~公元前4900年	以新郑为中心,东至河南东部,西至河南西部,南至大别山,北至太行山	石器、骨器、蚌器等生产工具,炭化粟粒,稻作遗存,牛、羊、猪、狗等家畜骨骼	新郑裴李岗遗址、密县莪沟遗址、临汝中山寨遗址、长葛石固遗址、舞阳贾湖遗址、许昌丁集遗址、郏县水泉遗址、巩县铁生沟遗址
仰韶文化	公元前5000年~公元前3000年	以河南西部、陕西渭河流域和山西西南为中心,东至河北中部,南达汉水中上游,西及甘肃洮河流域,北抵内蒙古河套地区	有较发达的农业,作物为粟、黍、蔬菜;饲养家畜主要是猪、狗,有少量羊、牛、马、鸡的骨骼;出土石铲、石锄;渔猎活动;半地穴式屋址	西安半坡遗址、渭南史家遗址、陕县庙底沟遗址、夏县西王村遗址、荥阳秦王寨遗址、郑州大河村文化遗址、柏乡县小里村遗址

续表

文化类型	时间	分布区域	农业遗存	代表性遗址
龙山文化	公元前2500年~公元前2000年	黄河中下游的山东、河南、山西、陕西等省	定型穴居;石铲、石镰、石斧、石犁等;猪牛羊鸡狗骨骸;酒器	章丘龙山镇城子崖遗址、永城龙岗乡黑堌堆遗址、日照尧王城遗址、连云港中云乡藤花落遗址、商丘丁堌堆龙山文化遗址、青岛城阳遗址、阳谷景阳冈遗址、安阳殷墟龙山文化遗址、茌平教场铺龙山文化遗址、青岛胶南龙山文化遗址
马家窑文化	公元前4200年~公元前3300年	黄河上游地区及甘肃、青海境内的洮河、大夏河及湟水流域一带	半地穴式民居;羊、猪、狗、马、鸡等骨骸;粟和黍遗存;石铲、爪镰、石磨盘、石磨棒、石杵和石臼等	临洮马家窑遗址、临洮广河半山遗址、临洮寺洼山遗址、东乡林家遗址、兰州青岗岔遗址、兰州花寨子遗址、兰州土谷台遗址、兰州白道沟坪遗址、青海乐都柳湾遗址
齐家文化	公元前2200年~公元前1600年	地跨甘肃、宁夏、青海、内蒙古等4省区	居民经营农业,种植粟等作物,使用骨铲、穿孔石刀和石镰等生产工具。饲养猪、羊、狗与大牲畜牛、马等	临夏齐家坪遗址、永靖大河庄遗址、秦魏家遗址、武威皇娘娘台遗址、乐都柳湾遗址、神木石卯梁遗址
后李文化	公元前6500年~公元前5500年	泰沂山系北侧	石镰、石锛、石磨棒;房址;陶猪	临淄后李文化遗址、潍坊前埠下遗址、张店彭家庄遗址、章丘小荆山遗址、邹平孙家遗址、长清月庄遗址

文化类型	时间	分布区域	农业遗存	代表性遗址
北辛文化	公元前5400年~公元前4400年	山东南部、江苏北部	村落居址;石铲、石镰、石磨盘、石磨棒;渔猎	滕州北辛遗址、兖州王因遗址、泰安大汶口遗址、邳县大墩子遗址、连云港市二涧村遗址、淮安青莲岗遗址
大汶口文化	公元前4500年~公元前2500年	东至黄海之滨,西至鲁西平原东部,北达渤海南岸,南到江苏淮北一带	以种植粟为主,饲养猪、狗、牛、鸡等家禽家畜,渔猎经济较为发达;石铲、石斧、骨镰、蚌镰、石磨盘、石磨棒	泰安大汶口遗址、滕县岗上村遗址、新沂花厅墓地遗址、曲阜西夏侯遗址、泗洪县梅花镇赵庄遗址

历史典籍记载或考古遗址遗存的农业生产信息,可以印证某地悠久的农耕历史,甚至可以成为该地某项农业生产系统的肇始标志。例如兴隆洼遗址曾出土了距今约8000年的炭化粟和黍粒,从而成为内蒙古敖汉旱作农业系统入选GIAHS和China-NIAHS的有利条件。不过,农业系统是不断演变的,黄河流域粟作农业虽然在隋唐以前占主导地位,但隋唐以后逐渐演变为麦作农业占主导的格局。明清以后,随着玉米、土豆等作物的引种,这一格局再次发生变化。因此,以历史典籍记载或考古遗址遗存为线索识别农业文化遗产,需要充分考虑系统的连续性,如果古籍记载或考古遗址出土的农作物与当前的农业系统生产的产品不具有历史传承性,这个线索是难以支撑的。

六、以地方名吃或独特的饮食文化为线索

不同的地域孕育不同的物种,不同的物种用作食材塑造不同的饮食习惯,而特定地区的饮食反映着独特的农业历史文化。例如,青海的手抓羊肉、炕锅羊排、牦牛酸奶、焜锅馍馍等美食,充分反映了青海农牧结合的农业生产特征以及悠久丰富的农牧文化。山西的刀削面、剔尖面、刀拨面、剪刀面、莜面栲栳栳、莜面鱼鱼、拌汤等美食,反映的是山西厚重的农耕文明和悠久的小麦和杂粮作物的生产历史。因此,在识别评估农业文化遗产时,需要关注到当地的饮食习惯。

第三节　黄河流域传统农业系统识别评估的主要方向

与东北平原、长江三角洲、云贵高原、岭南地区、四川盆地等地区相比,黄河流域的农业生产系统具有自身独特的内涵。例如,黄河流域并不适宜茶的栽培,因此,考虑在黄河流域考察茶文化系统,挖掘茶文化,显然不会有大的收获。南方地区的稻-鱼-鸭共生系统、稻-虾共生系统等等,在黄河流域同样难觅踪迹。正因为此,在识别评估黄河流域农业文化遗产的过程中,需要系统分析黄河流域农业生产特征,找到黄河流域农业文化遗产识别评估的主要方向。

一、体现畜牧特色的农业生产系统

黄河流域自古以来就是农业文明与游牧文明的过渡区,尤其是黄河上游的青海和内蒙古,更是位列我国四大牧区。此外,甘肃、宁夏、陕西的一些地区,畜牧业同样较为发达。山西、陕西、宁夏、甘肃和内蒙古的长城沿线,也是我国重要的农牧交错带。而在长期的文明交融中,黄河流域很多地区的农业被深深烙上了畜牧业的特色,形成了独特的农牧复合系统、农林牧复合系统、林牧复合系统等农业生态类型。它们不仅是独特的农业系统,也是独特的生态系统和农业景观,具有重要的保护价值和意义。其中,甘肃迭部扎尕那农林牧复合系统、内蒙古阿鲁科尔沁草原游牧系统、内蒙古伊金霍洛农牧生产系统被列入 China-NIAHS 或 GIAHS,印证了黄河中上游地区独特的包含牧业在内的农业生产特征。不过,它们显然只是黄河流域这种独特的农业生产系统的部分代表,除此之外,尚有很多地方的农林牧复合系统、草原游牧系统或农牧生产系统需要识别和挖掘。在今后黄河流域农业文化遗产识别中,需要关注到这类农业系统。

二、黄河流域独特的土地利用系统

生活在黄河流域的人们,在世世代代的农业生产实践中,有效利用当地的土地资源,在维系生存的同时,也为我们留下了如何因地制宜发展农业的经验和具有地域特色的农业生产系统。这些独特的土地利用系统主要包括以下几种:

1. 砂田旱作农业系统。早在明代中叶,生活在甘肃兰州的人们就曾在极端干旱的环境下,通过在土地上铺设砂石以蓄水、保墒、增温、压碱,进而栽培瓜果和种植麦粟等旱作作物,形成了独特的砂田农业系统。明代中后期以来,砂田法逐渐拓展到陇东、河西和宁夏、青海的部分地区。时至今日,砂田在甘肃、宁夏的优质西瓜、甜瓜、籽瓜、小麦、土豆生产中,仍然扮演着重要作用。其中,甘肃会宁扎子塬万亩旱砂田西瓜栽培系统、甘肃景泰寺滩乡旱砂地"和尚头"小麦种植系统,均是典型代表。

2. 黄土高原淤泥坝地旱作农业系统。明中后期以来,生活在陕甘晋高原、山西高原、陇中高原等地的人们,不断利用黄土高原水土流失的自然条件,在黄土高原的沟壑地区修筑堤坝,将流失的土壤截留下来用于耕种玉米、土豆、绿豆等旱作物,从而形成了地域特色鲜明的黄土高原淤泥坝地旱作农业系统。其中,陕西子洲裴家湾乡黄土坬淤地坝、清涧高杰村乡辛关村坝淤地、佳县仁家村淤地坝、山西离石贾家塬淤地坝,均已超过150年,至今仍在黄土高原水土保持和高产粮食生产中扮演着极为重要的角色。

3. 黄土高原土坡旱作梯田农业系统。随着唐宋时期梯田农业技术的成熟,梯田逐渐成为南方山区主要的土地利用形式。明清时期,随着人口的加速流动,南方的梯田技术逐渐传入到北方地区,人们在甘肃的庄浪、武山、榆中、宁县、安定、通渭、榆中、临潭,宁夏彭阳、泾源、海原、隆德、西吉、六盘山,陕西米脂、宜川、横山、宜君、三原,山西阳泉、壶关、昔阳、五寨、平陆、永和、运城等地,开辟了成片的梯田,形成了黄土高原土坡旱作梯田农业系统。

4. 黄河滩涂湿地农业系统。黄河在自西向东流向大海的过程中,受地形和季节等因素影响,留下了大量的滩涂地。生活在黄河岸边的人们,世世代代充分利用滩涂地上深厚的黄土和富含有机质的肥沃土壤,种植花卉、粮食,放养牛羊,从事渔业生产等,形成了独特的黄河滩涂湿地农业系统。其中,甘肃临夏刘家峡黄河滩涂地,被誉为"花儿之乡""彩陶之乡"和"牡丹之乡";山西平陆黄河沿岸的万亩滩涂每年都会被麦田、油菜花、桃花和蔬菜包裹;河南三门峡库区黄河滩地的油菜花年复一年地盛开。

三、黄河流域具有显著地域特征的林果生产系统

黄河流域历来是大枣、核桃、梨、樱桃、杏、柿子、甜瓜、苹果、葡萄、李、猕猴桃、山楂、西瓜、草莓、石榴等水果的核心产区或主要产区,尽管目前已有宁夏灵武长枣、山西稷山板枣、河南新安樱桃、陕西蓝田大杏等已经被列入中国重要农业文化遗产或全球重要农业文化遗产,但还有很大的挖掘空间,尤其是核桃、葡萄、李、猕猴桃、山楂等领域的古树群或传统种植系统,还没有得到相应的重视。因此,黄河流域的传统林果栽培系统,是农业文化遗产识别评估的重要内容。

在对黄河流域传统林果栽培体系进行识别的过程中,一些地方性特有的林果尤其值得关注。例如,陕西府谷的海红果栽培体系、内蒙古和山西的沙棘栽培

体系等,均具有重要的农业文化遗产价值。

四、黄河流域具有农业生产特征的古树群

黄河流域生产了丰富的、具有显著地域特征的林果,其中,陕西佳县的古枣园、甘肃皋兰什川古梨园、河南灵宝川塬古枣林、山东夏津黄河故道古桑树群、山东枣庄古枣林、山东莱阳古梨树群系统、山东峄城石榴种植系统等纷纷入选了China-NIAHS。事实上,当前以古树群为核心的农业文化遗产,基本上集中在黄河流域。当然,已经入选China-NIAHS的古树群,仅是黄河流域古树群的几个代表,它们种类还较为单一,数量还较为有限。例如,陕西洛南古核桃园、河南内黄千年古枣园、河南林州中华古板栗园、甘肃景泰古梨树和古枣树园等,还没有被识别和认定为农业文化遗产。

五、黄河流域传统旱作粮食生产体系

黄河流域自古以来就是粟、黍、青稞、荞麦、绿豆、豌豆、赤豆、小豆、黑豆等杂粮作物的核心种植区。在数千年的农业生产实践中,生活在黄河流域的人们在因地制宜种植这些杂粮作物的同时,还通过复种、休闲、间种、套种、混种、轮作、连作等耕作制度,将杂粮作物与小麦、玉米、马铃薯等主粮作物融合起来,形成了复杂多样的旱作农业生产体系,最大限度地利用了土地资源。

黄河流域传统旱作粮食生产体系,给我们提供了优质的粮食作物。以陕北黄土高原和关中平原为例,这些地区生产的粮食作物,如横山大明绿豆、米脂小米、靖边马铃薯、淳化荞麦、宜君玉米、合阳红薯、富县直罗贡米、神木小米、神木黑豆、甘泉红小豆、子洲黄豆、安塞小米、靖边小米、靖边苦荞、定边荞麦、定边马铃薯等,均为国家地理标志保护产品或通过了国家农产品地理标志认证。

在今后农业文化遗产识别评估中,需要以地标性农产品和耕作制度为线索,对黄河流域传统旱作粮食生产体系进行系统的梳理和识别。这项工作主要包括两个层面:一方面针对某种地域特色鲜明的粮食作物,挖掘梳理其独特历史文化内涵和传统的生产技术体系;另一方面梳理多种作物的间种、套种、混种而形成的复合农业生产系统。

六、黄河流域传统中草药及香料栽培体系

黄河流域生物资源种类繁多,是很多中草药和香料的适宜生产区,尤其是黄

河中上游地区更是中草药和香料的重要生产基地。其中,甘肃渭源党参、陇西黄芪、岷县当归、瓜州锁阳、礼县大黄、民勤甘草、秦安花椒、文县纹党、靖远枸杞、西和半夏,陕西韩城大红袍花椒、子洲黄芪等,闻名全国。而这些中药材和香料的生产与其他粮食作物、园艺作物相比,在生产技术、历史文化等方面,均具有特殊性。因此,充分挖掘黄河流域传统中草药及香料栽培体系,是今后农业文化遗产挖掘保护领域的重要课题。

七、黄河流域特有的家禽家畜养殖体系

著名医书《黄帝内经》曾载:"五谷为养、五畜为益、五果为助、五菜为充。"这句养生之论,其实也道出了农业生产的核心内容。除粮食作物外,家禽家畜的养殖同样是中华农业文化的重要支撑。尽管先民们在千百年前已经将猪、牛、羊、马、鸡、狗、鸭、鹅、骆驼、家兔等家禽家畜进行了驯化,从而将它们纳入中国农业生产体系之内,但由于地域差异和丰富的生物多样性,不同类别的家禽家畜具有多个品种,而不同的品种在独特的环境中又造就了不同的养殖方式。因此,通过地方品种的挖掘,识别和认定具有地域特色的家禽家畜养殖体系,同样是农业文化遗产识别评估的重要内容。

黄河流域特有的家禽家畜种类众多,代表着丰富的农业文化遗产类型。以陕西省为例,关中黑猪、汉中白猪、子午岭黑山羊、略阳乌鸡、佳米驴、宜君同羊、关中驴、秦川牛、赤岩牛、留坝逍遥鸡、陕南水牛、略阳黑河猪等,均是著名的地方家禽家畜品种。这些地方家禽家畜品种不仅对于维护物种多样性和保护本土品种具有重要意义,而且它们早已经深深地融入当地人们的生产生活,极大地丰富了当地的农业生产体系和农业文化。

八、灌溉遗产和传统灌溉农业系统

黄河流域的农田水利工程,自大禹"疏九河"以"尽力乎沟洫"就已经开始。时至今日,一些古代兴修的农田水利工程,依然在农业生产中发挥着重要作用。如郑国渠、宁夏引黄古灌区、内蒙古河套灌区、山西原平阳武河灌区、河南焦作广利灌区等。其中,战国时期关中地区修建的郑国渠,至今仍有效灌溉着超过120万亩的农田。陕西泾阳郑国渠也在2016年被列入世界灌溉工程遗产。位于宁夏青铜峡的引黄古灌区,创始于西汉武帝元狩年间,其中的唐徕渠、大清渠、汉延渠、惠农渠等古代灌溉工程,至今仍灌溉着543万亩良田。2017年,宁夏引黄古灌区被列入世界灌溉工程遗产。此外,内蒙古河套灌区始建于汉朝,位于巴彦淖

尔盟,包括保尔套勒盖、后套、三湖河三个灌域,至今灌溉面积共约 290 万亩。该灌区是中国古老的灌区之一,2019 年申报了世界灌溉工程遗产。山西原平阳武河灌区同样是中国古老的灌区,其灌溉史可追溯到北宋时期,素有"阳武流金富万民"之美称。目前的总灌溉面积 18.6 万亩,灌区也是重要的商品粮生产基地。

表 2-4　黄河流域主要古代灌溉工程及灌区

名称	位置	修建起始年代	工程描述	当前灌溉面积	备注
郑国渠	陕西礼泉、泾阳、三原、富平、渭南、蒲城、临潼	公元前246 年	西引泾水东注洛水,长达300 余里;汉代白公渠,唐代三白渠,宋代丰利渠,元代王御史渠,明代广惠渠,清代龙洞渠,民国泾惠渠	超过 120万亩	2016 年被列入世界灌溉工程遗产
宁夏引黄古灌区	宁夏青铜峡	汉武帝元狩年间	成就了宁夏"塞上江南",有唐徕渠、大清渠、汉延渠、惠农渠等 14 条超过百年的古渠,素有"南有都江堰,北有青铜峡"之称	543 万亩	2017 年被列入世界灌溉工程遗产
河套灌区	内蒙古巴彦淖尔盟	秦汉时期	包括保尔套勒盖、后套、三湖河三个灌域,灌区盛产小麦、杂粮和向日葵	290 万亩	2019 年申报了世界灌溉工程遗产
阳武河灌区	山西原平	北宋时期	西靠崞山、东临滹水,南北长 20 多公里;目前有总干渠一条、支干渠 13 条	18.6 万亩	素有"阳武流金富万民"之美称
广利灌区	河南焦作	秦代	系多口无坝引沁自流灌区	50 多万亩	—

黄河流域成百上千年的古老农田水利工程,不仅是一部部流淌的水文化史,也是生活在该区域的古代劳动人民留给我们的重要农业文化遗产,在黄河流域农业文化遗产识别挖掘的过程中,它们理当受到重视。

九、黄河流域稻作农业系统

水稻起源于我国南方,但水稻并不仅仅适宜于南方。河南舞阳贾湖遗址出土的稻作遗存表明,早在 8000 年前北方地区已经开始了稻作农业。甘肃天水西山坪遗址发掘表明,早在 5000 年前该地已经栽培水稻。河南渑池、郑州大河村以及陕西华县泉护村、户县八丈寺等仰韶文化遗址和山东栖霞龙山文化遗址,均出土有稻谷或稻壳遗存。《诗经》中的"十月获稻""浸彼稻田""有稻有秬"等诗句,说明周代王畿关中和黄河下游的鲁国等地已普遍种植水稻。所有这些,都印证了黄河流域稻作农业的悠久和稻作文化的发达。即使到了今天,甘肃陇南、宁夏平原、河南新乡等地,同样盛产水稻。尤其是宁夏大米,名气并不输于五常大米、兴化大米、射阳大米、盘锦大米。

黄河流域悠久的水稻栽培历史和独特的稻作农业体系,本应在农业文化遗产中占有一席之地。但目前入选 China-NIAHS 的稻作农业文化系统,没有一项是黄河流域的。在今后农业文化遗产识别认定过程中,需要将黄河流域稻作农业文化系统纳入考虑范围之内。

十、黄河流域传统蔬菜及花卉栽培体系

黄河流域是我国传统蔬菜和花卉的重要生产基地。在陕西,汉中冬韭、山阳九眼莲、太白甘蓝、柞水黑木耳、高陵耿镇胡萝卜、兴平大蒜、留坝黑木耳、留坝香菇、靖边辣椒、靖边胡萝卜、合阳九眼莲、乾县漠西大葱、米脂红葱、大荔沙底辣椒、大荔沙苑红萝卜、商洛香菇、镇巴树花菜、镇巴香菇、镇巴黑木耳、镇巴花魔芋等,均已获得国家农产品地理标志认证。在甘肃,张掖高台辣椒干、崇信芹菜、嘉峪关泥沟胡萝卜、徽县紫皮大蒜、苦水玫瑰、金昌东湾绿萝卜、皋兰红砂洋芋、庆阳黄花菜、板桥白黄瓜、嘉峪关洋葱、榆中菜花、榆中大白菜、榆中莲花菜、永昌胡萝卜、正宁大葱、金川红辣椒、甘谷大葱、酒泉金塔番茄等,同样获得了国家农产品地理标志认证。这些蔬菜的传统栽培体系,是今后农业文化遗产识别认定的重要支撑。

除蔬菜之外,黄河流域还盛产牡丹、玫瑰等花卉。洛阳牡丹、菏泽牡丹、漳县紫斑牡丹、苦水玫瑰,等等,均是黄河流域名贵花卉的典型代表。挖掘它们背后蕴含的饮食和观赏文化,是今后需要重点研究的课题。

第四节 黄河流域县域传统农业系统的要素采集

农业部出台的《重要农业文化遗产管理办法》明确指出:重要农业文化遗产是指我国人民在与所处环境长期协同发展中,世代传承并具有丰富的农业生物多样性、完善的传统知识与技术体系、独特的生态与文化景观的农业生产系统。因此,农业文化遗产的保护,不仅是保护一项传统的农业生产体系,也是保护一套独特的生态系统和文化景观。尤其是在坚定文化自信和实施乡村振兴战略的背景下,充分挖掘传统农业生产体系蕴含的独特的、优秀的农耕文化,显得尤为重要。

一、古遗址遗迹中的农业历史文化信息

黄河流域是中华文明的重要发祥地,散布着数量众多的古代遗址遗迹,它们往往包含大量的农业生产生活信息,是县域农耕文化的重要来源和生活在当地的人们共同的精神家园。通过剖析县域古遗址遗迹,有助于了解当地农业系统的历史渊源和文化要素。

二、历史时期农业生产实践的脉络梳理

通过考古发现、史料记载、口述传说等方式,梳理历史时期县域丰富的农耕生产实践和农业文化,有助于了解当地传统农业系统的发展演变脉络,也是识别某项农业生产系统是否是农业文化遗产的重要方式和途径。在农业文化遗产识别评估过程中,尤其需要注意采集当地的古代地方志、古代碑刻、生活在此地的古人遗著、口头传统等资料记载的农业生产信息。

三、县域非物质文化遗产蕴含的农耕文化

非物质文化遗产往往根植于丰富的农业生产实践和农耕生活,是传统农业社会流传下来的重要文化类型,是人们具有社会认同和历史意识的重要载体。因此,非物质文化遗产通常蕴含丰富的农耕文化,或者本身就是农耕文化的延伸,是农业文化遗产识别的重要要素。

四、传统村落及其拥有的农耕文化遗产

传统村落是农耕社会延续至今的重要遗产,具有较高的历史、文化、科学、艺术、社会、经济价值,是研究农耕社会和农耕文化的重要载体。传统村落通常是传统农业生产系统的衍生表达,是农业文化遗产的重要组成部分。

五、特色品种的识别与信息采集

特色品种是县域农业文化遗产的核心要素,在农业文化遗产识别过程中,需要通过资料查询、访谈等方式,了解被调查县域长期栽培种植和养殖的特色动物类物种和作物类物种。

六、传统生产技术及其科学性评价

不同地域的人们在长期的生产实践中,发展出了适宜本土环境和特色物种的传统生产技术。尤其是地域特色鲜明的作物和家禽家畜,生产技术往往较为独特,是其他区域所不具有的。这些传统生产技术在现代科技面前可能显得原始落后,但却有很强的适应性和科学性。并且,传统生产技术本身也是农业文化遗产的重要支撑。因此,农业文化遗产识别评估中,需要采集和评价具有地域特色的传统生产技术。

七、县域特色的耕种制度

我国幅员辽阔,各地的耕种制度差异较大。生活在不同地域的人们,通过将多种作物进行间作、套种、轮种,发展出了独特的耕种制度,如云南剑川稻麦复种制度,新疆奇台的小麦、大麦、红花、豌豆、土豆等旱地作物的间作套种制度等。在对县域传统农业生产体系进行识别的过程中,需要挖掘梳理当地独特的耕种制度。

八、具有地域风情的生活习俗

由于自然环境、社会条件、经济水平的差异,各地在饮食、服饰、居住、日常交往等方面形成了各自独特的风俗习惯。事实上,这些风俗习惯与当地长期的农

业生产实践密不可分,是地域农业生计系统的延伸,蕴含着丰富的农耕文化和农业遗产。这类信息需要加以采集,并分析它们与传统农业生产系统之间的内在关系。

九、特色农副产品的传统制作技艺

人们在长期的生产实践和丰富的社会生活中,对生产的农副产品进行加工,发展出了具有地域特色的饮食制作技术,形成了传统饮食加工工艺(包括制茶类,绿茶、红茶、乌龙茶、白茶、武夷岩茶等制作工艺;酿造类,酒、醋、酱油、豆豉、腐乳酿造工艺;制盐类,井盐、海盐、池盐等制作工艺;腌制类,火腿、咸菜等腌制工艺;制碱类),以及织染、编织扎制等制作技艺。它们是传统农业生产体系的重要组成部分。

第五节　黄河流域传统农业系统识别评估方案

一、总体思路

在农业农村部农村社会事业促进司的指导下,黄河流域农业文化遗产识别评估试点工作拟按照以下步骤开展。

第一步:组建专家学者团队。以西北农林科技大学中国农业历史文化研究所、农业农村部传统农业遗产重点实验室为主要依托,联合南京农业大学中华农业文明研究院、华南农业大学中国农业历史遗产研究所等相关科研院所,积极吸纳相关专家学者,组建黄河流域农业文化遗产识别评估专家学者团队。

第二步:黄河流域农业文化遗产特征研判。以黄河流域的农业结构类型、土地利用的主要方式、地域性的主要农产品等为主要抓手,结合目前公示的118项中国重要农业文化遗产和2016年农业部向社会公布的黄河流域具有潜在保护价值的农业生产系统,研判黄河流域具有潜在保护价值的农业生产系统的主要类型,明确黄河流域农业文化遗产识别的基本路径。

第三步:筛选试点县域。组织专家学者,以陕西、甘肃、宁夏、内蒙古四省区为核心,通过查询年鉴、地方志、官方网站、工作报告或发展规划等资料,围绕地理标志农产品、非物质文化遗产、传统村落、农业特色小镇、农业遗存、地方饮食文化等线索,在农业文化遗产要素富集的县域中,筛选典型性、代表性的县、市、区为试点县域。

第四步:试点县域农业文化遗产要素的初步研判。组织专家学者,围绕林果、主粮和杂粮作物、独特的土地利用系统（梯田、砂田、淤泥坝地、黄河滩地等）、中草药和香料作物、地方家禽家畜品种、耕种制度与复合农业系统、特色蔬菜花卉、古树群、古代农田水利工事、古遗址遗迹、涉农非物质文化遗产、传统村落、生活习俗等要素，对试点县域内的农业文化遗产要素依次进行初步研判。形成系统的访谈提纲，制作调研表格材料。

第五步：组建县域农业文化遗产调研团队并进行培训。通过沟通，在专家学者团队中确定若干专家，并抽取若干熟悉试点县域情况、积极可靠的青年学者，组成县域农业文化遗产调研团队。由项目负责人和相关专家进行专业培训。

第六步：开展第一轮实地调查研究。联系试点县、市、区的农业行政主管部门，组织专家学者进驻试点县域。开展第一轮座谈，实地走访重要生产基地或具有代表性的田地、养殖场、农业景观地，采集重要信息。

第七步：研判试点县域具有潜在保护价值的传统农业系统。针对试点县域农业文化遗产要素，根据实地调研获取的资料和形成的认识，从历史文化价值、生态价值、经济价值、社会价值、文化教育价值、示范价值、独特性等角度，研判试点县域具有潜在保护价值的传统农业系统，遴选调研后有潜力成为农业文化遗产的传统农业系统。

第八步：识别评估试点县域农业文化遗产。根据《重要农业文化遗产管理办法》和《中国重要农业文化遗产认定标准》，制定具有潜在保护价值的传统农业生产系统识别打分表，进行第二轮针对性座谈与调研，对遴选的具有潜力成为农业文化遗产的传统农业系统进行专家打分。通过数据整理和统计分析，得出农业文化遗产识别结论。

第九步：县域农业文化遗产的开发价值评估。从乡村文化振兴、农村生态文明建设、精准扶贫等视角出发，对县域具有保护意义的农业文化遗产的开发价值进行评估，提出县域农业文化遗产开发的路径与对策。

二、访谈提纲

试点县（市、区）有哪些特色农副产品？

试点县（市、区）有哪些农产品是国家质量监督检验检疫总局认定的国家地理标志保护产品？

试点县（市、区）有哪些农产品通过了农业部的国家农产品地理标志认证？

试点县（市、区）有哪些农副产品获得了国家工商行政管理总局的地理标志证明商标？

试点县（市、区）某某农业物种在种植养殖、中耕管理、收获加工等方面有哪些独特的生产技术？形成了什么样的本土知识？

试点县（市、区）有哪些非物质文化遗产？

试点县（市、区）有哪些古树群或古树园？

试点县（市、区）有哪些古遗址遗迹和文物保护单位？

试点县（市、区）有哪些超过百年的水利灌溉工程？

试点县（市、区）有哪些中华老字号？

试点县（市、区）有哪些传统村落？

试点县（市、区）有哪些农业特色小镇或农业园区？

试点县（市、区）有哪些古梯田、坝地、砂田、滩地、湿地等独特的土地利用系统？它(们)主要的农耕制度是什么？它(们)在种养殖方面，是如何利用土地的？

试点县（市、区）有哪些地方名吃或独特的饮食文化？

试点县（市、区）有哪些传统农业民俗？

三、信息采集表

信息采集表主要包括被调查县域概况信息表、特色农副产品信息采集表、古树园信息采集表、非物质文化遗产信息采集表、独特土地利用系统信息采集表、传统村落信息采集表、民俗文化信息采集表等。

信息采集表 1　被调查县域概况

被调查县市		所属省（区）	
所属地级市		地理区位	
地形地貌		气候环境	
历史沿革		建置区划	
交通条件		人口民族	
植物资源		土地资源概况	
动物资源		经济指标（最新统计数字）	
历史名人		名胜古迹/文保单位	
人文艺术		特色美食	
特色物产		民风民俗	

备注：含有多项指标或内容的，需依次填写。

信息采集表 2　被调查县域古树园

古树园名称		所在具体方位(精确到村)	
古树类别		古树园占地面积(亩)	
最早存在年代		古树数量与结构	
品种资源		周边自然条件	
周边人文环境		生产性特征或经济价值	
土地利用的独特性		生态特征	
景观特征		文化特征(围绕着古树园及其产品而产生的传说、民间文化、饮食等)	
传统知识技术体系		濒危状况与内、外部风险	
复合性特征		其他需要注明的事项	

　　备注:(1)每个古树园填写一张表格;(2)本表所指的古树指的是树龄在100年以上,具有一定的经济价值,与人们生产生活相关的树木;(3)古树园需要有一定数量的古树做支撑,单株古树通常不纳入本表考虑范围;(4)注意采集古树照片、认定证书等相关信息。

信息采集表 3　被调查县域特色农副产品

特色农副产品名称		主要集中地	
被调查县域历史时期种养殖情况(注意摘抄地方志中的材料)		种养殖规模、年产量	
当前经济价值及其指标		独特性描述	
核心种养殖知识和技术描述(需要包括播种或收获季节、知识技术;间作套种情况;繁种育苗情况;中期管理知识技术等等)		主要衍生品(以被调查特色农副产品为原料制作的地方美食、手工艺品等)	
是否被国家质量监督检验检疫总局认定为"国家地理标志保护产品"		是否被国家工商管理总局认定为"国家地理标志证明商标"	

续表

特色农副产品名称		主要集中地	
是否被农业部认定为"农产品地理标志产品"		是否被农业部认定为"无公害农产品"	
是否被农业部认定为"绿色食品"		是否被认定为"有机农产品"	

备注:本表所指的传统特色农副产品指的是地方特有粮食作物、蔬菜品种、烟茶、园艺植物、药用植物、纤维植物、糖料植物、树木、畜牧品种、水产品等;每个品种填写一个表格,注意图片和视频的采集。获得认证的,注意采集证书复印件或扫描架。

信息采集表4　被调查县域非物质文化遗产

遗产名称		遗产级别	
申报地区或单位		遗产编号	
遗产类别		公布时间(批次)	
遗产所属县(市)		调查时间	
调查者		登记时间	
遗产连续传承时间		代表性传承人情况	
居民参与遗产传承情况		遗产传承组织管理情况	
遗产相关生产材料、加工、活动或主要物质文化产品		遗产在遗产地产生的社会、经济、文化和社会认同效应	
相关附件			

备注:(1)遗产级别分为世界级、国家级、省级、地市级和县级;若某项遗产被多级认定,按照最高至最低级别依次填写;(2)遗产编号为遗产认定单位下发的正式编号,若某项遗产被多级认定,按照最高至最低级别依次填写认定编号;(3)遗产类别在民间文学;传统音乐;传统舞蹈;传统戏剧;曲艺;传统体育、游艺与杂技;传统美术;传统技艺;传统医药;民俗等类别中选取;(4)公布时间(批次)是遗产被认定的年份及批次,若某项遗产被多级认定,按照最高至最低级别依次填写公布时间(批次);(5)遗产连续传承时间可以为约数,如超过100年、200余年等;(6)代表性传承人列明人名、数量、传承代数等基本信息;(7)相关附件包括与遗产或遗产地密切相关的图片、视频、文字资料等。

信息采集表5　被调查县域独特土地利用系统

土地利用类型		所在具体方位(精确到村镇)	
最早利用年代		延续使用及发展演变概况	
规模或占地面积		周边自然与人文环境描述	
独特性描述(土地利用的创造性或创新性、适应当地的表现、对当地生态的正面作用)		生态特征(在遗传资源与生物多样性、水土保持、水源涵养、气候调节与适应、病虫草害控制、养分循环等方面的功能)	
农业特征(种植、加工、养殖的主要物种)		景观特征(天人合一水平、农业景观、美学价值、乡村人文景观的等)	
文化特征(系统内的生产文化、生态文化、民俗文化、历史文化、地方文化、民族文化等)		知识技术体系(在土地利用、生物资源利用、特色种植、特色养殖、水土管理、景观保持、产品加工、病虫草害防治、规避自然灾害等方面的知识与技术)	
濒危状况与内、外部风险		其他需要注明的事项	

备注:主要关注历史时期的梯田、坝地、砂田、滩地、湿地等;每个独特土地利用系统的遗址遗迹填写一个表格,注重图片和视频的采集。

信息采集表6　被调查县域传统村落

村落名称		所属省(市、直辖市)	
所属县(区)		所属乡镇	
所属行政村		是否入选中国传统村落名录	
入选批次		入选时间	
传统村落区位、地形及周边动植物资源		传统村落人口及其结构、经济指标、民族、姓氏等	
传统村落的历史年代与变迁		传统村落的村庄名人、人文景观及其独特性	

续表

村落名称		所属省(市、直辖市)	
传统村落的建筑占地面积		传统村落的古河道、商业街、公共建筑、特色公共活动场地、堡寨、城门、码头、楼阁、古树及其他历史环境要素种类	
传统建筑群集的修建年代		传统村落的文物保护单位等级	
传统村落的工艺美学价值		传统村落承载非物质文化遗产情况	

备注:本表采集的传统村落信息,不仅包括已经入选中国传统村落名录的传统村落,还包括历史时期遗留的、具有列入中国传统村落名录潜力的村落。

信息采集表7 被调查县域民俗文化

民俗文化类别	民俗文化内涵	民俗文化发展演变	民俗文化的独特性	民俗文化的地域分布
生产劳动民俗				
日常生活民俗				
社会组织民俗				
岁时节日民俗				
人生礼仪				
游艺民俗				
民间观念				
民间文学				
精神信仰				
婚丧嫁娶				

四、县域传统农业系统识别评估流程

第一天:召开准备工作会议

1. 到达试点县域,初步熟悉试点县域的自然和人文环境。

2. 召开准备工作会议,查点调研准备的材料,明确分工事宜。

3. 与试点县域农业行政主管部门联络人员沟通,研讨完善工作计划。

4. 联络和明确参加试点县域农业文化遗产识别评估工作交流会的人员。

第二天:召开交流会、进行第一轮访谈

1. 召开试点县域农业文化遗产识别评估工作交流会(参会人员包括试点县域农业行政主管部门、林业行政主管部门、文化和文物行政主管部门、住建行政主管部门、土地资源管理行政主管部门、水利行政主管部门、县志办、档案局等单位的领导或工作人员)。

2. 访谈农业行政主管部门相关人员,咨询县域特色农副产品(粮食作物、蔬菜瓜果、花卉、中草药、烟茶、纤维植物、糖料植物、家禽家畜、水产品等)的种养殖情况,尤其是地理标志农产品的生产情况。完善附表《被调查县域传统特色农副产品信息采集表》,咨询县域内的农业特色小镇情况,咨询县域内独特的农业景观,咨询县域内中华老字号、当地独特的饮食文化。

3. 访谈林业行政主管部门相关人员,咨询县域特色林果和经济林木生产情况,注重采集试点县域的古树群的信息。

4. 访谈文化和文物行政主管部门相关人员,了解县域内非物质文化遗产、古遗址遗迹、文物保护单位等情况。系统采集县域民俗文化,完成《被调查县域非物质文化遗产信息采集表》和《被调查县域古遗址遗迹信息采集表》。

5. 访谈水利行政主管部门相关人员,了解县域内的农田水利工程,尤其是古代遗留的灌溉工程。

6. 访谈住建行政主管部门相关人员,了解县域内的传统村落情况,填写完善《被调查县域传统村落信息采集表》。

7. 访谈土地资源管理行政主管部门相关人员,了解县域内的耕地利用情况,

尤其是湿地、滩地、梯田、淤泥坝地、砂田等的分布和利用情况,完成附表《被调查县域独特土地利用系统信息采集表》。

第三、四天:田野调查与实地访谈

1. 梳理第一轮访谈信息,整理重点农业文化遗产要素,开展田野调研和实地访谈。

2. 走访县志办、档案局,查询和梳理重点农业文化遗产要素的信息。

3. 对县域传统农副产品生产集中区、古树群、特色农业景观地、农业遗址遗迹地等进行实地考察,并拍照和搜集相关资料信息。

4. 走访老农、基层农技工作人员等,获取传统农业生产技术等方面的信息。

5. 对采集的信息、资料进行研讨。

第五天:县域具有潜在保护价值的传统农业系统命名与辨识

1. 整理田野调查和实地访谈资料,分析试点县域可能存在的农业文化遗产。

2. 召开专家学者座谈会,从独特农副产品、农业景观、历史文化、复合性、传统技术等角度,对县域具有潜在保护价值的传统农业系统进行系统分析,对县域传统农业生产系统进行初步命名。

3. 召开专家研讨会,对初步命名的传统农业系统进行深入研讨。

第六天:对县域传统农业系统再次调研与评估

1. 对经过命名的传统农业系统所在地进行实地调研,从历史性、文化价值、经济价值、生态景观、传统知识体系、生态复合性、人文社会发展推动力等方面,采集信息和图文资料。

2. 召开专家研讨会,根据《具有潜在保护价值的传统农业生产系统识别指标体系》,对初步命名的传统农业系统进行打分评价。

3. 专家组评定试点县域传统农业系统的农业文化遗产价值,给出初步的评估结果。

第七天:反馈识别评估结果

1. 向试点县域农业行政主管部门反馈识别评估结果。

2. 听取试点县域的反馈。

3. 向试点县域提出农业文化遗产保护和开发的意见和建议。

表2-5　具有潜在保护价值的传统农业生产系统识别指标体系

一级 指标	二级 指标	三级 指标	指标内涵	基本要求	得分
特征性 指标 (20分)	基础性 特征 (6分)	悠久度 (2分)	系统及其包含的物种、知识、技术、景观等在中国使用的年代	至少有100年历史	
		可达性 (2分)	方便程度与交通条件	进入困难较少	
		规模 (2分)	核心遗产地面积	具有一定的规模	
	内涵性 特征 (9分)	创造性 (6分)	系统所在地与系统中主要物种和相关技术的关系	是有据可考的主要物种的原产地和相关技术的创造地,或者该系统的主要物种和相关技术在中国有过重大改进	
		活态性 (3分)	系统的现实生产与生态功能	至今仍然具有较强的生产与生态功能	
	评价性 特征 (5分)	独特性 (3分)	系统及其包含的知识技术体系、农业景观、直接产品的独特性和知名度	具有一定的独特性和知名度	
		稀有度 (2分)	系统及其直接产品、知识技术体系等的稀有程度	具有一定的稀缺性	
系统性 指标 (45分)	物质与 产品供 应能力 (10分)	物质与 产品供 应能力 (10分)	系统的食物保障或农副产品供给能力	具有一定的特色农副产品生产能力	

续表

一级指标	二级指标	三级指标	指标内涵	基本要求	得分
系统性指标（45分）	生态系统功能（11分）	生态系统功能（11分）	系统在遗传资源与生物多样性保护、水土保持、水源涵养、气候调节与适应、病虫草害控制、养分循环、推动生态农业和循环农业发展等功能	至少具备两项功能且作用明显	
	知识与技术体系（8分）	知识与技术体系（8分）	系统在生物资源利用、种植、养殖、水土管理、景观保持、产品加工、病虫草害防治、规避自然灾害等方面包含的知识与技术	知识与技术系统较完善，具有一定的科学价值和实践意义	
	景观与美学（7分）	景观与美学（7分）	系统体现的人与自然和谐演进的生存智慧水平，景观生态与美学价值，在发展休闲农业和乡村旅游方面的潜力	有较高的美学价值和一定的休闲农业发展潜力	
	精神与文化（9分）	精神与文化（9分）	系统孕育的优良民风民俗、积极向上的社会教化功能、优秀的农耕文化，以及在乡村文化振兴、优秀文化传承、文化创造等方面的价值	具有较为丰富的文化多样性和优秀农耕文化	
发展性指标（30分）	系统存续状态与濒危性（6分）	自然适应与恢复能力（2分）	系统通过自身调节机制所表现出的对气候变化和自然灾害影响的恢复能力	具有一定的恢复能力	
		丰富度（2分）	系统过去50年来的变化情况与未来趋势	丰富程度处于下降趋势	
		外部风险胁迫度（2分）	影响该系统健康维持的主要因素的多少和强度	受到多种因素的负面影响	

一级指标	二级指标	三级指标	指标内涵	基本要求	得分
发展性指标（30分）	人文社会发展支撑能力（12分）	人文社会发展支撑能力（12分）	系统在粮食安全或农副产品供给、居民生计保障、劳动力结构优化、妇女地位提升、社区服务支撑、社会和谐发展、贫困消除、区域经济发展和农村生态文明建设等方面的支撑力	能够保障区域内基本生计安全	
	科教事业发展支撑能力（8分）	科研价值（4分）	在农业历史、农业生态、农业经济、农村发展、民族生态、人类学等领域的科学研究价值	具有一定的科研价值	
		教育或社会教化功能（4分）	在人与自然和谐、生态文明建设和民族自豪感提升等方面的教育价值	具有一定的教育价值	
	推广示范潜力（4分）	推广应用前景及价值（4分）	系统及其技术与知识的推广应用价值	有一定的推广价值	
支撑性指标（5分）	保护与发展支撑体系（5分）	保护与发展支撑体系（5分）	系统所在地政府部门为保护系统，在组织体系、制度建设、保护与发展规划等方面做出的努力	系统所在地政府部门有一定的保护意识和措施	

第三章　景泰县重要农业文化遗产识别评估

第一节　景泰县概况

一、总体概况

景泰县隶属于甘肃省白银市,位居甘肃省腹地北陲,腾格里沙漠南缘,地处甘、宁、蒙三省(区)交界地带,为河西走廊东端门户,自古为丝路重镇,县名寄寓"景象繁荣、国泰民安"之意。该县地跨北纬 36°43′ 至 37°38′,东经 103°33′ 至 104°43′ 之间,东西宽约 84 公里,南北长约 102 公里,总面积 5483 平方公里。现辖 8 镇 3 乡,分别是一条山镇、芦阳镇、上沙沃镇、草窝滩镇、喜泉镇、红水镇、中泉镇、正路镇、五佛乡、寺滩乡、漫水滩乡,135 个行政村,8 个社区,截至 2019 年底,总人口 23.89 万。境内包(头)兰(州)铁路纵贯全境,甘(塘)武(威)铁路穿越县境北部,黄河流经县境 112 公里。

景泰县旅游资源独特,境内有"中华自然奇观"国家地质公园黄河石林 4A 级景区,寿鹿山国家森林公园 3A 级景区,国家文物保护单位永泰古城等自然、人文景观和历史遗迹。

景泰县工业基础较好,近年来依据资源优势着力打造新型建材、综合能源、特色林果、畜牧养殖、现代渔业、影视旅游"六大基地"。

景泰县是西北地区的产粮大县、林果大县、畜禽养殖大县,农业生产便利,现有耕地 103 万亩,其中水浇地 60 万亩,是甘肃省产粮和畜禽养殖大县。

二、历史沿革

景泰历史悠久,源远流长。张家台等处遗址出土的石器、陶器、骨器证明,在 4000 多年前新石器时期,境内就有先民生息、繁衍。

从夏朝到汉初,景泰县就先后属于西戎、月氏、匈奴休屠王管辖地。西汉武帝开河西、列四郡,徙民实边,发展军屯民垦,促进河西地区由游牧向农耕的转变。汉宣帝地节三年,于县境置武威郡媪围县,为景泰立县之始。丝绸之路从境内穿过,是东西方商旅往来的要道。唐广德年间,由吐蕃控制,唐大中三年(849),复为唐管辖。宋朝时景泰隶属西夏,当地因而遗留了大量研究西夏历史的宝贵资料。

明朝前期广泛推广屯田政策,加速了农业经济的发展。景泰年间以后,变为鞑靼松山部落的牧地,原住居民流徙,农业经济被摧残。万历二十六年(1598)景泰境地复归明朝版图,境内筑堡设防,广布耕屯,至今留有"教场""派马场"等地。此时聚集大量移民,推行屯垦政策,重视水利建设,农业经济得到了恢复和发展。沿河车木峡,利用水资源安装水车灌田,为境内水车之始。万历二十七年(1599)修筑长城,自靖远县越黄河进入景泰境内,横贯景泰境内九十多公里,为保障居民安居乐业,发展经济,发挥出巨大的作用。

清政府前期推行减轻农民负担的措施,促进了社会生产力的发展。顺治年间五佛开挖黄渠,自留灌田。其他地区相继兴修水利,还利用水力能源安装水磨多处,铺压砂田也在境内兴起。乾隆二十二年(1757),将宽沟县丞移驻"红水堡",设分县,取其堡名称"红水"分县。晚清至民国前期,土地兼并剧烈,期间灾荒频繁,以旱灾最为剧烈,在清朝同治五年(1866)和民国十八年(1929),人口两度剧减,泉水普遍减流。

1949年9月12日,景泰解放,揭开了景泰历史的新篇章,诞生了景泰县人民政府,属武威专区。此后经历多次行政区划变革,1985年8月,景泰县归属白银市至今。

三、自然地理

景泰县位于甘肃省北部的腾格里沙漠南缘与祁连山东边,地势呈西南高,东北低,山峦丘陵约占全县面积的3/4。最高海拔3321米,最低为北长滩,海拔1276.5米。

县内地貌类型大体分为:中低山山地,由长岭山、老虎山、米家山和黄草山四座山体组成。山势陡峻,分布有少量天然林木和灌木丛。海拔在2300米以上的山坡上有大范围的草场和草甸分布,是放牧天然佳地。县域内水蚀严重,植被覆盖度小,丘陵间形成小片滩地和谷坝台地,长期采用引洪漫地和铺砂压碱等旱农耕作方法;由于山体断裂和黄河水的冲击作用,形成沿河一带海拔1300~1500米之间的河谷,是县内水果的重点产区;由于濒临腾格里沙漠,降雨量少,气候干燥,地面有流动沙域和新月形沙丘链,境内盆地盐霜覆盖地表,盛产盐。

景泰是甘肃省中部干旱县之一,属于温带干旱型大陆型气候,主要特点是冬冷夏热,昼夜温差大,干旱少雨,蒸发量大,风沙多,日照时数长。年均气温8.2℃,无霜期191天。年均降水量185毫米,年均蒸发量3038毫米,全年日照在2652小时,日照百分率60%,年均风速3.5米/秒。山川地区气候差异明显,山区气温偏低,降雨偏多;川区则相反。

黄河是景泰县唯一过境水系,经兰州市、白银市、靖远县,从尾泉入景泰。途经县境龙湾、索桥、五佛、翠柳等地,由北长滩下五龙漩口出县境,流入中卫,县境流程全长110公里,流域4224平方公里。黄河在景泰段内,最宽处在五佛滩,汛期水面宽800米,在峡谷段,水流湍急,水面较窄,约100~200米。

景泰县内有43条沙河,总长度542公里,平时大多干涸,山洪暴发后,除了长岭山北的几条沙河流入沙漠处,其余洪水流经黄河,现常年流水的河道仅有脑泉的下游地段。

四、生物多样性

景泰县地域广阔,地形地貌独特,物种丰富,境内山川众多,有寿鹿山国家森林公园、白墩子湿地公园等自然保护区。近年来,景泰县坚持以生态保护为前提,不断加大林地、牧地、湿地保护和修复,守住原生态,改善生物栖息环境,生物多样性越来越丰富。

根据《景泰县志》记载,境内林木有21个科、63种,包括青海云杉、祁连圆柏、油松、落叶松、祁连杜鹃、银蜡梅、高山柳等,戈壁沙漠边缘区生长有胡杨、沙棘等耐旱植物。昆虫有7目、70多种,多为农作物的天敌。鸟类有20多种,包括苍鹰、雉鸡、大杜鹃、麻雀、鹌鹑、喜鹊等。哺乳类动物10多种,常见的有黄鼠狼、蝙蝠、狸猫、鹿、野兔等。常见的爬行两栖动物有青蛙、林蛙、蛇、蝎等20多种,湿地及稻田还生长有白鹭及鱼虾、螃蟹等水生动物。

五、农业生产概况

景泰县境内林果资源丰富,主要有红枣、梨、苹果、杏、桃等优质林木。另外中药材有甘草、黄芪、苁蓉、锁阳等40多种。花卉20多种,常见的有金盏花、紫罗兰、牵牛花、月季、海棠等。农作物40多种,以小麦、玉米、洋芋为主。家畜家禽饲养以牛、羊、马、驴、骆驼、猪、鸡、鸭为主。近年来大力发展畜牧业,饲养沙毛山羊、滩羊、绵羊、奶骆驼、千山黑驴、黄牛等多个品种。

2018年,全县农作物播种面积达70万亩,粮食总产量18万吨以上,各类规模养殖场累计达336个,枸杞种植面积达9.5万亩、文冠果7.7万亩、梨和苹果6万亩、中药材6万亩、瓜菜3.8万亩、油料作物7.6万亩、优质饲草3万亩,牛、羊存栏量分别达到9000头、148万只,扩繁黑毛驴3800头,发展水产养殖面积1万亩,猪、牛、羊、鸡存栏量稳步增加,特色种养殖业规模逐步扩大。

景泰县近年建成省级农业示范区1个、现代农业示范园2个,新增标准化养殖场13个、示范性农民专业合作社94家、县级以上龙头企业10家,农业生产组织化程度不断提高。突出绿色有机品牌,大力发展戈壁农业,着力打造"景"字号戈壁特色农产品,"黄河石林牌"枸杞、条山早酥梨、和尚头面粉、戈壁鱼虾蟹、"菁茂牌"甘草羊肉等农产品的市场占有率不断扩大。"龙湾苹果""条山梨""景泰枸杞"和"翠柳山羊肉"通过国家地理标志产品认证,无公害农产品、绿色食品等"三品一标"累计达69个,认证产地29.64万亩,占食用农产品生产规模的50.2%,农产品加工转化率达55%以上。

第二节　景泰县农业文化遗产要素信息采集分布

一、一条山镇

一条山镇位于景泰县中部,是县政府驻地。地处景泰川,河西走廊东端,为丝绸之路重镇。包兰铁路两侧,平均海拔1610米,东西宽约7公里,南北长约20公里,总面积139.7平方公里,属温带沙漠性气候,四季分明。年平均气温8.2℃,平均日照为7.5小时,年平均降水量184.8毫米,光热资源丰富,地理位置优越。

一条山镇占有景泰县近七分之一的水浇耕地面积(5.49万亩),该镇以市场需求为导向,以提高农业综合效益为目标,着力调整种植结构,扩大地膜覆盖、间套带模化栽培面积,在确保粮食补助播种面积的基础上,扩大种植了梨、杏、甜菜、洋芋、金盏花、桑树、瓜菜等经济作物种植面积,品质优良的早酥梨、大接杏、郁金香等远销广州、深圳等地。

课题组实地调查一条山镇,主要目的在于考察当地林果种植情况,采集当地独特的农业物种、传统种植制度和知识、传统农业民俗等信息。

二、寺滩乡

寺滩乡位于景泰县西部。地处老虎、长岭两山之间,平均海拔2000米。乡政府驻寺滩村,距县城 26 公里。年均降雨量 221 毫米,年均气温 9℃,全年无霜期 152 天。景(泰)年(家井)公路经乡境,景点有永泰龟城、寿鹿山自然保护区。

寺滩乡总面积约 682 平方公里,耕地面积 10.6 万亩,其中灌区水地面积 1.2 万亩、旱砂地 5.4 万亩,山川地、沟坝地 4 万亩。未开发利用的农业用地 10 万亩。山川气候分明,山区属二阴气候,川区干旱少雨,年降水量集中在 7～9 月份,年平均降雨量 180 毫米左右,蒸发量 3000 毫米以上。土地肥沃,草场资源丰富,发展农牧业潜力很大。

课题组实地调查了寺滩乡砂田籽瓜、小金瓜种植基地,寺滩乡甘草种植产业园以及其他特色农作物种植地(糜子、甘草、向日葵、蔬菜等),向农户询问砂田相关种植技术与经验、传统耕作制度等。另外课题组前往宽沟村和永泰龟城两个传统村落,采集文物遗址遗迹、传统农业民俗等信息。

三、草窝滩镇

草窝滩镇位于景泰县东北部,平均海拔 1600 米。镇政府驻西和村,距县城 9 公里。年均降雨量 217.5 毫米,年均气温 10℃,全年无霜期 159 天。总耕地面积 3.28 万亩,其中有效灌溉面积 2.8 万亩,名特优产品有枸杞、翠柳羊羔肉、肉兔、沙漠蜜瓜等。煤炭、石膏、石灰石资源丰富,劳动力资源充足。

草窝滩镇分为山区和灌区两部分。山区位于景泰县东北翠柳地区,东与宁夏回族自治区接壤,南临黄河,西邻五佛乡,北与宁夏回族自治区和内蒙古自治区交界,距县城 70 多公里,是景泰县最边远偏僻之地。境内山峰突兀,沟谷幽深,地形复杂,交通不便。面积 400 多平方公里,约占全景泰县面积的 1/13,土地瘠薄、地下水贫乏。翠柳地区自然资源较为丰富,东有黄草塘山,植被较好,适于放牧牲畜。南有黑山峡,是黄河上游的著名峡谷,水力资源十分丰富。

课题组实地调研草窝滩镇主要去了翠柳村,了解翠柳山羊的传统饲养方式、养殖现状及翠柳羊羔肉制作工艺。另外了解了川地灌区农牧复合系统及盐碱地的作物种植情况。

四、五佛乡

五佛乡坐落于黄河北岸,景泰县东北,乡域三面环山,一面临水,地理位置优越,光、热、水资源丰富,有效灌溉面积 15 550 亩,其中引黄自流灌溉面积 10 311 亩,是全县唯一的万亩自流灌区。盛产水稻、鱼类和苹果、枣、桃、杏等,是景泰县的鱼米之乡,有"塞上江南"之美誉。

课题组实地调研五佛乡的主要目的是去五佛乡车木峡考察古枣园中古枣树的年龄和数量，以及当地传统民俗文化、饮食文化等。另外实地调研了五佛乡兴水村，了解当地水稻种植的历史及传统种植技术，并前往老湾村水产产业园区，了解稻渔综合种养农业系统的状况。

五、县直属机构

县农业农村局。了解景泰县农业整体概况，搜集景泰县特色农业物种、农副产品、农业特色小镇、农业园区、独特农业景观等方面的信息。

县志办。搜集景泰县地方志资料，挖掘景泰县历史时期的农业物种、农耕生活、传统农业民俗、传统农业技术等资料。

县统计局。了解景泰县当前农业生产概况如耕地面积、农作物种植面积、产量等信息。

县农业技术中心。了解景泰县农业种植相关传统技术、耕作制度等，尤其是砂田铺设、种植、管理的技术，并搜集相关资料。

县畜牧兽医局。了解景泰县畜牧业整体概况，搜集景泰县传统畜牧物种信息和相关资料，掌握其传统养殖技术。

县自然资源和规划局。了解景泰县所有土地、矿产、森林、草原、湿地、水等自然资源资产情况，掌握景泰县地籍地政和耕地保护建设等方面的政策，了解景泰县独特的土地利用系统及其分布情况。

县住建局。了解景泰县传统村落方面的情况，搜集景泰县传统村落的分布、传统建筑、历史遗存等信息。

县水利局。了解景泰县水资源和农田水利工程，尤其是历史时期农田水利工程遗址遗迹等方面信息和资料。

县林业局。了解景泰县特色林果、经济林木发展情况，着重采集景泰县古枣园的分布信息，着重掌握景泰县的古枣园中的古枣树、古梨树的历史、面积规模、管护和利用情况。

县文广旅游局。了解景泰县非物质文化遗产、传统农业文化习俗等情况，采集景泰县非物质文化遗产文字、图片等资料。

县经合局、电子商务办公室。了解景泰县具有特色的农业产业园区、特色农产品的发展现状，并采集相关文字、图片资料。

第三节　景泰县重要农业文化遗产要素

一、特色农副产品

（一）和尚头小麦

和尚头小麦属禾本科一年生草本植物，是西北干旱地区砂田中种植的一种特有优质春小麦，穗无芒，圆锥形，故名"和尚头"。壳色红，成熟后口紧，不掉籽，颖果椭圆、褐红色，麦粒中小，较细长，又称"红秃头"。

小麦是景泰主要农作物，种植历史悠久，据《兰州市志·农业志》记载："兰州地区距今 5000 年前已种植小麦，汉代小麦生产仅次于粟稷"。景泰"和尚头"小麦的种植历史可追溯到明代，明清时期曾作为贡品，供皇室贵族享用。据《景泰县志》记载："景泰历史悠久的农家品种有小麦，砂旱地多种和尚头，二阴山区旱地多种大、小白芒，大、小红芒等，这些品种大多适应性强，但年久退化，产量不高。"据《甘肃小麦品种志》记载："本品是甘肃中部干旱地区 50 年代末 60 年代初主要春小麦地方品种之一，又名秃头麦，大和尚头，属普通小麦变种。"目前景泰县和尚头小麦种植区域主要集中在寺滩乡、正路镇、喜泉镇等，2019 年种植面积达 6 万余亩，年产量 0.8 万吨。

和尚头小麦具有发达的须根系，利于充分吸收其生长所需的水分和养分。发芽时，芽鞘坚硬、粗壮而长，鞘尖锐利似锥，可刺破坚硬的沙层或土块，因此具备极强的抗旱、耐瘠薄、耐盐碱的特点。在土壤含水仅有 5%～10% 的极干旱土壤上，也能开花结实。和尚头小麦另一个显著特点是抗病、无污染，在种植过程中，极少施化肥、农药，是地道的无公害绿色食品。

景泰县和尚头小麦

在景泰特定土壤、气候环境、特有的砂田种植方式下,经过数百年的自然和人工选择形成了现今的"和尚头"小麦地方品种,与其他品种小麦相比,粗蛋白、面筋含量高,硬质高,但产量低(亩产 100~200 公斤)、出粉率低。因此,价格较高,是普通小麦价格的 2~3 倍。

"和尚头"小麦粉质较细、含纤维少、容易消化吸收、口感好,是西北地区做拉条子、馒头的最佳原料,以滑润爽口、味感纯正、面筋强等特点著称,享有较高的声誉。此外,因具有高弹性,"和尚头"面粉是做兰州拉面的上等食材,在制作拉面时,不需要添加任何添加剂。

(二)籽瓜

籽瓜,葫芦科,一年生草本。原产地在非洲,唐代经丝绸之路传入中国西北地区。属低糖瓜类,《本草纲目》中记载"籽瓜性味甘",中医认为其有暖胃驱寒、生津养肾的功效。

籽瓜有多个品种,有兰州籽瓜、道州籽瓜等。景泰的籽瓜俗称"黑瓜子",形状与西瓜相似,黄瓤黑籽,籽就是畅销的大板瓜子,以片大、皮薄、板平、肉厚、乌黑发亮、味香、品质优异而著称。据《创修红水县志》记载:"有一种籽瓜,籽黑而大且多瓤,籽甚美,专取其籽。"瓜瓤口感软绵、清爽。相传清代乾隆皇帝喜食瓜果,命人在西部甘肃红水县(今景泰县)内寻得籽瓜这一美味瓜果。一经呈出,受到皇帝及王公大臣的喜爱,之后便成为每年必备的西北贡品瓜果之首。

景泰县砂田籽瓜

籽瓜生长在戈壁的旱砂地中,其生长只能吸收富有多矿物质的旱砂土地和雨水中的营养,其他方式浇水、其他土地种植都会损坏瓜秧,导致无所收获。农民播种后,籽瓜的收成基本全靠天,中途不会浇水、施肥、打农药,是一种天然绿色食物。

2019 年全县籽瓜种植面积约 0.8 万亩,主要集中在寺滩乡内,亩产约 1500 公斤,每公斤售价约为 1 元。每年四月初种植,八九月成熟,耐储藏,可储存到来年一二月份食用。

籽瓜全身皆是宝,瓜子可晒干食用,瓜瓤可直接食用也可以作成饮品、罐头,瓜皮可做菜,也可以从瓜皮和瓜瓤中提取果胶。近年来,随着电商的发展,人们对籽瓜的价值了解日益深入,越来越受到大众的喜爱。

(三)翠柳山羊

翠柳山羊属于沙毛山羊,是世界上珍贵的裘皮山羊品种。翠柳山羊以白色为主,体质结实、体格中等,体躯短浑近方形,结构匀称。公母羊大多有角,成年公羊体重 30 ~ 40 公斤,母羊体重 25 ~ 35 公斤。主要生长在景泰县境内一些沟壑纵横的沿黄山区,全县年饲养量达到 13 万只,其中翠柳沟最为集中,村内家家户户都养山羊。山羊为自由散养,长期奔波于山间,饮用清澈干净的山间溪流,食用碱草、碱蓬、芨芨草、锁阳、甘草等野生植物,其肉品绿色安全、无激素,故有"吃着中草药,喝着山泉水长大的绿色动物"的美称,于 2006 年被列入《国家级畜禽遗传资源保护名录》。

翠柳山羊在景泰养殖历史悠久,相传自西汉以来就有养殖。据翠柳村周姓村民的家谱记载,明清时期其先人已在此养羊畜牧。这里环境封闭,没有外来品种杂交,因此,翠柳山羊的外貌特征和遗传特性相当稳定。羊只也对半荒漠、荒漠严酷的自然条件有极强的适应性,性情机警灵敏,善攀高游走,采食能力强,耐饥渴和长途跋涉,抗病力强。

翠柳山羊每只可年产羊绒 1 斤,是高档毛纺品的重要原料。羊皮可制成羊皮筏子。翠柳山羊的生长速度不快,但肉质独特,鲜香没有膻味,肉色粉红,脂肪含量低,均匀分布于肌间,呈雪花纹。爆炒翠柳羊羔肉,已成为当地一特色招牌菜。"翠柳山羊肉"也于 2018 年成为国家地理标志农产品(编号:AGI02517)。

(四)滩羊

滩羊是我国特有绵羊品种,主要产于甘肃景泰、靖远、环县,宁夏中北部、陕西定边、内蒙古阿拉善左旗等地区。据《景泰县志》记载,景泰县 1965 年滩羊饲养量就达到 15 万多只。滩羊体格中等结实,成年公羊体重 40 ~ 50 公斤,母羊体重 30 ~ 40 公斤。滩羊部位结合良好,鼻梁稍隆起,耳分大、中、小三种。公羊有螺旋形大角,母羊无角或小角。背腰平直,胸部较深,四肢端正。脂尾三角形,尾尖细圆下垂,体躯毛色纯白,多数头部有褐黑、黄色斑块。

景泰滩羊

滩羊肉质细嫩、少脂肪、没有膻味，尤以羯羊肉为善，是甘肃省最佳羊肉之一。境内常以羯羊肉和羔羊肉制作佳肴，招待宾客。

另外，滩羊毛、滩羊裘皮是景泰特色农副产品，羊毛是制作提花毛毯、地毯、毛衣的优质原料。羔羊产后一个多月，毛股长达 7 到 8 厘米宰杀剥皮，称之为二毛裘皮，其特点是毛股结实，弯曲弧度匀称，根部绒毛较长，保温性好。裘皮轻便、保暖，皮板弹性好，柔软洁白、整齐润滑，毛能向四方弯倒，如水波状，美观大方，穿着舒适暖和，是出口的名贵产品。此外，成年滩羊皮可做皮袄、皮褂及皮夹克。由于自然条件、饲养技术等因素，所产裘皮质量优劣不等，红水、草窝滩、五佛乡为优良产区。

（五）五佛大枣

五佛大枣，又称"佛枣"，因产于景泰五佛乡而得名。此枣个大肉厚，枣皮颜色暗红，富有光泽，皮薄核小。果肉味美甘甜，含糖量居各类果品之首，鲜枣含糖 20% 以上，干枣油性大，含糖量 60%～80%，营养丰富。

枣树是景泰县的传统经济林木，经济寿命较长。五佛乡地处黄河之滨，四面环山，山脉海拔高 1300～1400 米，具有腾格里沙漠边缘少有的盆地小湿润气候特征，光、热、水资源丰富，非常适宜枣树的生长。

五佛乡枣树种植历史悠久。相传北魏年间，有一群西去的僧人，途经现景泰县五佛乡。一天夜间，所行僧人同梦见五尊活佛从天而降，第二天，僧人就地修建五佛寺，并在五佛乡种下了枣树。后来玄奘取经途经五佛，食"佛枣"后顿感神清气爽、体力充沛，于是将枣核带走，一路西行，传至青海、新疆等地。

目前，五佛乡车木峡组内有上百颗树龄达三五百年的枣树，生长较为茂盛，且仍旧结果。目前全乡枣树面积已达 2.5 万亩，年产枣 4200 万斤以上，被誉为"中国大红枣之乡"，并为当地带来较高且较为长久的经济收益。

五佛大枣

（六）景泰枸杞

枸杞是甘肃省传统地道药材,景泰县是枸杞的优势产区之一。景泰枸杞产地主要在东经 103°23′至 104°35′,北纬 36°43′至 37°50′之间,涉及草窝滩镇、红水镇、上沙沃镇、一条山镇、漫水滩乡、寺滩乡、喜泉镇、条山农场等 9 个乡镇的 94 个行政村和农场,当前种植面积为约为 5400 多公顷。2017 年,景泰枸杞被认定为国家地理标志认证产品(编号:AGI02110)。

景泰枸杞

景泰枸杞多利用盐碱沙化土地种植,鲜果为橙红色,果实圆柱形或椭圆形,干果呈纺锤形,表面红色或暗红色,果皮柔韧,肉质柔软,味甜,具有芳香气味。在盐碱地种植的枸杞,果大肉厚,更具耐热耐寒,味浓多糖等特点,其钙、锌和铁的含量也是普通枸杞的 5~6 倍,其他营养元素也均高于普通枸杞。

景泰县枸杞种植的历史较为短暂。20 世纪 80 年代末,由于草窝滩镇田地盐碱化加重,当地政府和人民经多次到宁夏考察,从宁夏引进枸杞进行试种,用于盐碱地生物治理,得到了良好的生态效益和经济效益,种植规模得到逐渐扩大。截至目前,景泰县培育开发出"景沙红""景世红"和"黄河石林"等枸杞品牌。

(七)甘草

甘草,属多年生草本豆科植物,是传统中药材,根和根状茎入药,有广泛的医用功效,有"十方九草"之美誉。据《本草纲目》中记载:"诸药中甘草为君……故有国老之号。"我国种植的甘草为乌拉尔甘草品种,温度、土壤的适应性较强,有较强的耐盐碱和耐旱性,原野生于西北干旱和半干旱地区。

甘草是景泰县传统的中药品种,但20世纪90年代以前,景泰人民主要以采集野生甘草为主,甘草的规模化种植是近二十年来逐渐出现的。

景泰县寺滩乡万亩甘草种植基地

景泰县具有丰富的土地资源、劳动力资源以及充裕的光照资源和成熟的甘草种植技术等优势,是甘草资源种植比较有优势的地区之一。目前,景泰县甘草种植主要集中于寺滩乡,面积达3万余亩,并以此为基础建成了甘草加工厂和甘草羊养殖基地。

(八)向日葵

向日葵属菊科一年生草本,是美洲原住民在史前北美种植的几种植物之一,在明朝中期传入中国。明末学者赵崡所著《植品》,记载了向日葵在我国传统和种植的早期情况:"又有向日菊者,万历间西番僧携种入中国。干高七八尺至丈余,上作大花如盘,随日所向。花大开则盘重,不能复转。"明代王象晋《群芳谱》

也记载了向日葵:"丈菊,一名西番菊,一名迎阳花。茎长丈余,干坚粗如竹。叶类麻,复直生。虽有旁枝,只生一花;大如盘盏,单瓣色黄,心皆作窠如蜂房状。至秋已转紫黑而坚。取其子种之,其易生。"

向日葵的传播路径说法不一,一说是经海路传播而来,先期在沿海地区种植,后来传播到内地。也有学者认为,海路并不是向日葵唯一的传播路径,西北地区的内陆传播也是向日葵进入我国的重要渠道。

景泰县境内向日葵种植始于何时,并无明确记载。据当地人们回忆,至少在民国时期已经有了广泛种植,不过当时只在农户房前屋后栽种,并没有大规模地种植。20 世纪 90 年代后,随着农业产业结构调整步伐的加快,景泰县境内开始大规模种植向日葵。目前,向日葵已经成为景泰县重要经济作物,分为食葵和油葵两种,主要集中在寺滩乡种植。目前种植面积 5 万余亩,既可以生产葵花籽,也可以供观赏,以带动当地旅游业发展。景泰县立足当地丝路文化底蕴和特色资源优势,于 2019 年举办了首届葵花文化旅游节,吸引了游客近十万人次。

景泰县寺滩乡万亩葵花种植园

(九)香水梨

香水梨又称软儿梨、消梨,属波斯梨科果实,栽植历史悠久。清康熙年间景泰所处区域为靖远卫、皋兰县一带。《重纂靖远卫志》载:"香水梨,即消梨也。他处不多见,深秋成熟,咀嚼无渣,至冬春间冻释成汁,天然甘美,诚珍品也。"

香水梨树形高大,圆头形,枝条较密,多细而下垂,结果丰多,适应性和抗逆性较强,耐热、耐旱、耐瘠薄。境内黄河沿岸栽植较多。相传尚、罗、刘三姓自明嘉靖年间因国家拔取民丁,边防筑城,在尚苑将军的率领下,由靖虏卫迁至龙湾村,官兵沿河栽种香水梨树。随着时间的推移历史的变迁,龙湾村现存的 9 株明代栽培的古香水梨树,仍讲述着尚、罗、刘三姓在此戍守边疆生生不息的故事。

五佛乡车木峡沿河地带有七八十株树龄百年以上的古梨树,至今仍果实累累。

景泰县五佛乡明代种植的古香水梨树

香水梨的特点是色变而味愈佳,宜久存不易腐烂,不怕严寒冷冻。香水梨入秋成色,清黄鲜亮,果味微酸。熟后摘下冻藏,肉质变成褐色,解冻后汁液较多,凉透心脾,可润肺止咳、清胃泻火,亦能醒酒,是馈赠亲友的珍品。

(十)条山梨

条山梨在景泰县种植历史悠久,明末清初在黄河沿岸已有广泛栽培。栽培品种主要为早酥梨,果实呈倒卵圆形,果皮呈黄绿色,品质细嫩酥脆。早酥梨石细胞极少,果心小,风味酸甜可口,于2017年被评定为国家地理标志产品。

景泰县条山梨树主要分布在一条山镇、寺滩乡、中泉镇、草窝滩镇、芦阳镇、上沙沃镇、红水镇、喜泉镇、五佛乡、漫水滩乡等10个乡镇的41个行政村和农场。栽培面积2668公顷,年产量近10万吨。

(十一)龙湾苹果

龙湾苹果产于昼夜温差大、气候干燥、日照时间长、属半干旱荒漠气候的景泰县黄河石林景区及周边中泉镇、五佛乡、芦阳镇、喜泉镇、一条山镇5个乡镇28个行政村,属优质红富士品种。自20世纪80年代开始种植,果实甜而脆,水分多,质细汁多,绿色无公害,品质优、耐贮运。2017年,被评定为国家地理标志产品。目前种植面积1950余公顷,年产苹果7万余吨。

(十二)沙漠洋芋

景泰人民习惯将土豆称为洋芋,并根据土豆的生长习性,将其因地制宜地种植在境内的沙土地带,于是就有了沙漠洋芋这种特色产品。洋芋于明朝时期经丝绸之路传入中国,对于气候、土壤等自然条件的适应性强。景泰县位于腾格里沙漠南缘,气候干燥、昼夜温差大、日照充足,土壤砂性大、疏松,临近黄河,灌溉条件好,当地先民利用生产智慧和耕作经验种植出了沙漠洋芋。

景泰沙漠洋芋属中熟品种,成熟较早,一般在八九月份。并且产量也高,是当地主要粮食作物之一。沙地生长出的洋芋营养价值高、薯形好、个头匀称、质地韧实、保鲜期长、耐运输,为当地带来较大的经济效益。

(十三)小杂粮

小杂粮是小宗粮豆的俗称和总称,主要有扁豆、豌豆、糜子、莜麦、绿豆等,其特点是小、少、特、杂。这些谷物含有多种维生素、胡萝卜素、核酸及纤维素等,营养成分高。

小杂粮是景泰县除了小麦、玉米之外十分重要的粮食作物,据《景泰县志》记载,当地种植小杂粮历史悠久,已有数千年的历史。目前全县种植面积约6万亩,主要集中在正路镇,盛产的小杂粮已有十多个品种。正路镇平均海拔高约2400米,昼夜温差大、雨水少、日照时间长,尤其是所处的旱砂地种出的品质更高,且绿色无公害。现在绿色小杂粮产品远销国内外,成为人们餐桌上的一大特色美食。

二、古树园或古树群

考古资料表明,早在4500多年前人们已经在景泰境内繁衍生息。而随着与中原地区交往的密切,中原地区先进的农耕技术和农业文化也不断地影响着该地文明的发展进步。

在通过种植糜子、谷子、小麦、玉米、土豆等粮食作物,保障食物来源和生计安全的同时,生活在当地的人们还通过广泛种植各种树木,涵养水源,维护当地的生态环境。其中,寿鹿山国家森林公园中500多公顷的青海云杉、祁连圆柏天然林和油松、落叶松、青杨人工混林,充分印证了当地人们对林业的重视。与之同时,生活在当地的人们还充分利用黄河流经地区的川地、滩地,广泛栽培枣树、梨树等经济树种,发展农业经济和家庭副业。其中,五佛乡车木峡古枣园,就是典型的例证。

五佛乡车木峡古枣园紧邻黄河,地处海拔1400米以下的黄河自流灌区和海拔1500米以下的中部井泉灌区,年降水量156.6毫米,土壤普遍含有轻盐碱。由于枣树对土地要求不严格,能抗旱、耐湿、耐碱、耐贫瘠,无论坡地、平地、沙滩、碱地,都能生长。同时栽植容易,也不需要复杂的管理技术。当地谚语说:"枣树不害羞,当年红枝头。当年可挂枣,五年可收益。"栽培枣树,增加了群众收益。当地俗称其为"一年栽树,百年受益"的铁杆庄稼。除了建国初期被大量砍伐用于建设外,该古枣园数百年来一直在盛产红枣。

景泰县五佛乡车木峡古枣园

五佛乡车木峡古枣园有 500 余株 300～500 年的古树,占地面积 7.5 公顷。古树园以古枣树为主,还包括 20 余株古梨树。据当地古树普查报告,该枣园内树木由早年居住在此地的白姓人家栽植,他们总计在田间埂渠上不规则地栽植枣树 1000 株左右,每亩平均 2.2 株。晚清年间,靖远昌姓人家迁徙至此地定居耕种,将古树园购买下来加以管护和利用。

由于枣树冠幅较大,多稀植,再加上枣树枝叶稀疏,利于间作,当地有的村民在枣树下种蔬菜、养猪,在枣树中间再种上低矮的苹果树、梨树。在黄河岸边和沿岸沟旁,还有呈片状分布互不连贯的酸枣天然林,可以用来嫁接大枣,也可采其种子培育接大枣砧木。古枣园与黄河灌渠之间种植了玉米等农作物,形成良好的生态系统。

古枣树树干粗壮,多两三人合抱之树。古枣树根系发达,可以防风固沙,枝叶、根系和树旁沟渠都能存储水源,对于减弱河流侵蚀、保持水土、涵养水源有着重要作用。大面积的树园的存在,可以调节当地小气候,净化空气、降低空气干燥度。黄河汛期来临时,河水涌上岸,携带的大量淤泥为古枣园和农作物提供了养分,林下养的猪以及各种鸟兽的粪便也为古枣园和农作物提供了养分。古枣园掉落的果实和树叶,又为土地和各种动物提供了食物来源。

但古枣园的生存也面临着一些威胁。因长期无专人管护,部分树木生长衰弱,濒临死亡。"大跃进"大炼钢铁之际,古树被公社砍伐以烧火炼钢。后来,部分村民还砍伐古树以作木材,一棵树以二三百元的价格卖出,使得古树数量进一步减少。近年来,村民已经意识到古树的价值和意义,开始派专人看护,但由于树龄已久,很多古树长势一般,呈逐年衰弱的态势,以至于整体挂果效果不佳。

被砍伐的古梨树

此外,该古枣园还面临以下问题:一是对古枣园的保护意识较差,当地村民或游客为了各自的方便,随意损坏枝梢。有的古树周围堆放大量砖瓦石块、枝柴杂物,可引起火灾烧坏树皮,严重影响或威胁古枣树生长。二是古枣树无管护资金,无专人管护,大多没有设立护栏,易遭遇人为攀爬、损坏。三是对树体倾斜或有树洞的衰弱古枣树,无支撑、填洞等有效管护措施。另外,至今为止,景泰县未开展古树名木认定和挂牌工作,也没有制定出台古树名木保护地方法规或规章,没有建立古树名木图片、文字、电子等档案,没有使用全国古树名木地理信息系统。

三、独特的土地利用方式

景泰县地势呈西南高,东北低,山峦丘陵约占全县面积的3/4,全县耕地面积78万亩,除五佛乡、芦阳镇和中泉乡有少量黄河滩地,农业用水较为便利之外,绝大部分耕地干旱少雨。生活在当地的人们因势利导,在黄河岸边发展湿地农业,在干旱的耕地上通过铺设小石块种植粮食、瓜菜以及中药材等,在山洪流经地带拦截洪水浇灌耕地,充分有效地利用当地的耕地资源,形成了独特的土地利用方式。

(一)砂田

砂田也谓"石田",是在土地平整之后,用不同粒径的砾石和粗砂覆盖在土壤表面而形成的耕地。砂田是我国西北干旱地区经过长期生产实践形成的一种世界独有的保护性耕作方法。铺设在土壤上的砾石和粗砂能够有效地阻断土壤中水分的蒸发,起到蓄水、保墒的作用。同时,因西北地区昼夜温差大,低温可能冻伤作物,砾石和粗砂可以起到保持土壤温度的作用。此外,西北干旱地区风沙大,土壤盐碱化严重,水土流失又导致土壤肥力低下,而砂田能有效地起到防风、压碱和保持地力作用。因在干旱地区农业生产中的独特功能,西北地区的百姓将砂田誉为摔不破、砸不烂、冲不垮、晒不透的"牛皮碗"。

从粗砂和砾石来源的角度看,砂田分为井砂田、洼砂田、沟砂田、河砂田、岩砂田,但它们在农业生产中通常不具有差异性。但从能否灌溉的角度而言,砂田分水砂田和旱砂田两种。其中,水砂田是可以灌溉的砂田,通常田块小、地平,砂层10厘米左右。在景泰县境内,水砂田有零星铺压,占地面积不大,通常种植的是价值含量较高的经济作物。

旱砂田块大小不等,有较平的土底即可,砂层通常在16厘米左右。营造砂田宜选平坦的土地,坡地的坡度应小于15°。经过耕翻耙糖后,将土壤压实,在表面增施肥料,人粪、羊粪或灰肥,然后在冬季土壤冻结后将砂石均匀铺到地面。播种时,将禾谷类作物用砂田播种楼将种子播入砂石层下的土壤表面。瓜、菜类作物应挖穴扒开砂石点种后再覆盖。

景泰县寺滩乡砂田

砂田具有抗旱保墒、增温、压碱等功能,寿命一般在30年左右,是景泰县土地资源构成的一大特色,也是提高土地资源利用潜力的重要措施。

据《白银大辞典》记载,景泰县境的砂田在清嘉庆年间已经开始,民国时期普及,但发展缓慢。20世纪60年代后,砂田面积大幅度增加,主要分布在中西部干旱半干旱农林牧区的荒滩地段和沿山地区的丘陵山谷地带。20世纪90年代,县政府大力倡导和支持在中西部干旱山区铺压砂田,到 2000 年,全县有砂田面积 23.56 万亩,主要分布在正路、寺滩、芦阳、中泉、大安、喜泉等乡的荒滩地段和沿山地区的丘陵山谷地带。

砂田中可种植小麦、糜子、豆子、西瓜、籽瓜等多种作物。由于砂田能够增温保墒,且较为清洁,所产果实比普通土地上所获果实的口感、质量更佳,获得消费者广泛好评。

(二)沟坝地

沟坝地是指在山洪流经的沟道中,通过修筑拦截洪水的工事,截留水土和有机质,待洪水干涸之后,在截留面平整土地,从事农业生产的一种土地利用方式。由于景泰东临黄河,经常面临汛期黄河水泛滥成灾、山洪冲毁田地等问题,因此,打坝堵沟、拦洪淤地成为丘陵沟壑地带和山区农民传统造田的主要形式。

不过,在新中国成立以前,景泰县沟坝地建设只是零星的开展。20 世纪 50 年代后,景泰县依靠集体力量在沟谷地带划片分段进行建设。80 年代后,主要结合小流域综合治理进行改造。至 2008 年,景泰县建成沟坝地 6.3 万亩,成为当地土地利用的一种重要形式。

因山洪暴发时将大量的腐殖质和有机质从高处冲下,沟坝地的土壤肥力通常较高,农作物亩产较一般旱田高出 2～3 倍。

沟坝地紧邻沟壑纵横的石头山、荒地、滩地,当地村民便因地制宜,在山地自由牧羊,在沟谷里普遍建设有灌渠,用来引水灌溉,种植农作物(玉米)、蔬菜(西红柿、辣椒、南瓜、茄子)、林果(枣、核桃)等。另外,还进行家庭养殖,饲养猪、鸡等家畜家禽,呈现出多样性利用的特征。

(三)盐碱地

西北地区土壤盐碱化问题一直较为严重,但景泰县的土壤盐碱化不仅是一个自然和历史现象,同时也是一个现代人为现象。为了发展水利灌溉,景泰县境内有"中华之最"景电高扬程大型提灌工程两处,总装机容量 24.56 万千瓦,提水量 28.6 立方米/秒。但景电高扬程大型提灌工程有灌无排,灌溉回归水的汇集致使地下水位持续抬高,草窝滩、五佛、上沙沃、芦阳、一条山等乡镇的土壤盐碱化尤为严重。当前,景泰县土地盐碱化以每年增加 5000 亩的速度蔓延,昔日的良田沃土变成了"夏季水汪汪、冬天白茫茫"的荒芜之地。截至目前,全县受盐碱化影响的耕地面积达 27 万亩,其中,中、重度盐碱地 16.3 万亩,因盐碱化弃耕撂荒土地达 6.5 万亩,全县 3.47 万建档立卡贫困人口中的 29% 分布在盐碱危害区。

针对土地盐碱化问题,当地利用盐碱撂荒地和盐碱水域发展现代渔业,探索出了"井排结合、抬田造地、挖塘降水、渔农并重"的思路,使盐碱地治理与富民产业、乡村旅游、招商引资、生态修复治理全方位结合起来,实现了生态、经济、社会效益有机统一。

景泰县五佛乡老湾村盐碱地稻渔综合种养系统

在草窝滩三道梁村,依托和顺农业公司,着力打造"千亩渔农综合利用示范基地"。现已开挖水域 840 亩,建成高位虾棚 2 座、玻璃温室 1 座;抬田种植耐碱作物 360 亩。在五佛兴水村,依托晋成农业等新型经营主体,充分利用撂荒弃耕的盐碱地,通过土地流转,着力建设"千亩南美白对虾养殖"示范基地。现已建成高位温棚虾池 17 亩,普通池塘 1200 亩。在五佛泰和村,依托兴宏泰专业合作社,建设"低碳高效循环流水养殖"示范基地,现已开挖大水面 200 亩,配套高密度流水槽 9 个。在芦阳响水村,依托鲟龙渔业、东源渔业等公司,利用灌溉回归盐碱水,建设"盐碱水流水养殖"示范基地。现已建成流水养殖池塘 80 亩,配套建设孵化车间 1200 平方米。在一条山兰炼农场,依托玉金祥公司,建设"集约化温棚对虾养殖"示范基地,已发展温棚 81 座 119 亩、池塘 28 个 113 亩。通过抓点示范,极大促进了群众发展水产养殖的积极性。目前,全县水产养殖面积已达 1.15 万亩。

在盐碱区开挖鱼塘后,呈现"三降"现象:周边地下水位迅速下降、再造新田 pH 值由 8.8 下降至 8.2、盐分由 1.40% 下降至 0.60%,符合各种耐碱植物的生长。每开挖 100 亩鱼塘,可抬田 60 亩,周边耕地可逐步恢复耕种,起到了"挖一方池塘,改良一片耕地,修复一片生态"的作用。目前,已抬田恢复耕地 1200 亩,改良治理盐碱地 2 万余亩。

四、传统耕种制度与技术

(一)轮作

景泰多砂土,地块干旱瘠薄,长期采取小麦连作的种植方式容易造成水土流失、土壤肥力减退、单产降低。农民在长期的耕作经验中逐渐将小麦与豆科、绿肥等作物实行轮作,把用地和养地结合起来,由掠夺式经营向良性循环转变。据调查,较好的轮作方式有:

(1)青稞——豌豆(油菜、洋芋)——小麦
(2)小麦——轮歇——洋芋(油料)
(3)小麦(洪漫地)——小麦(洪漫地)——洋芋(油料)
(4)砂田——轮歇——小麦——籽瓜
(5)小麦——轮歇——糜谷
(6)小麦(套种绿肥)——小麦(套种绿肥)——大秋(玉米、谷子)
(7)小麦——瓜类等经济作物——小麦
(8)小麦(套种黄豆)——大秋——经济作物
(9)小麦(套种绿肥)——大秋——小麦
(10)小麦(玉米带田)——瓜菜——小麦(套种黄豆)

上述轮作方式,前五种适于旱农耕作地区,后五种适于平川灌区选用。

(二)轮休

景泰过去缺水、缺肥,地广人稀,不少地方实行倒山种田,即这块地种植,让另一块休闲养地,三至五年后进行交替。有的地方夏粮收获后深翻整理,除种少量扁豆、胡麻等外,大部分休闲养地。有的地方秋粮收获后,一部分地进行深翻整理,一个冬春休闲养地,来年夏季种晚秋作物。这种情况,在新中国成立后至20世纪60年代较为普遍。进入20世纪70年代以后,随着耕地面积的减少,水浇地面积的扩大,复种指数的提高,休闲地趋于减少。

(三)复种

景泰县农作物为一年一熟,但当地热量条件较好,年气温高于0℃、80%保证率积温日数为234天,按中早熟小麦生长期120天计算,农耗5天,尚余115天。按剩余热量计算:

(1)种绿肥。可生长120天。据试验资料,种植绿肥能收获青饲料500公斤

以上。且绿肥具有耐低温、耐干旱和耐土壤瘠薄等优点。

（2）种洋芋。积温的多少对洋芋产量有影响，但不影响成熟，根据当地情况可有一定产量。

（3）种糜子。能获得正常产量。

（4）种蔬菜。主要种类有大白菜、绿萝卜、红萝卜、芹菜和大葱等。蔬菜耐旱性强，能在0℃以下生长且不受冻。

景泰县海拔高度在1600米以下地区，由于热量较优越，加上水分条件充足，是当地适宜的作物复种区。复种作物主要以糜谷、绿肥、蔬菜等为主。

（四）间作套种

间作套种是有效利用热量条件的生产措施，比复种作物更能充分发挥热量效应。景泰县大部分地区"一季有余，两季不足"，采用套作可以变"一年一熟"为"一年两熟"或"两年三熟"，提高了土地的利用效率。主要套种方式有：小麦套玉米、小麦套洋芋、小麦套黄豆、小麦套甜菜，以及玉米间黄豆等各种形式。

间作套种密度大于单种，光热利用较单种优越，蒸发大于单种。据试验，套种作物耗水量比单种耗水量多131%。当地灌区热量条件和水分条件较优越，是间作套种的适宜区。近年来，对砂田的利用还出现了西瓜、籽瓜套种文冠果，南瓜套种油用牡丹的情况。

（五）传统畜力耕地

由于景泰县耕地多为山地开垦而来，不太适宜大规模机械化作业，传统上耕地以畜力耕地为主。通常，一劳、一畜、一犁、一天，可耕地2亩左右。

（六）耖地

耖地是砂田特有的耕作技术，并且有专门的工具——耖，相当于犁地。但需要注意的是，耖地不可以将砂田下的土层翻上来，避免砂层和土层混合，不能破坏砂田的稳定性能。耖地一般从秋收后开始到立冬前后结束。一般在秋雨后进行，每隔一个月左右耖一次地，大概共三次。进行耖地，主要作用有：一是把杂草耖掉，使土质疏松；二是起到保墒的作用。秋雨是来年增产的关键，可以贮藏雨水，增加有机质，提高地力。

（七）耧播

耧播是最主要的播种方式，除薯类、豆类、玉米、荞麦等大粒种子外，其余均用耧播。耧播面积约占全县播种面积的一半以上。

（八）点播

一些较大颗粒作物以及蔬菜、瓜类作物则须挖穴扒开砂土层，点种后进行覆盖，播量可少于一般农田。点播分跟犁点种和掏钵点种两种。跟犁点种是主要的，掏钵点种多用于高产田块和小块地。

（九）施肥

景泰县进行农业生产一般都是施用农家肥，在一般地块上可在耕种之前将羊粪、绿肥等与土壤混合。对种谷类作物的旱砂田来说，由于铺砂、压砂耗费大量劳力，一般在中期以后才施肥。在种蔬菜、瓜类作物的水砂田，每年应根据作物的穴距扒开砂石进行施肥。

（十）保墒

保墒，在古代文献中也称为"务泽"，就是"经营水分"。所谓经营，就是通过深耕、细耙、勤锄等手段来尽量减少土壤水分的无效蒸发，使尽可能多的水分来满足作物蒸腾。保墒是景泰县旱作农业生产中的主要措施。在旱地，一般利用铺压砂石进行土壤水分的保存，尤其是每年秋雨时节，农民进行秒地松土，让土壤吸收更多雨水，为作物贮藏更多水分。近年来也有一些地块越来越多使用地膜进行保墒。

五、特色农业产业园

（一）五佛乡兴水万亩红枣产业园

五佛乡三面环山，另一面是黄河，地理位置优越。黄河边的滩地光、热、水资源丰富，盛产大红枣，是景泰县的大红枣之乡。

五佛乡兴水村车木峡组种植枣树历史悠久，近年来，依托地理优势，扩大种植规模，大力发展红枣产业，建成3万余亩红枣产业园，吸引170多家农户入园，并向农户传授枣树品种改良、嫁接及疾病防治技术，红枣从采摘收获到销售都更加有保障。另外还建有优质红枣苗木繁育基地、红枣加工厂，助推五佛乡红枣产业向规模化、优质化、多元化发展。

（二）景泰县生态农业产业园

景泰县生态农业产业园位于寺滩乡、喜泉镇境内，园区以寺滩引水工程和永泰川灌溉引水工程为依托,与新疆喀纳斯润丰投资(集团)有限公司合作兴建而成,园区总投资约55亿元,规划面积约46万亩,规划建设食葵标准化生产基地,占地约30万亩。

目前,生态农业产业园已实现5万余亩食葵种植;建设以肉牛、肉羊为主的草食畜牧业规模化、标准化养殖基地,占地约8万亩;建设以甘草、肉苁蓉为主的中药材标准化生产基地,占地约4万亩;建设以文冠果、枸杞为主的特色林果生产基地,占地约2万亩。规划建设集聚现代农业研发培训中心、瓜子加工、仓储物流等功能体系的核心区,占地3000亩。并依靠葵花种植基地开展"葵花旅游节"活动,着力打造集种植、养殖、加工、科技、观光于一体的国家现代农业产业园。

(三)景泰县寺滩甘草产业园

景泰县寺滩甘草产业园核心区位于寺滩乡易地扶贫搬迁疃庄村安置点,总占地面积4.2万亩,由甘肃菁茂生态农业科技股份有限公司建设,总投资1.86亿元,主要由甘草种植基地、优质甘草滩羊繁育养殖基地、甘草生产加工厂"三大板块"组成。其中甘草种植基地占地4万亩,已完成甘草种植3万亩。优质甘草滩羊繁育养殖基地占地128亩,建成通电、通水棚舍4座,正在新建养殖棚舍16座及相关配套设施。甘草生产加工厂占地100亩,完成甘草晾晒场、分拣清洗区、甘草切片加工等功能区域土地平整。

该产业园立足资源优势,大力发展以甘草、板蓝根种植加工及甘草羊养殖为主的"中药材产业综合体",实现人均土地流转年收入2000元,人均务工收入7000元以上,村集体经济收入达到30万元,辐射带动全乡7个贫困村850户发展甘草滩羊养殖,有效实现了企业、村集体、农户三赢共利的目标。

(四)五佛乡老湾水产产业园

老湾水产产业园位于五佛乡老湾村,依托强湾种植专业合作社,建有"千亩稻蟹综合种养"示范基地。目前已建成1080亩的稻蟹综合种养片带,建设有苗种孵化车间、幼苗培育池,并配套建设生态流水养鱼池、沉淀池,配套建设稻米晾晒场、库房、加工车间。该示范基地种植适应当地气候、水质、土壤特点的水稻品种"毛灯",水稻种植不使用化肥农药,在水质优良的稻田里养蟹,螃蟹食用稻花及水里其他生物,生长出来的螃蟹个头虽然不大,但生态健康,也多了独有的稻香味儿,形成了稻渔综合种养系统。

景泰县五佛乡老湾螃蟹养殖基地

第四节 景泰县传统村落与主要遗址遗迹

一、传统村落

景泰县目前共有5个传统村落被列入中国传统村落名录,分别为寺滩乡永泰村、中泉乡三合村、寺滩乡宽沟村、中泉乡龙湾村、中泉乡尾泉村。其中,永泰村入选第一批中国传统村落,三合村和宽沟村为第三批入选,龙湾村和尾泉村为第四批入选。

(一)永泰村

永泰村位于景泰县寺滩乡寿鹿山至老虎山北间水磨沟洪积扇的上部的永泰川上。南依老虎山,北为西刘庄,西临水磨沟沙河,东北两面皆为川滩,有大片旱沙地分布。南距寿鹿山坡脚3.5公里,东北距景泰县县城约20公里,西南距兰州市约135公里,东距省道201线约17公里。

永泰村源于明代边防军事建筑堡子,据《创修红水县志》记载,明万历三十三年(1605),巡抚顾其志上疏,"兰州至红水五百里而遥,兰州官兵策应猝不能及,请于老虎城建堡设将为宜,西南再筑两小堡,接传烽燧使首尾呼应,犄角相成,边疆可恃以无恐⋯⋯宜改名永泰城,一新耳目,永绝虏念。"

永泰城平面呈椭圆形,城墙周长1710米,加上瓮城和月城,周长为2136米。其中,北墙长489米,南墙长314米,东墙长446米。仅有南城门通行。城墙范围内面积约22.59公顷。该城仅设南门,带瓮城。东、西、北筑有3个半圆形封闭的月城,南城门有瓮城,其内门(大城门)高13米、宽12.6米、深16米;外门

（小城门）高 13 米,宽 9 米,深 12 米。南城门被称作"龟头"。永泰城围有护城河,总长 2003 米。永泰城址目前为全国重点文物保护单位,包括永泰城的城墙、护城河。城内古建筑有周边烽火台等相关军事设施、附属遗存和其他遗存。

景泰县永泰古城遗址

在地方生态移民建设过程中,永泰城内村民经历了 20 世纪 70 年代、90 年代及 2006 年三次外迁。永泰村内目前居住着 80 户人家,户籍人口 430 人,常住人口 320 人。村民大多是驻兵的后代,所以没有一个统一的姓氏。永泰村经济发展较为单一,村民主要以耕作为主要经济来源,粮食作物以小麦、玉米、胡麻为主,经济作物以百合、土豆为主,养殖业以牛、猪、羊、家禽为主。

永泰城烽火台:北城外距城墙约 20 米,墩的东北侧有点火台六座,呈一字形排列。该烽火台位于北墙护城河北侧 5 米处,北距头座墩(烽火台)约 2 公里。建筑形式为实心覆斗状,台体系就地取材,黄土夯筑而成。是当时军士戍守边疆的重要防御工事。

永泰小学:创建于民国九年(1920)。基本呈长方形,东西 35 米,南北 76 米,占地面积为 3698 平方米。院落格局为二进三合院形式,学校造型独特,别具风格:小庑殿顶式的拱形校门高大雄伟;拱门拱窗的三栋教室次第排列,内外两院有圆圆的月亮门相通;古朴典雅的拔檐宿舍东西相望;十余幅砖刻浮雕各含寓意,以"勤勉自修,努力进取"作为校训。2006 年被列为国家级文物保护单位。

永泰村非物质文化遗产项目主要是寿鹿山道教音乐和小曲(花儿)。其中,寿鹿山道教音乐主要分布在景泰县寿鹿山周边地区。寿鹿山道教属正一道铁师派。寿鹿山道乐曲调稳健凝重、质朴典雅,具有浓郁的宗教色彩,为歌、乐一体的鼓吹乐,是一部存留较为完整的原生态音乐。现存的曲目已融入民歌或戏曲成分,与道教音乐的主体风格有明显差异,能适应不同场合助兴,渲染气氛的需要,娱乐性较强。

永泰村自村落形成以来,有汉、藏、回等民族居住。长期以来,各族文化相互交融,形成了具有本地特色的曲艺文化"花儿",其表现形式为即兴演唱,不设专门的表演场地,内容主要是反映当地的生产、生活。

永泰村厚重的历史文化和人文景观,吸引了人们的关注,也成为影视作品理想的拍摄景地。例如,由吴子牛执导,王庆祥、王亚楠、杜雨露、聂远、李倩等人联袂主演的 31 集电视连续剧《天下粮仓》,林志玲和孙红雷主演的喜剧电影《决战刹马镇》,以及《大敦煌》《神话》《汗血宝马》《花木兰》《老柿子树》《雪花那个飘》《红星照耀中国》等大型影视剧,都是在永泰古城拍摄完成的。

(二)龙湾村

龙湾村位于景泰县中泉镇东部,南距白银市 70 公里、兰州市 140 公里,西北距景泰县城驻地 70 公里,东距靖远县 65 公里。龙湾村东西长 2.5 公里、南北宽 0.8 公里。现辖 6 个村民小组,村民主要居住在龙湾绿洲片区内,东西两片之间由硬化村道(即石林景区主干道龙湾路)相接,中间区域为红富士及红枣种植片区。2016 年底共有农户 665 户,人口 2396 人。

该村庄东、西、南三面依靠垂直落差 200 米的石林群山,北面近临滚滚黄河,属山洪冲刷沉积的一片港湾,俯瞰地图大致像个放倒的水葫芦,东头窄、西头宽。早期村民居住在黄河以北,后因黄河改道在河南岸至悬崖形成一条较宽的台地。台地上土壤肥沃适合发展种植业,并且北有黄河天险,南靠悬崖绝壁,据此可防盗贼抢掠。因此有北岸村民移居于此地,生生不息形成了现在的村庄。

龙湾村面朝黄河,背靠黄河石林,从山口鸟瞰,龙湾村的土房错落有致,屋顶炊烟袅袅;庄稼平整如织,果树茂密葱葱;而一河之隔的坝滩戈壁,则是山丘绵延,荒芜苍茫。黄河石林国家地质公园是近年来开发的具有极高品位的旅游景区。公园占地面积为 50 平方公里,包括峰丛、峰林、黄河曲流、龙湾绿洲、坝滩戈壁等景观。为景泰县乃至白银市的龙头景区,是甘肃中部旅游区重要支撑景区。

村民住宅大多为传统的土木结构,分土坯房和砖瓦房,村内保留有 20 世纪 50 年代的住宅 16 户。龙湾小学院内还保留有清代的文昌阁四面大殿,建筑为木结构硬山顶建筑,墙壁上有精美的砖雕艺术。对外交通仅依靠南部与黄河石林衔接的羊肠小道——古栈道沟通往来,运送物资,构成了黄河石林风景线上的独特景观。2000 年黄河石林正式开发落案之后,22 道弯路成了村庄对外交通的主要干道。古栈道风采依旧,见证龙湾的变迁历史。

说到龙湾村,不得不提到当地的"黄河水车"。我国水利灌溉的历史由来已久,水车的创造与发明溯自"西门业郡,爱治水门;郑白富平,穿山作井;灌溉之利,实济生民,至于近世龙骨可以吸川,螺纹可以转水,桔槔可以引流。"早在东汉时期,就有毕岚发明"翻车",即后来的水车。据清乾隆年间吴鼎新修的《皋兰县志》记载:"水利于皋兰,宜莫如黄河者,郡人段续,创为翻车,倒挽河流,以灌田亩,致有巧思,有力自办,无力官贷。遇旱则水落而半空悬,遇涝则水涨而车漂转。袖川上下,至五十余里,约千余顷地,皆可得自然之利。嘉靖时兰州人段续创为翻车,倒挽河流灌田,沿河农民皆仿效为之,水车一轮灌田多者二百亩,最少亦数十亩。车有大小,水势有缓急,故灌田亦有多寡,由是河南北岸上下百余里,无不有水车。"

景泰县龙湾村传统民居

根据甘肃档案信息网中披露的信息,景泰县龙湾村地处黄河南岸的淤泥台地,早在清康熙二年(1662),生活在此的先辈们通过富捐资、贫纳工的方式,修筑堤坝,汲引河水灌溉,淤地成为陌田。在先辈们的艰辛经营下,"后民赖以耕啜"。

龙湾村非物质文化遗产代表性项目:

秦腔。源于古代陕西、甘肃一带的民间歌舞,是相当古老的剧种。龙湾村现每到农闲时便自发组织演出。传统剧目有《三滴血》《柜中缘》《窦娥冤》《铡美案》等。

剪纸艺术。村内早期房屋窗户为木质方格形,因此剪窗花是 20 世纪六七十年代的流行艺术。现在村庄内部分妇女继承了传统的剪纸艺术,并逐步作为旅游产业发展。

画葫芦。龙湾村地处黄河岸边气候湿润,此地种植的葫芦比较有名,村庄内有民间绘画艺人才把画葫芦作为旅游产业项目,当作致富的门路。目前,随着龙湾乡村旅游业的发展,画葫芦也成为当地村民家庭收入的一个组成部分。

羊皮筏子制作。龙湾村早期没有渡船,北渡黄河的唯一工具就是羊皮筏子。

清康熙十四年(1675)二月,据守兰州的陕西提督王辅臣叛乱,西宁总兵王进宝奉命讨伐时,曾在张家河湾拆民房,以木料结革囊夜渡黄河,大破新城和皋兰龙尾山;六月,王辅臣兵也造筏百余,企图渡河以逃,王进宝率军沿河邀击,迫使王辅臣兵败投降。由此可见,至少在320多年前,在黄河兰州段就已经开始大量使用皮筏渡河了。

景泰县龙湾村画葫芦

　　制作羊皮筏子,需要很高的宰剥技巧,从羊颈部开口,慢慢地将整张皮囫囵个儿褪下来,不能划破一点毛皮。将羊皮脱毛后,吹气使皮胎膨胀,再灌入少量清油、食盐和水,然后把皮胎的头尾和四肢扎紧,经过晾晒的皮胎颜色黄褐透明,看上去像个鼓鼓的圆筒。民间有"杀它一只羊,剥它一张皮,吹它一口气,晒它一个月,抹它一身油"的说法。用麻绳将坚硬的水曲柳木条捆一个方形的木框子,再横向绑上数根木条,把一只只皮胎顺次扎在木条下面,皮筏子就制成了。羊皮筏子体积小而轻,吃水浅,十分适宜在黄河航行,而且所有的部件都能拆开之后携带。

景泰县龙湾村羊皮筏子渡黄河特色旅游项目

龙湾村的羊皮筏子历史悠久,现村庄内依旧有羊皮筏子制作的手工艺人。村庄内现有 200 多只羊皮筏子,村庄内每年也会不定时举办羊皮筏子比赛,届时,黄河上的朗朗口号,也是龙湾村的亮点之一。羊皮筏子不仅是游客进出黄河石林景区的主要交通工具,而且羊皮筏子的制作工艺、使用历史等都可以作为非物质文化遗产展示、旅游商品开发、民俗旅游展示及体验等方面进行深入挖掘。

(三)宽沟村

宽沟村位于景泰县寺滩乡寿鹿山脚下裙扇地带,为山区地貌,北距乡政府约 20 公里。海拔 2482 米,干旱少雨,降水集中在 7~9 月份,年平均降水量 180 毫米,蒸发量 3000 毫米。村庄占地面积 500 亩,户籍人口 1634 人,常住人口 1056 人,村民大部分居住于古村内。

宽沟村为清乾隆四年(1739)设立的皋兰县红水分县治所,咸丰三年(1853),县丞冒渠为防匪掠创建宽沟堡。堡城平面呈正方形,边长 375 米,城墙底宽 12 米、顶部残宽 1~3 米、残高 2~8 米,城周有护城壕。民国二年(1912)遭遇洪水及山体滑坡,堡城的东、西城门均被毁坏,成为两个大豁口。

景泰县宽沟村内景

城内现存县衙旧址建筑面积 60 平方米,警察署旧址一院占地面积 150 平方米,宽山书院旧址 300 平方米。村庄内原有古民居大多于 20 世纪 60 年代被拆除,城内保存有百年以上老屋有 8 户。现村内大部分居民住宅为 20 世纪六、七十年代所建,结构主要为拔檐和顶前坊土坯房小院,保留了西北地方民族传统的建筑风格。

生活在宽沟村的村民主要从事传统农耕和畜牧业养殖。村里主要粮食作物:小麦和薯类。非粮食经济作物有扁豆和胡麻等。村内一条水泥路向北与通往县城的县乡公路连接,村庄内各巷道为土石路面。村民人畜饮用水从南面的宽沟口通过暗渠引入的山泉水,水质甘甜。

宽沟小学由光四书院、宽山书院和宽沟学堂的演变发展而成。虽然县城多次位移不定,但是书院在宽沟从未中断。20 世纪 60 年代中后期,学校山门、教室全部被拆除,县建筑队重新修建后,原貌已无影无踪。1989 年改建校舍,成为六年制小学至今。近年来,随着小规模学校合并,宽沟小学自 2017 年后已经没有学生就读。

村庄内有三处庙宇。城墙以内有城隍庙和龙王庙,城墙以外有娘娘庙。其中龙王庙和城隍庙属于非物质文化活动场所,当干旱少雨时,村民集会至龙王庙广场,进行求雨仪式;每年的春节和元宵节,村民会在城隍庙组织大规模的社火表演。社火,自明代由陕西移民传入景泰县,在宽沟村不断创新发展,内容不断丰富。形式主要有耍龙灯、耍狮子、踩高跷、划旱船、扭秧歌、打太平鼓等传统民俗表演。

(四)尾泉村

尾泉村位于甘肃省景泰县中泉镇东南部,距县城 75 公里,是景泰县的南大门,东与靖远县石门乡相邻,是景泰通往靖远的要道。村东的石崖天然屏障,扼守着村口。地势东低西高,复杂多样,海拔 1400 米,以盛产红富士苹果,大枣而出名。村内还生长有自然的芦苇荡。村内建筑多为石头、土木结构,具有古代建筑的风格。

尾泉村历史悠久,据考古发现当地有汉代古墓群,具体不详。另外,尾泉村南约 5 公里的陈家沟发现一处岩画。该岩画高约 1.8 米、宽 0.8 米,内容大概为狩猎、鹿、岩羊、生殖崇拜等。这些对于考察远古时期当地的历史文化具有重要价值。

景泰县陈家沟岩画

尾泉村还是抗战要地,有西路军遗址。至今,石崖上马家军强迫老百姓深挖的战壕和高筑的碉堡仍清晰可辨。

(五)三合村

三合村位于景泰县中泉乡乡政府东约 7 公里,东侧与中泉乡尾泉村接壤,东延 8 公里至黄河,东南与靖远县的荒草梁等地相邻,西与中泉乡腰水村的坪上自然村搭襟,向北蜿蜒 15 公里抵达龙湾村。东西长约 8 公里,南北宽约 10 多公里。地处黄土高原西北边缘与祁连山余脉向腾格里沙漠过渡地带。村内主要为丘陵地貌,沟壑纵横,山丘起伏,山体植被稀少,主要为耐旱植物。三合村属温带干旱型大陆气候,黄沙沟穿村而过。1955 年曾发生过重大洪水灾害,村庄受灾较为严重,部分村民为避免再遭洪水灾害搬迁至大沙河南侧山脚。

三合村辖 7 个村民小组,364 户、1424 人,有 5153 亩耕地(其中旱地 2593 亩,水浇地 2560 亩)。村里主要粮食作物为小麦、玉米,主要非粮食经济作物为胡麻。经济林木主要为红富士苹果和红枣。

三合村原名西番窑,宋以后西番(蕃)泛称甘肃、青海二地的少数民族。西番窑是以村庄北面断崖上有藏族(吐蕃)牧民居住过的窑洞而得名,窑洞开凿年代为明代以前。此处断崖的崖坎高约 16 米,上层为厚 2 米的砂砾石,下层为红砂岩。窑洞沿崖底东西约 100 米的粉砂岩层开凿过,共有窑洞 20 多孔,且相互贯通。后来的先民来到此地,发现西番所凿窑洞不但坚固耐用,而且冬暖夏凉,所以便不断地开凿新的窑洞,也就将此地成为西番窑。清代同治年间,为防土匪,村民在窑洞前曾构筑高 12 米的围墙,现已被拆毁。村庄沙河南岸有一座民国时期国民党为堵截红军而修筑的碉楼 1 座。1936 年,中国工农红军渡过黄河后曾在此地修整,窑洞被作为机关和医疗队驻地使用。

三合村内民居的院落多为方形合院,大多坐北朝南,少倒座房,三合院居多,即由一正房,两厢房构成;个别院落为一正房一厢房配置。入口多开设在院落东南角。院落空间开阔,院墙较低矮,墙体厚重,以满足保温要求。同时,由于该地区干旱少雨,厢房屋顶及大多数正房屋顶采用"一坡水",即单坡形式,少量正房屋顶为双坡,坡度较缓。院落内多设有菜圃。院落外部设置牲畜养殖及户厕。

三教洞位于三合村北,原三教洞建于民国九年(1920 年),三教洞刚刚修缮完毕,建筑规模不大,整个寺庙院落占地约 400 平方米。

社火风俗在三合村具有很深厚的历史,在每年的春节和元宵节,村民会组织大规模的社火表演。由村子里最受大家尊敬的长者扮演冲关的老爷,再找两人担任社头,带领长长的社火队有序前进并进行各种变换。现在的社火表演全为村民自发组织。社火表演村民参与人数较多,前面有锣鼓开道、龙旗指挥,后面有舞龙舞狮压轴,还有旱龙船、彩旗队、秧歌队、鼓乐队,配上活泼轻快的舞蹈动作,具有十分浓厚的地域特色和文化气息。

景泰县三合村社火表演

秧歌这一民间艺术形式在三合村内具有深远的历史和很高的参与度。每当节庆活动及重大事件,三合村内都会在打谷坪及三教洞庙前开展扭秧歌活动。三合村内的秧歌表演形成了一套舞步,以变换的队形及动作展现喜庆与祥和。

二、主要遗址遗迹与文保单位

(一)明长城(景泰段)

据《靖边县志》载:"万历二十六年(1598),使臣田乐克复其地,建壁筑城,屯成相望。"景泰全境复为明廷所辖之后,为加强这一带的军事防御,自黄河索桥起筑长城至庄浪县土门川共长四百里。明景泰时尚无行政及军事建制,该地属靖房卫所辖。

长城由靖远哈思吉堡北的黄河西岸起,为景泰县所辖。在其县境内的大致走向为:由索桥村东南紧傍黄河的崖头起,向西北经东关村、西关村、麦窝至芦阳镇。景泰县城在芦阳镇西9公里,过芦阳镇继续向西北经城北墩村、西一泵,跨京兰铁路,过八道泉村、青石洞村,越海拔1887米的夹山泉山至红墩子村。由红墩子城墙转为向西,过高家墩、保进墩,由毛牛圈村西北出景泰县界而入古浪县境。景泰县境内所辖长城长约70公里。

(二)索桥古渡

索桥古渡是上下黄河唯一的索桥渡口,也是非常重要的古渡口。据《靖远县志》记载："明朝万历年间置索桥于哈思堡西,始用船桥。"经索桥过河十五里即抵媪围(芦阳腹地),然后沿西北去凉州及西域。在居延汉简中记载了从长安到甘肃河西驿站各站名及各站之间的里程。驿站有媪围、胥次等,然后到达凉州。

索桥渡口两岸群峰陡立,河道狭窄,但有沟壑作为通道。东岸通向靖远县的哈思堡,西面通向景泰的芦阳镇。在东岸临河高山的壑口处还有用石板垒起的索桥渡口码头,以及明万历年间建浮桥时用过的石板平台遗址。另外,还有一块刻着"山峡修路牌"5 字的石碑,石碑的下面和后面记载着清朝乾隆四十五年(1780 年)地方绅士和各地商贾集资修路的名单等。可见清朝中期,此渡口依然商旅繁忙。

今天的索桥渡口两岸已是一片废墟,不过,那些曾经的街道、院落、门户、桥石堡、路牌、驿道等遗迹仍依稀可辨。

(三)岳家祖坟

岳家祖坟位于永泰村外西南侧约 2.7 公里处。清朝初期,岳飞 19 世代孙岳镇邦(落户永泰),其一门三代五员虎将,个个英勇善战,立功边陲。其孙岳钟琪智勇双全,功勋卓越,尤为雍正皇帝所器重。先后任四川提督、甘肃巡抚、川陕总督等职,加兵部尚书衔,挂奋威将军印,授太子太保(正二品),封三等公爵,被誉为"三朝武臣巨擘"。岳家祖坟即为岳钟琪之墓。

(四)宽沟堡

明代万历二十六年(1598),甘肃巡抚田乐、三边总督李玟率兵收复此地,并于万历三十六年(1608)建成村庄东面约十里处的永泰城,遂有随军兵户移驻此地,地打桩盖房逐渐形成村庄。该村庄原为清乾隆四年(1739)设立的皋兰县红水分县治所,咸丰三年(1853),县丞冒渠为防匪掠创建宽沟堡。堡城平面呈正方形,边长 375 米,城墙底宽 12 米、顶部残宽 1 ~ 3 米、残高 2 ~ 8 米,城周有护城壕。现堡城的东、西城门均被毁坏,成为两个大豁口。堡城西墙中段被拆毁,平为麦场,南、北城墙多处被挖成豁口。

宽沟堡目前为省级文物保护单位。村庄整体保存了 20 世纪六七十年代的乡村风貌。村庄内街道纵横交错,正街有一条南北贯通的水泥道路向北出古城与通往寺滩乡政府的乡村路连接。村庄内民宅基本上为 20 世纪 70 年代修建的土坯房。村庄内保留了民国时期的县衙旧址建筑面积 60 平方米,警察署旧址一院占地面积 150 平方米,建筑面积 100 平方米。创建于咸丰四年(公元 1854 年)的"宽山书院"只留有基址,宽沟小学建于原址之上。

（五）五佛寺

五佛寺位于五佛乡兴水村西南的黄河岸边，是一座单体石窟。石窟中有五尊大佛，坐向为东南西北中五方，所以叫作"五佛寺"。寺名还有一层更深的寓意，其源于佛教密宗："大日如来有五种智慧"，为了教化五方民，化为五方五佛。窟内两侧的壁面上又塑有千余尊小佛，因而又叫千佛洞；又由于当地人把河边叫河沿，所以这座建在黄河边上的寺院又叫作沿寺石窟。

景泰县五佛寺外景

石窟深 9 米，宽 7 米，中间有正方形的中心塔柱直顶窟顶。塔柱每面宽约 5 米，每面在距地面 1.2 米处开龛，龛内各塑佛像一尊，均为吉祥坐，手脚各异。前面的释迦牟尼佛为石窟里供奉的主尊，为清代康熙年间重塑。其余三尊形态各异，神态自若，腰细面圆，方颐突出。

五佛寺石窟外修建有舍佛阁，为砖木结构的三层楼阁，紧接石窟崖面，与石窟巧妙地结合为一体，成为石窟前室。一、二层为方形门楼，第三层为八角形尖顶塔式。第二层正面悬木制牌匾，上书"五佛寺"三个大字。五佛寺与白银境内的"法泉寺""红罗寺"一样，都属于前殿后窟的佛教建筑。楼顶为木制尖顶八角亭，清嘉庆二十年（1815 年）重修，基本完好。

第五节　景泰县非物质文化遗产与传统农业民俗

景泰县地处边陲要地,黄河文化、丝路文化、边塞文化、长城文化、红色文化在此交相辉映,勤劳勇敢的景泰人民在艰辛漫长的农耕生产中,创造出了形式多样、内涵丰富、独具地方特色的音乐、美术、舞蹈、戏曲、仪礼、手工等民俗文化和民间工艺,形成了凝聚景泰特色的非物质文化遗产。

目前,全县有非物质文化遗产 65 项,其中,道教音乐、背鼓子、景泰树皮笔画、景泰砂锅制作、景泰滚灯、景泰打铁花 6 项入选省级非遗保护项目;神社火、柳林大鼓、五佛豆腐、景泰"花儿"等 30 项列入市级非遗保护名录。其余 29 项为县级非物质文化遗产。

表 3-1　景泰县非物质文化遗产名录

非遗级别	非物质文化遗产名称
省级	景泰树皮笔画、景泰滚灯、景泰砂锅制作、景泰打铁花、景泰道教音乐、背鼓子
市级	景泰火链球、民间剪纸、香草荷包、刺绣、神社火、打铁花、糅漆技艺、木刻雕花技艺、泥塑神像工艺、攻鼓子、哑剧《跑黑驴》、砂锅烧制技艺、糜子笤帚扎制技艺、民间单方《白胡椒灶心土止泻汤》、送灶神、寿麓山道教音乐、景泰滚灯、景泰拉花、十月一日送寒衣、腊月初八吃腊八粥、柳林大鼓、扑蝶、付家石刻技艺、李氏树皮画、景泰石板烤馍制作技艺、五佛老豆腐的制作技艺、寿鹿山庙会、岩寺庙会
县级	三墩花儿、狮舞、旱船舞、高台、盯方、唢呐牌子曲、龙舞、浪桡子、打岗、散羊儿、彩画寿材、瞎子摸鱼、编背篓、乌龙山庙会、道教信仰、伊斯兰教信仰、念卷、六月六梧桐山庙会、丧葬习俗、大婚习俗、熊娘娘传说、三眼井传说、接骨药、佛教信仰、缠百禄、拜师、拜干亲、沿寺传说、毛野人故事

一、景泰砂锅制作技艺

景泰砂锅制作最初产生于明代。明代末年,宽沟窑匠发现了芦阳镇西关村有便利的烧窑条件,便举家迁徙于此,广招门徒、开窑制器,逐渐形成了景泰特有的砂锅制作行业。在有名的砂锅制作作坊有司家窑、康家窑、郝家窑、张家窑及王家窑。

砂锅烧制的技艺十分复杂。人们在山丘边箍窑或掏挖坚固的土窑洞作为砂锅窑,于窑口两侧各置磨盘状的手工慢轮一组。砂锅制作所用原料为黏土、焦炭,其中黏土取用附近的白土、红土、黄土和青土混合而成。经打碾、推磨、过筛,以1:1的比例掺和形成"五合土"。艺人将"五合土"和水成泥,经反复捶打、踩踏均匀,埋放1~2天后,就可以制坯。制坯时,艺人一边转动慢轮,一边用双手抟泥,放在模子上用木板拍打,专用器具抹平、刮削、捋捏,制成砂锅坯子,放置于太阳下晒干,于晚间入灶烧制。

砂锅烧制使用专用的砂锅灶。砂锅灶为泥坯砌垒盘制,上方有三个并排的炉灶;炉灶底有灶眼连通下面的灶洞,灶洞贯通窑侧的土风匣。工人手拉风匣鼓风,充分燃烧灶内的煤炭;炉工放入灶沿上摆放的砂锅坯子,盖上陶锅焖烧。经多次挑转翻烧、出炉、撒焦炭、入暗锅上釉等多重工序后才最终成器。

二、景泰滚灯

景泰滚灯俗称滚花灯。据当地村民介绍,古代长城一线设烽火台传递军情,昼夜分别用狼烟和灯火进行通信。后来信号灯流传到民间,便逐渐演绎成今天的景泰滚灯舞蹈,至今已有300多年的历史。每逢重大节日,当地老百姓便组成威武雄壮的花灯队伍,只见灯舞如花海、人走如龙腾,声势浩大、气冲霄汉。

景泰滚灯舞蹈中所用的景泰滚灯由灯架、花灯及灯芯三部分组成。明清时灯架、灯芯托盘及转轴皆为木制,只有花灯由竹条或柳条编织而成,新中国成立前改成笋圈骨架。经多次改进,花灯制作现已发展到第三代,所用骨架又改为高碳钢丝、不锈钢轴承机械框架,架上糊彩纸,更加操作灵活、结实耐用。

花灯状若绣球,由六个大圈、八个中圈及六个小圈构成。先用六个大圈组成正六面体,再在其八个"角"上各扎一个中圈,最后在余下的六个空档中各扎一个小圈,从而组成一个完整的"绣球"。其圈六大六小寓意为六六大顺、圆圆满满;八个中圈喻示吉祥如意、财源广进。花灯外表以红绿黄三色彩纸,其中灯芯为自制粗芯蜡烛,不仅是"纸包火"的绝活,也象征着生活的红红火火;花灯周围以两条宽竹圈做轨,便于固定并滚动花灯。

景泰滚灯以其绣球状的构造、"纸包火"的绝活、"排兵布阵"的独特表演形式,深受广大人民群众的喜爱。表演者由领队带领,分作两列,排布成"四门探""迷魂阵""长蛇阵"等各种阵列。随着人口的流动和古老相传,景泰滚灯这一舞蹈活动更加富有传奇色彩和魅力,流传至周边的武威、永登等地。

景泰滚灯表演

三、景泰打铁花

景泰打铁花是流传于景泰地区的传统习俗之一,它是古代的原始"烟花",也是景泰最为醒目和璀璨的民间艺术之花。

景泰打铁花传承久远,盛行于明清时期,是景泰传统的民间风俗。万历二十七年(1599),明廷驱逐鞑靼远遁贺兰山以北,构筑了新边。张正胜的先祖张铁蛋以兵户戍边,由山西移驻景泰之芦塘堡,为随军铁匠,专事制造兵器和修补农具。当时景泰境内经济、文化落后,每逢佳节,张铁蛋主动用自己所掌握的技艺,以"打铁花"增添节日的喜庆气氛。这一活动延续了下来,逐渐演变成了独特的"打铁花"习俗,俗称"花会"。周边村落群众也纷纷扶老携幼、闻讯而来,数万人欢欣鼓舞、兴高采烈地观看漫天烟火红花。这一时期打铁花活动盛况空前,达到了历史最高潮。

景泰打铁花文化底蕴深厚,它操作简便、燃放粗犷、形式独特,是传统节日、民俗风情、人生礼仪庆典主要的艺术表现形式,蕴含着这一带老百姓祈福祛灾、保佑平安的美好愿望。数百年来,打铁花这种庆祝节日的形式日趋成熟。它以炼铁炉、风箱为工具,以生铁、焦炭、木屑为原料,取材简易,具有广泛的群众性、实用性,是研究景泰民俗风情和本土文化的重要载体之一,也在一定程度上反映了景泰民间传统和群众精神文化生活的面貌。

打铁花扎根于景泰,不断向周边地区辐射。然而,随着社会经济文化的不断发展,焰火爆竹进入节庆市场,加之人们的生活习惯、消费观念也发生了巨大变化,使景泰打铁花这个传统习俗受到了前所未有的冲击而日渐沉寂。

景泰打铁花表演

由于打铁花的老一代艺人年事已高,加之靠打铁花难以维持生计,使得打铁花后继乏人,传承链濒临断裂。

四、景泰树皮笔画

景泰树皮笔画是一种传统美术,起源于景泰县芦阳镇芳草村(原名荒草渠)。树皮笔画以树皮为笔作画,绘画风格自然朴实、恬静素雅、清新悦目,具有独特的魅力。树皮笔画产生于人民群众的劳动和生活实践之中,是中国传统文化的一朵奇葩。它像历史的一面镜子,反映了人民群众对美好生活的向往和追求,蕴含着深厚的传统文化和民族精神。

据芳草村李氏家谱记载:李氏先祖明清时期即是地方极具影响的民间绘画艺人,祖辈十余代皆以油漆桌柜、绘画寿材、彩绘寺庙画像等养家糊口。其先祖受木匠、砖匠镂刻花板、花砖的启迪,结合木匠用木片在木料上画榫方、画线的做法,改用木片尝试构线,发现线条刚劲挺拔、细腻匀称、极具特色。以此萌生了以木片代笔作画的想法,经反复实践和摸索,最终发现了以树皮作笔绘画,更加妙笔天成、得心应手、富有表现力。

五、玉川钱鞭子

玉川钱鞭子又名"敬德鞭",是景泰县寺滩乡玉川村独有的一种健身和娱乐民间舞蹈,其来源已无法考证。据当地人讲述,唐朝时期的著名将领尉迟恭(字敬德)监修了永泰城南老爷山的祖师殿,殿内供奉真武大帝塑像。落成之日,大将敬德手持神鞭和当地民工巧匠及朝拜的老百姓起舞庆祝,盛况空前。当地人为了表达对大将敬德的怀念,就在逢年过节及盛大庙会时手持鞭杆挥舞表演,长期传承下来,逐渐演变出一套驱魔辟邪、强身健体的鞭术。

玉川钱鞭子由一条木棒制作而成,虽以鞭为名,但已无鞭之实(以鞭作为武器,施展武术征战沙场)。方形的木棒粗细均匀,直径约6厘米,长约1米,便于把握和挥舞;棒体用油漆涂画出七段红、蓝、黄、绿相间的颜色,棒身凿有6个竖向的扁平孔洞,其内各置铜钱两枚;木棒两端均系有长约30厘米的红黄绿三色的彩绸。

景泰县玉川钱鞭子表演

玉川钱鞭子舞蹈由男队和女队组合而成。男队头戴英雄巾、身着武士服,脚踏统一的步伐,鞭舞足蹈,钱鞭子忽焉在前、忽倏在后,如一条蛟龙上下翻飞,护定周身,威风凛凛;女队着大红秧歌服,身形娇俏优雅,手中钱鞭子或左或右、或抱或举,极尽娇柔之态。

六、背鼓子舞

背鼓子舞是以鼓为道具的男性集体舞蹈艺术,它粗犷豪放、节奏鲜明、载歌载舞,具有唱、扭、跳的特点,与兰州的太平鼓、武威的攻鼓子、天水的旋鼓并称为甘肃的四大名鼓。

背鼓子舞反映出的图腾是神鸟"商羊"。人们世代相袭,赋予这种动物以神异的功能。这种"青龙头,黄龙翼"独足起舞的神鸟能兴云降雨,庇护众生。舞蹈者头插象征鸟头和双翼的纸花,屈足蹦跳,鼓面朝天呼号等,动作古朴、单纯,有较强的象形性和广泛的群众性。这些带有模拟性的舞蹈动作,经过历史的洗礼,成为代表当地民众审美特征的舞蹈语言。在模拟的形象中深深寄托着他们的理想、愿望,体现出独特的审美情趣和信仰追求。

七、高抬

高抬又称"铁芯子",主要流行于芦阳一带。高抬以铁杆为主,将儿童扮作古装人物,巧立于"宝剑""花瓶"等物之上不露扎绑痕迹,使其临空摆动,给观众以玄妙的感觉,主要在每年春节期间随社火出现。

八、拉花

"拉花"流行于寺滩乡一带,表演一般分为八对十六人,人手一把鹅毛扇或用彩雕镶边的纸扇和绣花手帕。女子结发髻,发髻一束一个小花圈,饰蓝色银泡勒头一条,并插鬓花;上身穿花色大襟,外披黑色马甲,下身着中式彩裤,脚穿绣花鞋。伴奏采用笛、笙、三弦、板胡等乐器演奏民间小调。舞步以"大十字""小十字"为主,变换十多种队形。舞动扇子时手腕需要灵活,扇花要圆脚底要轻,胳膊要软。当地群众有"看舞要看扇,肩功胜舞功,拉花才为真"的说法。

第六节　景泰县传统美食及地方名吃

一、酸烂肉

酸烂肉是景泰县饭馆小排档的招牌美食,酸辣鲜香,口味独特,肥而不腻。制作酸烂肉选用上好的猪肘子肉,把肘子放入开水中,加入大料、花椒、姜片、朝天椒,煮上一段时间,等肘子肉能从骨头上剥离下来,肘子皮很烂时,从锅中捞出,趁热把肘子皮剥下来备用。

制作酸烂肉时,先把炖好的肘子肉切成两毫米厚的薄片,然后加热菜籽油至八成热,放入葱段、姜片、蒜瓣、大料、朝天椒反复煸炒,等炒出香味时放入肘子肉、泡发的土豆粉继续翻炒,然后加入适量的清水继续翻炒,等粉条快熟的时候再加入酸白菜继续翻炒,直至粉条熟了的时候起锅,这样一锅酸辣爽滑的酸烂肉就做好了。

二、翠柳羊羔肉

翠柳羊羔肉的主要特点是鲜、香、营养丰富、极少腥膻味,其中尤以 4～5 月龄的羊羔肉最为鲜美,具有肉质鲜嫩、瘦而不柴、嫩不粘牙、脂肪分布均匀的特点。烹制后的羊羔肉香气独特,让人回味无穷。翠柳羊羔肉如此独特的美味,主要有以下三个重要因素:一是优良的品种。翠柳村所养殖的山羊品种是沙毛山羊,该品种山羊肉细嫩、脂肪分布均匀、体质结实。二是独特的饲养方式。翠柳村属山区,当地农户全部采用"散养+圈养"的方式,夏季在山里放牧,冬季在圈舍里喂养,使营养物质达到充分积累的效果。三是独特的生长环境。翠柳村地处偏远山区,是一块得天独厚的天然牧场,主要生长有白蒿、沙蒿、茵陈蒿、索草、骆驼蓬、羊胡子草、碱草、碱蓬、香茅草和芨芨草等,山羊主要以这些杂草为食,并且山羊饮用水主要为自然泉水。

羊羔肉细嫩鲜香,营养丰富,吃法讲究,烹法也特别。先将其剥皮,取尽内脏,然后用焰火烧尽绒毛,再用斧或快刀砍成小块,放置油锅,加花椒、生姜、大葱等佐料翻炒,再放入酱油,加上水,至色暗红、烂熟即可上桌。用此烹饪的羊羔肉色香俱全,颇受当地人欢迎,成为待客之上品。

三、"和尚头"拉条子

景泰县"和尚头"小麦是当地砂田中生长的一种特有小麦品种。和普通小麦相比没有麦芒,因而被形象地称为"和尚头"。"和尚头"小麦在其种植栽培过程中基本不施化肥、农药,所以无污染,是地地道道的无公害绿色食品。

"和尚头"小麦面粉内含人体所需的蛋白质等多种营养成分,面筋强、口感好,具有滑润爽口、味感纯正、食用方便等优点。

"和尚头"小麦拉条子的制作:先把筋道的小麦面粉盛入盆中加入凉水,放上细盐,盐不能放的太多,适可而止。等盐水化了,一边倒水,一边用手搅拌面粉,面和好以后,要注重揉面。俗话说"吃好饭,和好面"。等到面团反复揉搓到表面光亮柔软时,擀成圆饼状,面上涂上清油,放入面盆中发半个小时;接着把盆中的面取出,切成一厘米宽的面条,用手缓缓拉开,按照个人喜好折叠几次,可以宽,可以细,放入开水中,煮熟后的面条呈现透亮,然后将其捞出浇上热油、香油、蒜泥、肉臊子等,一碗香喷喷的肉臊子拉条子就大功告成了。

四、糁饭

糁饭以它的松软、顶饱特点深受大多数人尤其是老年人的喜爱。糁饭由当地种植的黄米、大米混合而成。制作方法是先烧凉水，等水开了，将淘好的米下到锅里，用筷子在锅内搅拌一下，防止米粘锅底。锅中水开时继续加热，等到米煮到开花时，将多余的米汤舀到小盆中供饮用，然后调上适量的食盐，取适量的面粉放在米上面铺开，盖上锅盖，用小火蒸面，过上十到十五分钟左右，用小擀面杖把蒸好的面粉逆时针搅拌均匀。有俗话说"糁饭若要好，三百六十搅"，这样做出来的糁饭松软、可口，搭配酸烂肉更是一绝。

五、烤花馍

烤花馍以香酥、外脆里嫩著称，深受大家喜爱。在当地节庆日中经常能看到它的身影。

想要制作上等的烤花馍，首先要和好面。发面前先泡上糟子，等糟子泡软，去除其表面多余的水分，用温水搅干放在温暖的地方醒发。等酵面再次醒发后，再用温水搅入干面粉，然后继续醒发。等到酵面醒发到一小盆的时候，开始和面，重复三到四次。待最后一次在面粉中加入白糖、鸡蛋、清油、香豆等，根据自己的口味来加料，同时要放入适量的碱面，防止发面变酸。再次把以上这些原料和面粉开水均匀和在一起，然后揉匀，放入盆中醒发，等到第三遍面发时，就可以烧馍了。

从面盆中取出来所需的面团，揉成圆柱状，然后用切刀切成大小相同的剂子，把剂子揉成球状，然后压扁，用擀杖擀成扁饼，用切刀切出十字相交的花纹状，之后在饼面上涂上当地特制的姜黄、清油，防止饼干裂。接下来就将其放烧窑中烤制四五十分钟，这样，热腾腾、黄灿灿的烤花馍就出炉了。

六、千层饼

千层饼是景泰县人们中秋节不可缺少的食品，尤其是红水的千层饼，以色泽艳丽、松软香酥、口味独特深得大家喜爱。红水千层饼发面工艺与烧馍馍的大同小异，只是在第三遍和面时只加入少量的碱面，不再加入其他原料。

做千层饼时，先取面团，揉成饭碗大小的面剂三块，然后用擀杖擀成一厘米厚，再在上面涂上适量的清油，上面撒上姜黄粉以及面粉，然后对折然后再涂油撒上红曲,然后再次对折涂油、涂上香豆、胡麻粉、面粉,等把面折成正方形时,这一程序就算完成。其他的面剂与这块方法相同。把折好的三个正方形面块每次涂上清油,按照喜好撒上颜料、面粉。然后垒在一起,最后再取一小块发面,擀成大一点的面张,蒙在做好的正方形面块上作为皮。然后就可以蒸了。在外皮上,可以撒上一层白糖。千层饼大约需要蒸两个小时。

七、酿皮

酿皮用面粉制成,其做法是将面粉用凉水和成硬团,然后在清水中揉搓。使面粉中的蛋白质和淀粉分离。淀粉沉淀后倾去清水,加放食碱,调成面浆,舀入平底盘上笼蒸熟成片。凉冷后切成粗细长条即可。蛋白质则另外蒸熟,切成薄片,随碗搭配。加上油泼辣椒、精盐、酱油、蒜泥、芥末,香醋、芝麻酱等调料,再加一小撮青菜即可食用。酿皮具有色艳味美、凉爽利口、喷香解暑的特点。

八、凉拌沙葱

沙葱是生于海拔较高的砂壤戈壁中的特有植物,广泛分布于我国内蒙古西北部、辽宁西部、陕西北部、宁夏北部、甘肃、青海北部、新疆东北部等地。《本草纲目·菜一·茖葱》记载:"茖葱,野葱也,山原平地皆有之。生沙地者名沙葱,生水泽者名水葱,野人皆食之。开白花,结子如小葱头。"沙葱具有一定的食疗价值,能够"除瘴气恶毒。久食,强志益胆气"。

制作凉拌沙葱,需沙葱适量,择净后用水反复冲洗干净。水烧开后放少许盐,放入沙葱稍汆,出锅用冷开水镇凉。双手攥干水分,从中间切一刀,使沙葱稍短一点。生蒜加盐捣成蒜泥,加白糖、生抽、味精、醋充分混合,倒入拌菜盆中。炒锅上火,加油烧热,放花椒爆出香味后捞出花椒,把热花椒油倒入。搅拌均匀,即可装盘。

第七节　景泰县传统农业系统的文化遗产价值评估

景泰县具有悠久的农牧生产历史和丰富的农耕文化,县域内农业文化遗产要素丰富多样,传统农业生产系统较大程度上得以保留。因此在今后农业文化遗产挖掘、认定、保护过程中,景泰县值得重点关注。

课题组经过前期的准备和实地调查后,在深入调查和科学识别的基础上,根据中国重要农业文化遗产认定标准,对景泰县典型农业生产系统进行了初步命名,主要包括:景泰砂田复合旱作农业体系;景泰五佛枣、梨复合古树园;景泰翠柳山羊传统养殖体系;景泰五佛"稻—鱼—蟹"复合种养系统;景泰川滩地农牧复合系统。

一、景泰砂田复合旱作农业体系

(一)起源与演变历史

砂田是中国西北地区特有的土地利用系统。关于砂田的起源,有人认为早在 2000 年前就已经在甘肃出现,但这一观点缺乏确切的证据。不过,有学者考证后认为,砂田在明代中叶甘肃的陇中和青海等地出现,距今有四五百年的历史。

目前留存的文献多认为砂田在兰州一带首先被利用。民国年间张维出版的《兰州古今注》记载:"初,兰州多旱地,质含碱卤。旱则苦燥,雨潦则碱出于地,大为农民所苦,继而有沙地之法。"随后,因"为人民无穷之利者,兰州之砂田也",砂田得以在西北地区推广。不过,砂田"虽不知始于何人",但张维却认为"历史当非久远"。民国时期慕寿祺编撰的《甘青宁史略》记载:"兰州旱地上砂……先于(兰州)河北庙滩子、盐场堡试办有效,迨其后推而广之,由庙滩子至秦王川上下数百里间,砂碱多变为膏腴。"

砂田在清代得到了广泛推广。《洮沙县志》载:"自有清咸丰以来,农人渐以科学方法铺大砂、小石于地面……砂田其始源尚无典籍可考,据乡农流传,系于逊清康熙年间,或有谓肇始于嘉庆年间者。"《皋兰史话》记载:"自清以来,地方官吏,只要是心系民众者,无不对铺压砂田给予支持倡导。"陕甘总督左宗棠曾"安抚流亡,贷出协饷库银,令民旱地铺砂,改良土地",采取以公救济或以工代赈方式,支持皋兰农民铺压砂田。新中国成立之际,砂田俨然成为甘肃中部地区土地的一个主要利用方式,据统计,当时全县共有砂田 20.5 万亩,占总耕地面积的 36.1%。

地处甘肃中部的景泰,与皋兰、永登一样,是砂田最早利用地之一。甚至有人认为,砂田本就起源于景泰。在甘肃皋兰、永登、景泰等地,民间仍广泛流传着这样的谚语:"要问砂田旧来源,话要说到康熙年。只因当时连年旱,百草无籽人受难。一位老人忽发现,苗苗长在鼠洞前。仔细分析仔细看,老鼠淘砂铺洞前。一人传十、十传百,铺压砂田渐开展。代代考察代代试,确实保收好经验。"

景泰县是我国砂田利用的核心区域之一。目前,景泰砂田多集中在寺滩、正路两乡镇,种植作物种类繁多,形成了比较成熟的砂田农业体系。

（二）农业特征与产品供给

其一，多样化的农副产品。砂田旱作耕种体系具有较强的复合性，从种植的作物来说，砂田中不仅可种植和尚头小麦、糜子、扁豆等粮食作物，还可以种植胡麻、油葵、棉花及西瓜、籽瓜、小金瓜等瓜果蔬菜，以及油用牡丹、文冠果等特色经济物种。据统计，景泰县砂田农业系统生产的农副产品多达 20 多种，尤其以和尚头小麦、籽瓜、小金瓜和糜子为大宗。

其二，独特的土地利用技术。砂田是一种适宜西北地区干旱环境下的独特土地利用系统，可以增加土壤渗水能力，减少暴雨对地表土壤的直接冲刷，减少土壤侵蚀和水分蒸发。砂田具有抑制病虫杂草危害的效果，生育期用药少、农产品污染轻，有利于无公害产品和有机农业的发展。

其三，传统而古老的农作方式。由于砂田上铺有 15 厘米左右的砾石，耕作时很难采用现代化的耕作方式。并且，现代化的耕作机具在砂田上耕作，本身就是对砂田的破坏。因此，即使现代耕作工具和技术已经普及，但它们并不适用于砂田。

砂田的耕作通常采用传统的耧播以及点播或穴播，这些播种方式自砂田出现以来，一直沿用至今。其中，小麦、糜子、扁豆、胡麻等作物的播种，通常采用的是"人+牲畜+单齿耧车"的播种方式，即单人牵拉牲畜（通常为牛或毛驴），用单齿耧车进行播种。而西瓜、籽瓜、小金瓜、棉花等作物的播种，通常采用的是点播或穴播。

收割过的砂田

其四,绿色可持续发展的经济价值。利用砂田进行农业生产,可在年降水量200～300毫米的干旱条件下,夺取粮菜瓜果的高产丰收。因此可以提高土地的利用效率,开发出干旱地区土地的经济潜力。另外砂田昼夜温差更大,利于营养物质的积累,种植出的粮食、蔬果,口感好、品质佳,由于不施加化肥农药,更加健康无公害,属于有机产品,能够获得更高的经济效益,如景泰县旱砂地种植的"和尚头"小麦、旱砂地小金瓜都享有较高的声誉和市场价值。

(三)生态特征与生态系统服务功能

其一,丰富的生物多样性。砂田不仅是独特的土地利用方式,而且为多种动植物的生存提供了环境。其中,小麦、大麦、玉米、谷子、糜子、青稞、莜麦、荞麦、蚕豆、黄豆、绿豆、扁豆、豌豆、洋芋、旱烟、西红柿、茄子、辣椒、棉花、胡麻、大麻、麻子、向日葵、黄瓜、番瓜、葫芦、西瓜、籽瓜、甜瓜、黄河蜜、绿瓢甜瓜等,是砂田中常见的作物品种。中草药方面,蒲公英、艾蒿、苦蒿、地肤子、大黄、板蓝根、蒺藜、骆驼蓬、车前子等,同样在砂田中得以生存。另外,豆娘、中华郭公甲、萤火虫、中华广肩步甲、中华草蛉、蜜蜂、红蚂蚁等昆虫,麻雀、家鸦、鸳鸯、凫鸠、沙鸡、鸽、雉、鹧、鹌鹑、喜鹊、红嘴山鸦等鸟类,黄鼬、沙狐、狸、刺猬、猪獾、猞猁、狼、野兔、鼠、蜘蛛等动物,同样在砂田中生存。

其二,水土保持与水源涵养功能。砂田栽培还具有较好的生态价值,它恰当地适应了干旱半干旱地区的气候、地理、土壤等自然条件。具有明显的改良和调节农田小环境的功效。利用戈壁和地下的砾石建造砂田,除了抑蒸保墒、最大限度保持土壤水分、缓解水源紧缺状况外,还可以抑制风蚀。砂田中铺压的砾石,能够有效阻断土壤中水分的蒸腾,将干旱环境中土壤水分充分利用。同时,稀少的雨水经砾石缝隙渗透到土壤中,又能得到最大程度上的留存。西北干旱环境下的风沙较大,对农作物的生存尤其是幼苗的存活威胁极大,土壤上铺压的砾石也能够有效阻拦水土流失,保持土壤肥力。

其三,气候调节功能。西北地区昼夜温差大,虽然有利于西瓜、甜瓜等糖分的积累,但过大的温差也容易导致幼苗的死亡。但砂田较土田温度高2～3℃,并能使土壤解冻期比土田提前15天左右,为作物的抢种抢收提供了较大便利。

其四,养分循环功能。砂田还具有高温杀菌、抑制病虫草害的效果,通常施加的是羊粪或灰肥等有机肥料,农产品污染程度轻。砂田作物收获时拔除秸秆,不留残茬,没有一般农田因残茬覆盖而产生的有毒物质,土壤清洁程度高。因此,砂田是一种极为清洁的耕种系统,有利于无公害产品和有机农业的发展。

（四）景观特征与旅游价值

砂田虽然不及江南水乡的唯美，也没有北方草原的遒劲，但西北地区砂田农业系统仍具有独特的景观特征和旅游价值。万亩砂田葵花园、平整的金黄色麦浪、"只见瓜却不见瓜秧"的瓜地景观等，每年都在景泰大地上轮回。

砂田农业景观特征概括而言主要包括复合多样的旱作农业生态景观、因地制宜的水土利用景观、厚重的农耕文化景观等。在当前乡村振兴战略实施的背景下，旱作砂田农业景观具有重要的乡村旅游、西北乡村民俗体验等方面的价值，对于推动景泰县域农业经济发展、乡村振兴和预防人口返贫等，均具有积极意义。

（五）传统技术知识体系与农耕文化传承价值

砂田旱作农业系统的传统技术主要包括：独特新颖的砾石铺压技术；传统耧播、条播和穴播技术；传统畜力耕作技术；传统间作套种技术（如小麦套黄豆、籽瓜套种油用牡丹、文冠果等）；动态平衡的水土保持技术。

砂田旱作农业系统蕴含的知识体系主要包括：因地制宜充分有效利用土地的传统知识；最大化发挥稀缺水资源效能的传统知识；用养结合的生存智慧；设计合理的养分循环系统等。

砂田旱作农业系统包含的传统农业文化主要包括：①军屯文化。景泰县历史时期多为中原王朝与少数民族政权冲突融合的地带，屯田历史悠久，军屯文化源远流长。砂田农业系统的利用，本身就具有浓厚的军屯文化特征。②互帮互助的乡规民约。③传承悠久的旱作农业文化。④丰富多彩的地方民俗文化。⑤社会教化与规范。⑥集体记忆传承，主要体现在丰富多彩的非物质文化遗产。例如，糜子笤帚扎制技艺、十月一日送寒衣、腊月初八吃腊八粥、景泰石板烤馍制作技艺、五佛老豆腐制作技艺等，均与砂田农业系统的形成与发展密切相关。

（六）独特性与创造性

砂田是世界独有的土地利用方式和农业耕作方式，沙田中出产的和尚头小麦、糜子等，更是被誉为"石头缝里蹦出来的庄稼"。与梯田、圩田、淤泥坝地、垛田等相比，砂田具有自身不言而喻的独特性。

其一，梯田、圩田、淤泥坝地、垛田等土地利用方式均是在不增加外来物质的基础上，通过土地整治的方式，将土地改造为适宜耕作的耕地。与之相比，砂田是借助于外部物质，通过外部物质的介入改变土壤的结构性能，使得土壤更能获得最大化的土地产出。

其二,梯田、圩田、淤泥坝地、垛田等土地利用方式不需要对当地的自然环境进行改变,是在切实遵照当地自然环境的条件下,从事农业生产。但砂田虽然在宏观上不改变当地的自然环境,但却在微观上通过砾石的介入,改变了土壤的物理性状和功能。

其三,与其他土地利用方式相比,砂田通过改变土地的物理性状,具备了保墒、增温、除盐碱、防风等多重功能。其不仅充分利用了土地的生产能力,使得单位土地面积获得了更多的产出,而且充分利用了土地的综合生产能力和西北地区丰富的光热资源,保证了土地产出的物品的高性能和高质量,进而实现了土地产量和品质的双重提升。据测算,一般年景旱土地亩产为 50 公斤左右,最高不超过 75 公斤,在大旱之年往往绝收;而砂田一般年景亩产为 100 ~ 150 公斤,最高可超过 200 公斤,在大旱之年也极少绝收。一般情况下,砂田产量是土田的 1 ~ 3 倍。

总之,砂田由于其独特的抗旱保墒、增温压碱性能,在农业生产技术上具有较高的科研价值,对于其他干旱、高寒地区的农业生产也有一定的推广意义。

(七)战略价值和意义

作为世界独有的土地利用方式和农业耕作方式,砂田是生活在中国西北地区的人们世代流传的生存智慧,在实现乡村振兴、发展有机循环农业、推动精准扶贫、消减现代农业发展的风险等方面,均具有重要的战略价值和意义。

(八)濒危性与保护价值

目前,景泰县的砂田旱作农业面临较多的风险。其一,近年来铺压砂田成本逐渐提高,耗费劳力,当地农民外出务工增多,砂田面临被撂荒的局面,一些老砂田因高昂的修缮成本被放弃。另一方面,近年来,为了解决农业经济提质增效问题,景泰县土地流转加快,一些农场、公司将土地流转之后,大多种植经济作物,传统的和尚头小麦、糜子、籽瓜等逐渐被油用牡丹、甘草等经济作物代替,砂田农业系统的生物多样性和生态系统遭到相应的威胁。

此外,砂田被流转之后,农场和农业公司为了方便耕作和节时省力,降低砂田的耕种成本,往往施加大量化肥和农药,并采用地膜覆盖的方式,明显破坏了砂田系统的平衡。

二、景泰五佛枣梨复合古树园

古树园位于景泰县五佛乡兴水村车木峡组,紧邻黄河,占地面积 7.5 公顷。

根据景泰县 2017 年进行的古树名木普查报告,该枣树群落生长有枣树、梨树、核桃等果树数千株,其中属于二级古树(300～500 年)的有近 500 棵(含古梨树 70 余棵、古枣树 400 余棵),规模庞大,十分壮观。古枣园中,干周在 3 米以上的古树近 100 株,干周在 2 米以上的有 220 株以上,最大一株干周需三人合围,据年轮计算已有 400 多年的历史。

枣树和梨树是中国北方历史悠久的耐旱作物,生命周期长。古枣园中的枣树和梨树至今仍挂果。枣树和梨树也是当地重要的抗灾救灾的作物,在饥荒时期起到重要作用,是百姓的"救命粮"和"保命树"。

五佛乡的特殊的地理位置造就了五佛大枣的良好品质,果个儿大肉厚、肉质致密较脆、味美甘甜,而且含糖量居各类果品之首,还含有大量的维生素和铁、磷、钙等无机盐,是景泰著名的农产品。枣树已经成为当地重要的收入来源。

当地人们对红枣有特殊的情结,形成了许多有关红枣的风俗、食俗和礼俗,逐渐被人们赋予丰富多样的文化内涵。文献记载表明,早期婚仪中有新妇以枣、栗拜见舅姑的习俗,暗含男女有别,妇女的行为应受到严格的约束。这一习俗在汉以后仍然被流传下来,但逐渐失掉了原意而被赋予了早生贵子的含义。除此之外,当地因五佛降世的传说将此枣称为"佛枣",赋予枣思索睿智之深意。另外枣类产品众多,可以制成蜜枣、酒枣、牙枣等蜜饯和果脯,还可以作枣泥、枣面、酒枣等。五佛酒枣独特的吃法成为当地饮食文化中的一绝,一般用白酒涂抹大枣,储存到冬天,果肉冻透,由内到外呈现深褐色,食前解冻,香甜可口。

古树园具有以上特点

其一,古树园具有较强的复合性。园内存在近 20 棵四百多年的古梨树,干周均超过 2.5 米,分散在枣园各处,枣树与梨树的混种,形成了"枣梨共生"的系统。

明代遗留的古枣树

其二,农业复合性特征明显。附近村民还利用枣园中稀疏地区种植有蔬菜、玉米等作物,提高了土地的利用效率。村民将猪、鸡的养殖纳入古枣园的生态系统。枣园、梨园的一些落果,地上的野草,都成为它们的天然饲料,而猪粪、鸡粪作为有机肥成为果树的养料。土鸡生性胆小,喜欢安静的生活环境。枣林远离嘈杂的市区,幽静、恬然的环境为土鸡觅食、生长提供了绝佳场所。昆虫是土鸡喜欢的食物,枣林地田间的昆虫给土鸡提供了丰富的食源。车木峡组的枣林地全年多虫体出没,因此,林下养鸡在减少饲料成本的同时,也减少了林区病虫害的发生概率。这种传统的混合饲养技术既节省了养牲畜的成本,也省下了人工除草灭虫的花销,实现了生态系统的循环,相较于化肥农药的使用,实现了绿色农业的发展。

其三,传统嫁接技术的保留与运用。古枣园中还间种有苹果、酸枣等果树,栽植分散,高低不齐,可以用来嫁接大枣,也可采其种子培育接大枣砧木。

嫁接痕迹明显的古梨树

古枣园在黄河沿岸的坡地上,还具有一定的生态价值。古枣树中的树龄较长,树冠盖度较大,高大密郁,可以起到良好的防风效果;枣树水平根向四面八方伸展的能力很强,匍匐根系较多,侧根发达,固持表层土壤的能力非常强,同时持水能力较强。枣树的这些生理特性在防风固沙、水土保持、涵养水源方面的意义重大。此外,枣树在固碳释氧、降低噪声以及调节小环境方面,都不逊于其他绿化树种,对二氧化硫有很强的抗性,对氯和氯化氢等也有良好的抗性。

当前,古枣园的发展也存在一定的问题。由于当地对古树保护意识较低,缺乏系统有效的保护,一些古枣树被砍伐。古枣园无管护资金,无专人管护,极易遭受自然、人为破坏,因此亟待通过有效的保护和发展,使其价值得以更好地体现和发挥。

三、景泰翠柳山羊传统养殖体系

景泰县草窝滩镇翠柳村地广人稀,总人口只有786人,面积却有450平方公里,是景泰全县面积的十分之一。该村养殖山羊历史相当悠久,据《景泰县志》记载,县境内西夏时就饲养山羊。又据村内农民《周氏四堂族谱》记载,道光年间其先祖于翠柳从事农业和畜牧业,饲养山羊。山坡上还有两百多年的古羊圈,羊圈一面依靠山体,其他三面均是由石头堆砌而成,有助于考察当地畜牧的历史文化等。

翠柳山羊的学名中卫山羊,已于2006年被列入《国家级畜禽遗传资源保护名录》。

翠柳山羊的养殖具有明显的独特性。一是翠柳山羊属于沙毛山羊,是世界唯一的裘皮山羊品种。该品种山羊肉细嫩,脂肪分布均匀,体质结实。山羊在这里世代繁衍,这里环境封闭,羊羔自然繁育,不需要配种。因此,品种纯粹、外貌特征和遗传特性相当稳定。二是独特的饲养方式。翠柳村属山区,当地农户因地制宜,山地自由放牧,采用散养的方式,让山羊自由生长,冬季才归圈,也不用人工饲料喂养,代以干草、玉米等。三是独特的生长环境。翠柳村地处偏远山区,是一块得天独厚的天然牧场,主要生长有白蒿、沙蒿、茵陈蒿、索草、骆驼蓬、羊胡子草、碱草、碱蓬、香茅草和芨芨草等,山羊主要以这些杂草为食,饮用水主要为自然泉水。当地村民沿袭传统的养殖方式延续至今,虽然山羊生长较慢,但也因此造就了翠柳山羊良好的品质。

在陡峭的山崖上觅食的翠柳山羊

翠柳山羊的经济效益较高,其产品有绒毛、裘皮、肉乳。在饲料充足、饲养管理较好的情况下,每只母山羊年产2只羔。目前翠柳村山羊饲养量达到3万~4万只,年产沙毛羔皮万余张,每年大约能够为每户带来约20万的收入。全村已注册了6家养羊合作社。翠柳山羊肉绿色、生态,肉质营养也更加丰富,尤其是羊羔肉是当地传统美食,主要特点是鲜、香、极少腥膻味,是待客之上品。

但是翠柳山羊具有一定的濒危性,村子距离黄河很近,且一下大雨易受山洪侵袭,造成山体滑坡,村落、道路和农田都面临被淹没、侵蚀或被埋住的风险。另外近年来,附近山体开矿增加,破坏山体植被,不利于水土保持,还破坏了当地水质,同时开矿造成的灰尘,对人和牲畜造成严重的不良影响。

四、五佛稻鱼蟹复合种养系统

景泰县的水稻种植主要集中在五佛乡,目前种植面积大约0.5万亩。五佛乡具有种植水稻的天然优势,日照时间长,有着大范围的黄河自流灌溉区,光、热、水资源充足。据《景泰县志》记载,清顺治二年(1645),五佛乡开挖"黄渠",引黄河水进行灌溉。自骆驼石开口引水,沿黄河西北岸经上下车木峡和沿寺、兴水老湾、泰和等地,经过不断完善,保灌面积由当时800余亩逐渐扩大为万余亩。

据兴水村村干部介绍,当地种植水稻的历史已有三四百年,可追溯到明清时期,与当时的屯兵文化相关。南方士兵在此屯戍,由于不适应北方饮食,便借助黄河灌溉的便利,种植稻米。但由于地势较低,土壤盐碱含量高,人们便先引黄河水将其冲淡,这也是传统的排碱手段,孕育着当时民众的智慧。另外推测当地种植水稻的历史与宁夏平原水稻种植一脉相承,两地地理相邻且环境相似,但具体情况,尚有待证实。

在干旱缺水的西北地区能见到一望无际的稻田,令人不免感到惊奇。西北地区种稻不易,每年四月份,农民就开始育苗,再经过选种、做苗床、插秧等多个步骤。待水稻长到一定高度,在稻田中放入虾苗、鱼苗等,使其自然生长,稻田中的苗草、稻花等营养物质被其食用,它们的排泄物也为水稻积聚了肥料,形成良性综合循环系统。直到十月份,水稻才成熟得以收获。整个过程中间不播撒农药化肥等,产品绿色天然有机。

五佛产的大米,生长周期长,亩产可达600~700公斤,米粒细长坚实,晶莹剔透,黏度好,做出的米饭香甜绵软,深受消费者的喜爱,当地人走亲访友往往都会送自家产出的大米。一些产业园还配套建设有稻米晾晒场、库房、加工车间,形成完整的农产品生产、加工体系。

景泰县五佛乡水稻种植基地

所产鱼、虾、蟹等虽然没有南方个大,但肉质鲜美、有机健康,在当地及周边市区销量较好,为当地农民创造较高的经济价值。

五佛开展稻渔综合种养,还有着重要的生态价值。据调查组在老湾村所见,当地建成稻蟹综合种养基地后,生态环境得到很大改善,众多鸟类翱翔于天际、翩飞于稻田中,与田野中的池塘、风车和亭台,组成一道亮丽的风景,极大地提升了农业的美学观赏价值。这种模式,也对其他盐碱地改良提供了经验,有着重要的示范作用和科研价值。

五、景泰川滩地农牧复合系统

景泰县地处中华农耕文明与游牧文明的交错地带,北部境内多中低山山地,沟壑纵横,临近黄河,灌溉便利。据县志及周边遗址遗迹可知,千百年来,一直有人在此生存繁衍,土地利用类型多样,形成了农牧复合系统。

该农牧系统复合性较强,当地村民因地制宜,在山地适度自由牧羊,山坡上生长着野生牧草和中草药,种类众多,成为羊群的天然食材。这里地广人稀,不会对植被造成大的破坏。村民们在川地和滩地建设有灌渠,用来引水灌溉,种植农作物(玉米)、蔬菜(西红柿、辣椒、南瓜、茄子),在沿河滩地、房前屋后还种植林果(枣、核桃)等。这里生长的粮食作物、蔬菜瓜果不打农药、不施化肥,属于绿色有机产品。农户还在庭院养殖鸡、猪等家禽家畜,一般供自己食用。另外当地山川还生存有嘎啦鸡、野兔、狐狸,蛇虫等各种动物,呈现出生物多样性特征。

当地生产的玉米可以供人食用,其秸秆和颗粒也可以拿来喂羊、鸡、猪等,也可以作为柴火使用,羊、鸡、猪等家畜、家禽的粪便也可以肥田或作燃料。肉类及其他产品既可以食用,也可以销售,实现了资源的多样化利用。

景泰县草窝滩镇川滩地农业景观

六、景泰县传统农业系统评估意见

在系统调研的基础上,课题组专家根据《中国重要农业文化遗产认定标准》和具有潜在保护价值的传统农业系统评估体系,对景泰县传统农业系统进行了评价,意见如下:

(一)景泰砂田复合旱作农业体系

砂田是中国西北地区独有的土地利用方式和农业耕作方式,体现了世代生活在当地的人们高超的生存智慧,反映了黄河流域厚重的农耕文化和灿烂的农业文明。

景泰县是砂田最早出现的地区之一,景泰砂田具有典型性和代表性。自明清以来,生活在景泰的人们通过铺压砂田,播种小麦、糜子、扁豆、西瓜、籽瓜等作物,有效保障了生存所需的食物,为社会贡献了独特的农副产品,丰富了中华农业文明的内涵,也为我们留下了丰厚的农业文化遗产。时至今日,砂田仍是景泰重要的土地利用方式,砂田上生长的"和尚头"小麦、籽瓜、万亩葵花等,不仅是地域特征明显的农业景观,也是推动当地县域社会经济持续发展和乡村振兴的重要抓手。

作为西北干旱地区有效的土地利用方式,砂田在土壤肥力保持、蓄水保墒、生物多样性保护、增温抗风和盐碱地治理等方面具有显著的价值。在长期的生产实践中,景泰人民熟练掌握了砂田的铺压和利用技术,形成了丰富的传统生产经验,形成了系统的砂田农业知识技术体系。数百年来,砂田已经深深融入当地人们的生产生活乃至精神文化之中,孕育出了丰富多彩的非物质文化遗产和独具的乡风民俗。但随着工业用地的增多、城市化对农村青壮年劳动力的吸引,以及现代农业生产方式日益渗透的背景下,砂田不断遭受破坏,濒危性不断提升。

在科学合理评估的基础上,专家组对景泰砂田复合旱作农业体系进行了打分,分值为92分。专家组认为:景泰砂田复合旱作农业体系具有重要的保护价值和意义,将其纳入中国重要农业文化遗产,乃至全球重要农业文化遗产保护体系,显得迫切和必要。

(二)景泰五佛枣梨复合古树园

景泰县五佛乡地处黄河岸边,成百上千年来,生活在当地的人们为了防止黄河对土壤的侵蚀,保护赖以生存的家园,丰富日常生活,在灾荒年景确保充足的食物,十分注重枣树和梨树的栽培利用。其中,兴水村车木峡组百余亩枣、梨复合古树园,就是最好的印证。

景泰五佛枣梨复合古树园历史悠久,规模巨大,保存较为完好。世代生活在当地的人们通过管理古树园,发展林下种养殖,为自身的生存发展提供了充足的资料,同时也塑造了壮美的历史文化景观和农业景观。时至今日,数百年前的古枣树和古梨树仍持续不断地给人们提供着优质水果,每棵古梨树上每年结出的香水梨高达6000千斤左右,每棵古枣树上每年结出的红枣超过1500斤。不仅如此,古树园在推动当地社会经济可持续发展、乡村振兴、生态文明建设和优秀农耕文化传承等方面,都具有重要价值。

但是,随着市场经济的深入发展和现代农业要素的广泛使用,古树园遭受着越来越多外部的威胁。并且,因交通不便,古树园生产的香水梨和红枣难以运输出去。在市场中实现经济价值,使得村民不断抛弃甚至主动砍伐古树。对景泰五佛枣梨复合古树园加强保护,亟须提上日程。

在科学合理评估的基础上,专家组对景泰五佛枣梨复合古树园进行了打分,分值为100分。专家组认为:按照目前中国重要农业文化遗产认定标准,参照已经被认定为China-NIAHS或GIAHS的古树园或古树群,如浙江绍兴会稽山古香榧群、陕西佳县古枣园、山东夏津黄河故道桑树群、甘肃皋兰什川古梨园、天津滨海崔庄古冬枣园、河南灵宝川塬古枣林等,景泰五佛枣梨复合古树园同样具有被认定的资格。

(三)景泰翠柳山羊传统养殖体系

景泰县是入选国家级畜禽遗传资源保护名录的"中卫山羊"的核心产区和

优势主产区。2000多年前,生活在景泰县北部的人们就充分利用当地的自然地理环境,从事畜牧养殖,从而孕育了历史悠久的农牧文化。

翠柳村地处景泰县北部,历史时期养羊业就是村民的主要生计方式,该村的养羊业是景泰县乃至整个西北地区农牧历史和畜牧文化的缩影。当地养殖的山羊是中卫山羊,这种山羊是在严酷的自然环境下产生的一个很独特的羊品种。翠柳人祖祖辈辈生活在这里,与这种山羊为伴。

景泰县翠柳村草场羊群

与其他地区的中卫山羊相比,翠柳村的中卫山羊生活在封闭的环境中,它们在这个与世隔绝、面积达450平方公里的山村中世代繁衍,从来没有走出大山,也没有机会与外来品种杂交,至今保持着稳定的外貌特征和遗传特性。

翠柳山羊是"不爱走平路的羊",不仅外貌独特,饮食方式也保持着自身特征。在养殖山羊的过程中,翠柳人有一套独特的传统方式。在翠柳村封闭的环境中,人们采用的是放养的方式,山羊在夏秋时节可以在山上自由采食白蒿、沙蒿、茵陈蒿、索草、骆驼蓬、羊胡子草、碱草、碱蓬、香茅草和芨芨草等牧草。但为了确保草场的可持续利用,保护生态环境,翠柳人很自觉地秉持着分群、化区域放养的传统,通常一个羊群约为300只,分布在5公里的草场范围内。这样既能保护草场,也能通过养羊业维系村民的生计安全。

在科学合理评估的基础上,专家组对景泰翠柳山羊传统养殖体系进行了打分,分值为83分。专家组认为:按照目前中国重要农业文化遗产认定标准,参照已经被认定为China-NIAHS的云南腾冲槟榔江水牛养殖系统和宁夏盐池滩羊养殖系统,景泰翠柳山羊传统养殖体系有资格被纳入中国重要农业文化遗产保护体系。

（四）景泰五佛稻鱼蟹复合种养系统

景泰县五佛乡位于黄河岸边，与其他干旱地区相比，在发展农业方面具有得天独厚的水资源优势。明清时期，随着军事屯田事业的发展和移民开发进程的加快，五佛乡水稻种植得以实现。数百年来，生活在黄河岸边的五佛人通过种植水稻，维持了人们的生计安全，拓展了黄河流域农耕文化的内涵，使得景泰县成为西北地区的鱼米之乡和"塞上江南"。景泰县五佛乡水稻种植体系，是稻作农业在西北地区拓展的典型代表。

在数百年种植水稻的过程中，五佛人供应了当地稀少的大米，丰富了人们的生活，并形成了与之密切相关的移民文化、军屯文化、稻作文化、饮食文化和传统的生产技术知识体系。

五佛人在种植水稻的同时，也逐渐引进了南方的稻鱼共生模式和稻蟹复合种养技术。在稻田中通过养殖鲤鱼、草鱼、螃蟹等水生经济物种，增加经济收入，形成了稻鱼复合种养系统和优美的稻作农业景观，丰富了当地农业结构和农耕文化，对于推动当地生态文明建设、乡村旅游发展、优秀农耕文化传承等，均具有积极意义和价值。

景泰县五佛乡水稻种植虽然已经有数百年的历史，但稻鱼复合种养系统的历史并不久远，是近年来当地人们吸取南方地区稻鱼共生和稻蟹复合种养的成功经验后，才逐渐完善起来的。并且，为了获得更多的经济收益，当地稻田种植的是新培育的水稻品种，本土水稻品种没有得以有效保护。

在科学合理评估的基础上，专家组对景泰五佛"稻—鱼—蟹"复合种养系统进行了打分，分值为68分。专家组认为：景泰县五佛乡水稻种植已有数百年的历史，形成了独特的稻作农业系统。但当前的稻鱼蟹复合种养系统历史较为短暂，文化积淀略显不足，在一些方面难以满足中国重要农业文化遗产的认定标准。在今后的农业文化遗产挖掘申报过程中，需要进一步挖掘其历史文化价值和稻作农业传统知识技术体系，有意识地加以培育。

（五）景泰川滩地农牧复合系统

景泰县地处黄土高原与腾格里沙漠过渡地带，黄河在县境内流程全长110公里，流域约4224平方公里。县境内另有沙河43条，总长度约542公里。这些沙河平时大多干涸，但雨水季节或山洪暴发后，又俨然变为奔腾的河流。在山间沟壑、黄河和沙河流经的地区，会留下规模不等的川地和滩地。生活在当地的人们为了维持生计，在川地和滩地上种植谷物和蔬菜，养殖山羊，形成了川滩地农牧复合系统。

　　相比其他地区,景泰县川滩地农牧复合系统在典型性和代表性方面略显不足,历史渊源难以准确追溯。该系统产生的农耕文化不太突出,代表性的本土动植物品种不明显。

　　在科学合理评估的基础上,专家组对景泰川滩地农牧复合系统进行了打分,分值为 53 分。专家组认为,景泰川滩地农牧复合系统纳入中国重要农业文化遗产,尚缺乏坚实的支撑,因此不建议将其纳入保护的范围。

第四章 府谷县传统农业系统识别评估

第一节 府谷县概况

一、总体概况

府谷县隶属于陕西省榆林市,位于陕西省最北端,秦晋蒙三省区交汇的黄河"金三角"地带。东与山西省保德县、河曲县隔河相望,北与内蒙古自治区准格尔旗、伊金霍洛旗阡陌相通,西、南与神木市土地相连,素有"鸡鸣闻三省"之称。万里长城横亘东西,九曲黄河环绕于斯,黄土文化和草原文化在府谷辉映,长城文化和黄河文化在府谷融合,素有"黄河金三角"之美誉。地跨东经110°22′~111°14′,北纬38°42′~39°35′,全县总面积3229平方公里,辖14个镇、2个农业园区、4个便民服务中心、207个行政村,总人口24.78万。

府谷县域经济综合竞争力居全国百强、西部十强,为国家卫生县城、全国文明县城、省级民营经济转型升级试验区和中国产业百强县、全国金融生态先进县、中国最具投资潜力特色先进县、省级园林县城、省级环保模范县城、全国科技进步先进县、中国低碳生态十强县、全国生态文明先进县、陕西省卫生县城,陕西省平安县城,在陕西省十强县中位居三甲。

二、历史沿革

远古时期,府谷就已经有先民繁衍生息。境内发现最早的有距今7000年左右的新石器时代的遗址。县境内发掘了仰韶文化时期的新庄子遗址和连城峁遗址,仰韶晚期至龙山早期的寨山遗址,龙山文化时期的朱家湾遗址、桥沟北盖峁遗址以及大、小石堡遗址等。

府谷夏、商为要服地;西周为荒服地;战国时期属魏国,为固阳榆中地;秦为上郡地;西汉高祖七年(公元前 200 年),在今府谷县曾设西河郡郡治和富昌县治,遗址在今古城乡;三国两晋南北朝时为匈奴所据;隋为榆林郡银城县地;唐朝时设府谷城,为镇;五代后唐天佑七年设府谷县,后汉初升永安军;宋朝设麟府路、府州、府谷县,为路、州、军、县治。元为府州、领府谷县;明、清仍为府谷县,明朝曾在府谷孤山设延绥右卫;民国时为府谷县,解放区为神府特区、府谷县;1947年 11 月,成立府谷县人民政府,归晋绥边区领导;1949 年 6 月改属陕甘宁边区;1958 年 12 月与神木县合并,1961 年 9 月与神木县分治至今。

三、自然地理

府谷县处于内蒙古高原与陕北黄土高原东北部的接壤地带。地势西北高、东南低,主要由西北至东南流向的黄甫川、清水川、孤山川、石马川四条大川和相应的五道梁峁为骨架,海拔高度在 780～1426.5 米间,相对高差为 646.5 米。自第四世纪以来,由于受外力地质作用和几千年来人为活动的影响,区内植被稀少,水土流失严重,土地贫瘠,地形支离破碎,沟壑纵横,形成特有的半干旱黄土风沙地貌。

府谷县属中温带半干旱大陆性季风气候,冷暖干温四季分明。冬夏长,春秋短,雨热同期,日照时间长,太阳辐射强,年差与日差气温变化较大,降水年际变化大,自然灾害主要是旱、涝、霜、雹。年平均气温 9.1℃;最热的 7 月,月平均气温 23.9℃;最冷的 1 月,月平均气温零下 8.4℃;气温年较差 32.3℃。全年县太阳辐射总量为 144.94 千卡/平方厘米,可供作物利用的光能约占总辐射量的一半。全县多年平均日照为 2894.9 小时,日照率 65%;农业活动主要季节的 4～10 月,每月日照数都在 230 小时以上。初霜为 10 月 5 日,终霜为 4 月 27 日,无霜期 177 天。年平均降水量 453.5 毫米,降水主要集中在 7～9 月,占年降水量的 67%。

县境内神(木)朔(州)、准(旗)神(木)、准(旗)朔(州)铁路穿境而过。以神府高速公路、府店公路为主骨架,府准、野大、府墙、府王、孤武、桃田、魏哈、府庙等公路与周边地区路网相互衔接,大石一级等一批由地方投资兴建的高等级公路正在建设,全县 70% 的行政村"乡乡通"油路、"村村通"砂石路,达到通畅标准。

四、生物多样性

府谷县地域广阔,地形地貌独特,物种丰富。境内山川众多,建设有省级杜松自然保护区,以及清水川、孤山川两个列入陕西省湿地名录的湿地。近年来,府谷县在习近平总书记"两山"理论指导下,坚持以生态保护为前提,不断加大林地、牧地、湿地保护和修复,守住原生态,改善生物栖息环境,生物多样性越来越丰富。

根据《府谷县志》记载,府谷县境林木种属有18科、28属、49种,为松、柏、杨、柳、榆、槐、文冠果、柠条、沙棘等。大型家畜主要有蒙古牛、奶牛、滚沙驴、佳米驴、蒙古马、骡子、蒙古羊、陕北细毛羊、林肯羊、边莱羊、德拉斯代羊、陕北黑山羊、白绒山羊、沙能奶山羊等。

五、农业生产

府谷县地处黄河流域,是农业发展较早的地区。府谷县自然资源富集,不仅是国家级陕北能源化工基地的重要组成部分,还是国家"西煤东运""西电东送""西气东输"的重要枢纽。当前农业产值仅占国民生产总值的2%左右。县内有墙头农业园区,拥有耕地14 000亩,其中有水浇地8000亩,农业条件得天独厚,有"塞上小江南"之美誉。园区主要以瓜菜、花生、玉米、小杂粮、水产、花卉、畜禽养殖为主导产业。

黄米和海红果是府谷农业的两张靓丽名片。府谷黄米目前为地理标志证明商标,每年播种面积12万～15万亩,被誉为"中国黄米之乡"。府谷海红果目前为国家地理标志保护产品和地理标志证明商标。

当前,府谷县粮食作物以糜子、谷子、大豆、马铃薯等四大作物为主,其次为小麦、高粱、玉米、荞麦、豌豆、扁豆、小豆、绿豆、豇豆、蚕豆和红薯等。

第二节 府谷县农业文化遗产要素信息采集分布

一、黄甫镇

黄甫镇位于府谷县的东北部,距县城38公里,是历史上的边塞重镇、文化名镇、商贸大镇、走西口出关要镇,素有"金黄甫"之称。全镇总面积138.6平方公里,分布在"两川一河"(清水川、皇甫川、黄河沿岸),辖8个行政村,60个自然村(其中有古堡18寨)。2019年,全镇共3738户,13 668人。其中,清水川和黄甫川径流之处,留下了大片滩地、湿地。

全镇共有耕地41 524亩,人均3.4亩,规模养殖场3个,农业基础条件较好,传统农业系统保留程度较完整。农业文化遗产要素较多,在段寨、太家沟等村打造了"四大农业基地",特色农业发展初具规模。镇内山地林牧业发展迅猛,全镇绿化率达到 70%。镇域内现有一批保存较为完好的文化遗产和名胜古迹,如黄甫大庙、李家大院、宗常山、龙舌湾、犀牛峰、香莲寺、王嘉胤故居等,发展文化旅游潜力巨大。

课题组实地调查黄甫镇,主要目的在于考察清水川和黄甫川滩地,采集当地独特的农业物种、传统种植制度和知识、传统农业民俗等信息。

二、田家寨镇

田家寨镇位于府谷县西南部,镇域总面积 227 平方公里,辖 9 个建制村,76 个村民小组,全镇人口 11 268 人。近年来,全镇基础设施服务能力日臻完善,乡村文化旅游产业发展有了新推动。

镇内大石公路二期建成通车,万墩工业园区连接田王公路段的防火通道贯通,全镇基本形成以大石公路为过境线,田王公路为主线,水泥路为支线的田字形公路网格。

全面铺开"三变"改革,农村专业合作社作用显著,建成千亩黄芩种植示范基地。兴旺庄村建成市级乡村振兴示范村,本地手工挂面、纯粮食酿酒、牡丹酒、黄油等土特产已投入市场,白露源山泉水在西北市场已有一定知名度。

镇域内的高寒岭人文森林公园为国家 3A 级景区,黄河流域民俗博物馆获得省文物局批准备案,小城镇科普采摘园和油用紫斑牡丹示范园对外开放,高寒岭省级水土保持示范项目一期基本完成。市编办成立寨山石城遗址管理所,规划建设寨山石城遗址公园已列入沿黄经济带建设规划,镇域内基本形成"春夏观光赏牡丹、秋冬采摘踏瑞雪"的乡村旅游模式。

课题组实地调查田家寨镇,主要目的在于寨山石城遗址,了解新石器时代府谷先民的生活模式。另外,黄河流域民俗博物馆是府谷县传统农业民俗、传统农耕文化、地域风俗民情的集中展示基地,调查组需要采集相关资料和信息。

三、清水镇

清水镇位于府谷县城东 30 公里处,东接黄甫,西连木瓜,北靠哈镇,辖便民服务中心 1 个,行政村 20 个,自然村 125 个,共 6828 户 20 247 人,镇域总面积 237.29 平方公里。

境内有清泉寺、清水古营盘、转角楼明长城、尖堡则村明长城、磁尧沟张家大院等旅游景点 10 余处。交通区位优越,全长 11.06 公里的园区堤路是全镇出行的大动脉,煤业集团铁路专运线毗邻而建,府准公路、魏哈公路、沙墙公路穿境而过。清水川流经之处,留下了大片滩地、湿地,传统农业系统保留程度较完整,农业文化遗产要素较多。

课题组实地调查清水镇,主要目的在于考察清水川滩地,采集当地独特的农业物种、种植制度和知识、传统农业民俗等信息。

四、古城镇

古城镇是府谷的北大门,西南与哈镇、麻镇毗邻,距县城 67 公里;北与内蒙古准旗接壤,素有"陕蒙界地·塞北古城"之称。全镇总面积 192 平方公里,辖 7 个行政村,66 个自然村,10 562 人。古城是以农业为主导产业的乡镇,共有耕地 46 389.98 亩,海红果、杏树等经济林成林面积近 2 万亩。境内"两川四沟"纵横交错,水资源充沛。2018 年,全镇实现国民生产总值 6.3 亿元,粮食总产量突破 5000 吨(农作物总产量突破 10 000 吨),农民人均纯收入达到 13 000 元。近年来,先后获"全国美丽乡村创建先进镇""全市脱贫攻坚工作模范乡镇""全市创建五好基层关工委标兵单位""全市平安乡镇"等荣誉。

古城镇是府谷,乃至全国和全世界海红果生产最集中的地区,上百年的古海红果树遍布,有多处集中连片古海红果园。

课题组实地调查古城镇,主要是了解古海红果园的基本情况,熟悉海红果栽培、管理、采收、加工等方面的传统技术和知识体系。

五、木瓜镇

木瓜镇位于府谷县中部偏东,距县城 23 公里,东与清水镇接壤,南与府谷镇、孤山镇毗邻,西与庙沟门镇交界,北与哈镇、赵五家湾办事处为邻。全镇占地面积 173.73 平方公里,耕地面积 78 500 亩,其中水浇地 3800 亩,辖 10 个行政村,101 个自然村,3886 户 12 188 人,其中非农业人口 249 人。

木瓜镇属于黄土丘陵沟壑区,以农业种植为主。境内无工矿企业,主产糜子、谷子、玉米、黄豆、马铃薯等粮食农作物。府谷县被誉为"中国黄米之乡",木瓜又是全县小杂粮种植基地和糜子主产区。

木瓜镇文化积淀厚重,钟灵毓秀。木瓜园堡是明长城府谷境内的重要组成部分,木瓜镇境内有"九庙两寺两楼一洞"(吕祖庙、真武庙、观音庙、龙王庙、文庙、关帝庙、城隍庙、三官庙、娘娘庙,龙泉寺、红门寺,玉帝楼、魁星楼,朝阳洞)景观,具有发展乡村旅游的独特资源。

在北宋、西夏、辽"大三国"时期,木瓜镇是府谷最重要的军事重镇。历史上的木瓜镇,东至今海则庙的青阳塔、淡家寨,南至李家河、高石崖、西山寨,西至古城、帐房峁,北至太平墩边墙、圈子梁、蔡家边一带。作为农业区,这一片土地曾是府谷最富庶的地区。历史上这里水资源丰富,湿地特别多,在十年九旱的黄土高原上,算是占尽了天时地利,故有"收木瓜瞎达拉"之说,可与内蒙古的达旗相媲,是府谷的腰窝地带。木瓜镇的小米、绿豆和山药等农产品是精品,从木瓜镇起南至柳树塔、东至董家沟、柴家塔一带的农产品是精品中的精品,享誉千年,时至今日仍占有绝对的市场价格优势。

发达的自然农业经济是传统宗教的物质基础,加上悠久的历史,木瓜镇历来为府谷的道教圣地。因此,这里的文物古迹数量多质量高。木瓜镇西南4公里处五华山的三皇庙供奉三皇五帝,在府谷可能仅此一处,但在文革期间遭到严重破坏。这里几乎每个山头都有一座庙宇,在历史上仅韩氏一家就拥有几十个庙。木瓜镇城内庙宇楼台林立,其中"八庙一寺两楼"成为当地文物保护和旅游开发的重点。尤以吕祖庙最为著名,来自晋、陕、蒙的香客一年到头络绎不绝,香火极为旺盛。每年农历四月十五庙会期间,人流如织,到处人山人海,蔚为壮观。

木瓜镇的纸扎工艺十分著名,能工巧匠多出自郝氏家族。他们技艺精湛,工艺品结构合理,造型大气逼真,在府谷及其周边地区无出其右者。大概是为了保持行业优势,他们的许多绝活秘不示人,绵延数百年,至今仍引领行业风骚。

课题组实地调查木瓜镇,主要目的是了解府谷黄米的生产历史、传统栽培制度和技术、地方品种资源、传统加工制作技艺、黄米文化等。

六、墙头农业园区

墙头农业园区位于秦、晋、蒙三省(区)交会处,素有"塞上小江南"之美誉。这里农业条件得天独厚,交通水运十分便利。人文历史醇厚悠久。园区总面积46.7平方公里,辖5个行政村,32个自然村(组),1631户,5218人。园区共有耕地19 400亩,其中水浇地10 000亩。花生、玉米、大白菜(老三宝)和西瓜、红葱、红薯、海红果(新四宝)滋养着这一方水土一方人。墙头是明榆塞长城的起点,"秦源德水"的源头,是黄河和长城交汇的地方,是走西口路上的门户,有著名的莲花辿、黄河入陕第一湾、西口古渡码头等胜迹。

墙头境内四条出省、出境公路将园区与外境相连,交通条件便利,基本实现了村村通。田间道路硬化,大部分村能达到户户通。667顷水浇地配套了相应的水利设施,农业生产条件便利。园区有卫生院一所,幼儿园并小学一座,能够满足乡村医疗教育基本需求。近年来,园区不断完善基础设施建设,电网、通讯、人饮工程全部覆盖,美化亮化工程初见成效,生态建设不断提高,人居环境越来越好,居民生活条件得到了极大改善。

据《府谷县志》记载,墙头村原名河边会坪,1474年延绥巡抚余子俊在此修建二边长城,因此处为明长城榆林镇在陕西境内的起点,村名由此改为墙头(起)。墙头为黄河入秦之首,被誉为"秦源德水"。

墙头与山西省河曲县城隔河为邻,秦晋文化的交融,使其拥有浓厚的文化积淀。这里又是走西口的门户,墙头人走南闯北,见多识广,因此胸怀宽广,豁达包容。崇德广业、耕读持家成为墙头人代代延绵的美德,崇尚科学、重视教育蔚然成风。因此,墙头过去被称为文化之乡、小康之乡。

近年来,府谷墙头西瓜节已成为周边旗县最具影响力的重大节会(活动)之一,吸引着越来越多的游客前来参观、游览、体验。这种体验式观光农业和以"最新鲜、最野趣、最生态"等为卖点的农家乐,也正吸引着越来越多的市民走出家门,走进田间地头,体验田园生活和乐趣。

课题组实地调查墙头农业园区,主要目的在于考察府谷地域性历史文化,调查当地独特的农业物种、传统种植制度和知识、传统农业民俗等信息。

七、碛塄农业园区

碛塄农业园区是府谷县红枣、蔬菜、瓜果生产基地之一。园区位于府谷县城南部,辖7个行政村,43个自然村,共3527户,9319人。耕地面积42 470亩,林地13 153亩(其中红枣11 071亩),草地18 220亩。

碛塄因枣而"名",枣乡文化历史悠久,是全县红枣的优生区、主产区、加工区、集贸区。产品有无核贡枣、紫晶枣、熏枣、秘制干枣、糖枣、滩枣、脆枣、酒枣等十几个品种。境内有花坞古镇、新石器时期大石堡遗址、郝家寨生态度假村、折赛花(佘太君)故里、王家坬革命旧址等。

课题组实地调查碛塄农业园区,主要目的在于考察府谷万亩枣园、红枣文化,调查当地红枣的种植历史、品种资源、传统种植制度和知识等信息。

八、县直属机构

县农业农村局。搜集府谷县特色农业物种、农副产品、农业特色小镇、农业园区、独特农业景观等方面的信息。

县史志办。搜集府谷县地方志资料,挖掘府谷县历史时期的农业物种、农耕生活、传统农业民俗、传统农业技术等资料。

县发改和科技局。搜集府谷县海红果的传统栽培技术、海红果科技发展等方面的信息。

县自然资源和规划局。了解府谷县全民所有土地、矿产、森林、草原、湿地、水等自然资源资产情况,掌握府谷县地籍地政和耕地保护建设等方面的政策,了解府谷县独特的土地利用系统及其分布情况。

县住建局。了解府谷县传统村落方面的情况,搜集府谷县传统村落的分布、传统建筑、历史遗存等信息。

县水利局。了解府谷县水资源和农田水利工程,尤其是历史时期农田水利工程遗址遗迹等方面信息和资料。

县林业局。了解府谷县林果业发展情况,着重采集府谷县古树园或古树群及其分布信息,着重掌握府谷县古海红果树园、枣园等的历史、规模、管护和利用情况。

县文化馆。了解府谷县非物质文化遗产情况,采集府谷县非物质文化遗产音频、文字、图片等资料。

县文管办。了解府谷县重点文物保护单位及其分布情况,采集历史时期府谷县农耕文化、传统农业民俗等方面的信息资料。

九、县荣和博物馆

府谷县荣和博物馆是由陕西省文物局批准成立并对外免费开放的非国有博物馆,面积达 6000 多平方米。馆内有陶器、瓷器、青铜器、明清家具四个主展厅,集中展示了府谷及周边地区文物精品,是一座集宣传教育、陈列展览、收藏保护、研究交流、文化休闲于一体的综合性博物馆。

课题组实地调查荣和博物馆,主要目的是采集历史时期府谷农业生产工具和农民生活用具等资料和照片,了解各历史时期府谷县农耕文化和传统农业民俗。

十、县富昌博物馆

府谷县富昌博物馆是一家民间博物馆,藏有较为丰富的青铜器、陶器等展品,是了解历史时期府谷及其周边地区农业生产、农民生活、社会文化、传统民俗等的重要窗口。

十一、高寒岭黄河流域民俗艺术博物院

府谷黄河流域民俗艺术博物馆是陕西省文物局批准备案设立的博物馆,旨在打造省级民俗艺术博物馆。博物院位于高寒岭森林公园东区,占地面积20亩,建筑面积2266平方米,以收藏、整理、研究、展示黄河流域内的民俗物品为主,展品多达33 600余件,分别按照不同时期黄河流域民俗文化进行归类展示。它是一个区域性黄河流域民俗文化研究中心与民俗史政史料的汇集地。

课题组实地调查高寒岭黄河流域民俗艺术博物院,主要目的是采集历史时期府谷农业生产工具和农民生活用具等资料和照片,了解历史时期府谷县农耕文化和传统农业民俗。

第三节　府谷县农业文化遗产的核心要素

一、特色农业物种与农副产品

(一)府谷海红果

海红果为府谷的传统果树,属全国稀有树种,栽培历史悠久。海红果在府谷当地又被称为"海红子",为蔷薇科苹果属填池海棠系的西府海棠种,又名子母海棠、小海棠。变异很多,果实形状、大小、色泽和成熟期各异,故还有紫海棠、红海棠等名称。清乾隆年间的《府谷县志》就有关于海红子栽培情况的记载。清水乡有一村庄便取名"海红梁"。县域内有数处成片的古海红树园。

府谷海红果

海红子是一种耐旱、耐寒、适应性强、管理简便的高产果树,适宜在府谷生长,易栽植、寿命长。主要分布在大岔、清水、黄甫、哈镇、麻镇、赵五家湾、庙沟门、古城等乡。经测定,果实含可溶性糖15.11%,可滴定酸1.04%,维生素C的含量达2.83毫克/100克。海红干类似山楂,有健脾胃、增食欲、促进消化的功能。利用海红果制成的果脯、果丹皮、海红干、罐头、糖葫芦等,独具特色,别有风味,深受消费者欢迎。以海红果为原料加工配制而成的饮料,果味浓郁,清凉爽口,为四季佳饮。本地群众对海红子十分喜爱,称海红树为"摇钱树",并有"家有五株海红子,顶养一个好儿子"的比喻。

中国海红果之乡

2008年,府谷海红果被中国国家质检总局批准为地理标志产品予以保护。2010年12月15日,第十届中国特产文化节暨首届中国地理标志文化节在北京市中华全国总工会宾馆召开,会上,府谷县正式被中国特产文化节组织委员会、中国特产之乡推荐暨宣传活动组织委员会授予"中国海红果之乡"。

(二)府谷黄米

糜子属禾本科黍属的一年生草本植物,原产于我国西北部,是府谷县古老的传统作物之一。根据《府谷县志》记载,府谷地区种植糜子至少有六七千年的历史。府谷县是糜子的优势主产区,在本县东北部的黄土丘陵区、西部长城沿线风沙区、南部土石山区等,均适合种植。

府谷县是目前国内糜子播种面积和产量最大的县域,产地范围包括府谷镇、孤山镇、新民镇、木瓜镇等14个镇。其中,木瓜镇更是糜子的集中产区,有"府谷黄米甲天下,木瓜黄米甲府谷"之说。

府谷县具有丰富的糜子种质资源。清代府谷县志记载,当时种植的糜子有红糜子、灰糜子和青糜子三个类别,民国时期则有软糜子、硬糜子和竹糜子。目前的传统农家品种有：大红、二红、大黄、二黄、小红、小黄糜子、大白、石炮、硬地黄等，有红、黄、白、黑糜子四大类型。另外，还有培育的伊糜5号、榆谷1号、红谷2号、秦谷4号、武安谷等品种，目前常见品种多达48个。

木瓜镇梯田黄米

府谷是我国糜子的优势主产区，被中国粮食行业协会命名为"中国黄米之乡"。府谷黄米是我国米中精品，"府谷黄米"荣获中国国家地理标志证明商标，是地理标志农产品。

（三）黑大豆

大豆是府谷县四大作物之一，栽培历史悠久。府谷栽培的大豆以黑大豆为特色。时至今日，黑大豆仍是府谷县大豆种植中的主要品种，同时也是间作套种的重要粮食种类。

黑大豆又名乌豆，具有高蛋白、低热量的特性，富含蛋白质、脂肪、维生素、微量元素等多种营养成分，同时又具有黑豆色素、黑豆多糖、异黄酮等多种生物活性物质，具有祛风除湿、调中下气、活血、解毒、利尿、明目、补肾阴等功能。古代医学专著《普济方》《本草纲目》《急救方》等，均明确记载了其食疗价值。

（四）蒙古牛

蒙古牛是府谷县原始牛种。据1983年调查，当时全县有12 889头，占总牛数14 576头的88.4%。该牛体格较小，性情温顺，四肢端正，结构匀称，耐粗饲、耐劳苦，持久力和适应性强，曾是府谷县农业生产的重要动力之一。

但随着农业动力的现代化和机械化，蒙古牛在府谷农业生产中的地位急剧下滑，甚至不及驴子的地位。同时，蒙古牛因体格小，产肉率低，在肉牛市场上不具有优势。近年来,府谷县境内已经很难再见到蒙古牛。

(五)滚沙驴

滚沙驴是府谷当地的原始驴种。体格小,结构紧凑,四肢端正、耐粗饲、食量小,抗寒性、抗病力强。成年公驴平均体高 114.7 厘米,体长 116.2 厘米,胸围 112.5 厘米,管围 14.5 厘米。成年母驴平均体高 112.5 厘米,体长 114.5 厘米,胸围 123.7 厘米,管围 14.2 厘米。能驮运、拉车、骑乘、推磨,是农村多用途动力。一般在 18 ~ 24 个月左右性成熟,2.5 ~ 3.5 岁开始配种,繁殖能力可持续 13 ~ 17 年左右。1989 年,全县有滚沙驴约 8000 余头,占总数的 84% 左右。饲养最多的是老高川、新民、田家寨、庙沟门、三道沟、大昌汉 6 个镇。1985 年前,府谷县全为滚沙驴,1985 年后,由于关中驴、佳米驴的引进,驴种逐渐发生了变化。

近年来,虽然驴子在农业生产中还被零星使用,但原种的滚沙驴已经很难见到。在偏远山区的农户家中,可能还有留存。

(六)蒙古马

蒙古马是府谷当地的原始马种,该马体质结实、四肢健壮、持久力强、耐粗饲,对不同的自然环境有很强的适应性。但体格小,后躯发育差,头过于粗笨,步幅不够伸扬,飞越能力较差。1958 年前,府谷县饲养的马全为蒙古马,1958 年后,引进伊犁马、关中挽马和河曲马,马种逐渐发生了变化。目前,在府谷县境内已经难见到蒙古马。

(七)蒙古绵羊

蒙古绵羊是我国三大粗毛羊中分布最广、数量最多的一种羊,是本县的原始品种。毛色多为纯白色。该羊耐寒、耐粗饲,抗病性强,抓膘快,产肉性能好,一般站羊(舍饲)当年可产肉 20 公斤左右,肉质鲜嫩、无膻味,为当地主要肉食之一。但毛质粗劣,产量低,逐渐被外地绵羊取代。

(八)陕北黑山羊

陕北黑山羊是本县原始山羊品种,早在汉代就有饲养。据 1983 年统计,全县共有陕北黑山羊 146 820 只,占全县山羊总数的 98.5%。该羊体质健壮、骨骼发达,游走性能强、合群、抗寒抗暑、耐粗饲、适应性强。肉质鲜美、无膻味,出肉率高,含脂率低,是当地人民喜爱的肉食。羊毛的防潮性能好,是擀毡的重要原料,农村还用来纺毛绳、织口袋、打缰绳和背绳等。缺点是体格小,体重只有 30 公斤左右,经济效益不高。近年来,陕北黑山羊在府谷县境内已经逐渐消失。

(九)八眉猪

八眉猪是府谷县境猪的原始品种,原产于甘肃陇东一带,因额部有"八"字形皱纹而得名。该猪体形较小,头长耳大,四肢粗壮,骨骼结实,披毛黑色,鬃毛粗硬。母猪每胎产仔 10～15 头。成年母猪体重 70 公斤左右,体长 100～120 厘米,胸围 80～90 厘米,体高 55～60 厘米;肥育猪一年体重 70～90 公斤,屠宰率 65%左右。八眉猪以其耐粗饲、适应性、抗病性和繁殖能力强而著称。但因其生长发育慢、体重小、饲料利用率低、经济效益差而逐年减少。到 1970 年代末,纯种八眉猪在县境已绝种。

(十)陕北鸡

陕北鸡是府谷县原始鸡种,现主要分布在交通不便的偏远山区和风沙区。其特点是:体型中等,结构匀称,体态健壮,昂头胸宽,背曲而不深,尾羽翘起。母鸡头小而清秀,公鸡胸腹宽大,有发达的内脏器官。有光腿鸡和毛腿鸡两种类型。冠型有单冠、玫瑰冠、豆冠和双冠等。公鸡冠型发达,肉垂大,母鸡冠型较小。羽毛主要有黄色、麻色、灰色,其次为白色和黑色。公鸡羽毛主要为红色,尾羽为绿色,羽毛光亮美观。通常母鸡年产蛋 110～140 个,蛋重约 50 克,蛋壳呈浅棕色。鸡肉丝细嫩,味美可口,腹脂量大,属卵肉兼用的原始品种。

(十一)红枣

红枣是府谷县传统的经济林木,有上千年的栽培历史,以黄河沿岸的傅家塌、碛塄、武家庄、王家墩等镇最为集中。目前已形成长 53 公里,宽 5 公里的红枣林带。其中,碛塄的红枣最为鲜美,色泽红润,个大、核小、肉厚、油性大、含糖量高(达 70%左右),含蛋白质、脂肪、维生素 C 营养物质丰富,具有养血安神、益脾和胃之功效,是馈赠亲朋好友的佳品。红枣还可加工成干枣、酒枣、蜜枣、糖枣、枣酱、枣罐头等,深受人们的喜爱。枣树木材可作雕刻,亦可用于农具和建筑用材。枣树花期长,是很好的蜜源。

(十二)山杏

杏树是府谷县优良树种之一,杏仁出油率达 46%。该县日照充足,气候干燥,适宜山杏生长。现有杏林 4000 多亩,以三道沟、庙沟门、老高川、大昌汉分布最广。

二、古树园或古树群

(一)高寒岭古树群

距离府谷县城 38 公里,位于晋陕蒙三省区交界处的高寒岭人文森林公园,占地面积 11.7 平方公里,森林面积 5050 亩,园区有天然杜松、侧柏、油松近 15 万株,包括 500 年以上的古杜松、侧柏、油松树 63 株。

高寒岭属于府谷县田家寨镇,最高海拔 1426 米,是府谷境内海拔最高的名山,也是石马川的发源地、陕北保存最完整的天然杜松林带、陕北地区最大的油用紫斑牡丹示范基地、全国首个人文森林公园,其核心景观是中华版图柏。

2014 年,府谷县政府启动了高寒岭万亩杜松原始森林保护区暨生态恢复示范区项目,修复了长城烽火台、龙吟堂、范欧亭、五龙庙、戏台和古文化广场;发展根雕艺术、酿酒、榨油、手工挂面、农家乐等特色产业;建成高寒牡丹示范园和黄河流域民俗艺术博物院。高寒岭已初步建成集历史文化、乡村旅游、产业扶贫、生态效益于一体的人文森林公园。

高寒岭人文森林公园的古树,以"中华版图柏""康熙柏"和"将军树"最为有名。"中华版图柏"树龄近千年,树高 12.6 米,主杆截面直径 1.05 米,树冠东西长 12.1 米。古柏极像中国地图,因而得名。北宋时期范仲淹、欧阳修曾先后于古柏下扶树眺望边关。清康熙三十六年(1697 年),康熙帝第三次御驾亲征噶尔丹途经此岭驻跸一宿,依树吟成《晓寒念将士》诗一首。

"康熙柏"相传是在康熙三十六年,康熙帝第三次亲征噶尔丹,从府谷刘家渡过黄河,在高寒岭住一宿。清晨朔风刺骨,寒气逼人,康熙见群山起伏,一望无际,栽下此树。估测树龄为 890 年,树高 8.2 米,冠幅 9.4 米。该树生长于悬崖边,主根部分裸露于地表,根部主侧枝丛生,无明显主杆。

府谷高寒岭中华版图柏

"将军树"的树种为油柏，估测树龄 861 年（2019 年数据）。树高 17 米，胸径 0.73 米，冠幅 8 米。树主干在 1959 年被神木县砍伐盖了大礼堂，侧枝因临崖，被留。该树是高寒岭树龄最长的树木之一。现也虬枝苍劲，树型雄壮，被称为"将军树"。

（二）古海红果树群

府谷县是我国海红果树的主产区和核心优势产区。县境内海红果保存面积达 4.5 万亩，约 60 万株，百年以上古海红果树 13 000 余株，分散在古城镇、孤山镇、府谷镇等十余个乡镇。

在府谷县，上规模的古海红果树园主要有黄甫镇三神堂村古海红果树园、古城镇罗家沟村古海红果树园、古城镇王家岭古海红果树园、古城镇油房坪沙坪村海红果基地等。

黄甫镇是海红果自然分布密集区域，全镇海红果树超过 20 万株。其中，三神堂村古海红果树园，有超过百年的古海红果树 260 余株，是府谷县境内规模最大，同时也是我国乃至全世界最大的古海红果树园。

古城镇也是海红果自然分布密集区域，全镇有海红果 10 137 亩，250 686 株，年产量上万吨，约占全县总量的四分之一，享有"海红果大镇"之美称。其中，王家梁村有一株 400 多年的海红果树，主干直径达 1.5 米，被誉为"海红树王"。镇域内上规模的古海红果树园中，罗家沟村古海红果树园有超过百年的古海红果树 60 余株，其中一株的树龄已经超过 300 年，约为明朝后期栽培。该树周边与其树龄相当的古海红果树 10 余株。此外，油房坪沙坪村海红果基地，果园现有海红果树 450 亩 2600 株，最高寿命 188 年。

府谷县古城镇罗家沟村明代海红果树

数百年来,古海红果树一直陪伴着当地的村民们。当地村民为了管护好古树园,发明了开凿树池、砍截多余树枝等传统管护技术。近年来,古海红果树已成为府谷县一张靓丽的农业文化名片,融入人们的精神文化生活。

三、独特的土地利用系统

府谷县土地总面积481.8万亩,占全省土地面积的1.56%,其中山、丘陵地约400万亩,占全县总面积的83%,高于全省的75%的比例。耕地占总土地面积的20.5%。除了黄甫镇、清水镇等少量滩涂湿地外,为满足农业需求,大部分的农业用地都处于山地与丘陵之中。生活在当地的人们因地制宜,在山地、丘陵上开发出了土坡梯田,于河水流经地带创造出了滩涂湿地农业。府谷县以此两种土地利用方式为核心,分别形成了黄河流域独特的土地利用系统。

(一)土坡梯田

梯田是黄土高原主要的土地利用方式,府谷县也不例外。黄土高原的梯田按田面坡度不同而有水平梯田、坡式梯田、复式梯田等。梯田的宽度根据地面坡度大小、土层厚薄、耕作方式、劳力多少和经济条件而定。

梯田具有良好的水土保持作用,近年来对梯田分布范围和质量的数据提取,一直都是水保措施调查的首要工作,对区域生态建设具有十分重要的意义。由于我国南北方气候、地形的差异,黄土高原地区主要以旱作梯田为主,田面宽度相对较大。

府谷县黄土高原土坡梯田

府谷县粮食作物布局以糜子、谷子、大豆、马铃薯等四大作物为主,其次为小麦、高粱、玉米、荞麦、豌豆、扁豆、小豆、绿豆、豇豆、蚕豆,以及红薯等。其中又以糜子在播种面积与产量中为首。木瓜镇更是被誉为"中国黄米之乡"。木瓜镇属纯农业镇,位于黄土丘陵沟壑区,黄土层厚度约在100米以上,土地肥沃农业基础条件好。为了更好地利用优良的土地资源,府谷的先人们将南方地区的梯田农业技术引入到府谷地区,开辟了成千上万亩的梯田。

宋明时期,府谷地处战略前沿。对于当时的国家而言,基于军事安全,首要选择的是易守难攻的形胜之地。当然,不可能天天打仗,为了缓解后勤供应压力,就有了所谓的屯戍活动——遇敌迎战,没有敌人的时候就修田种地。府谷县的土坡梯田,大多数是在这种背景下造出来的。

梯田在府谷地区发挥着无可替代的作用,其相关的社会环境和经济效益也得到了人们的广泛关注。有学者指出,在黄土高原地区进行退耕还林以及坡改梯工程,可以显著促进地区生态质量的提升。基于梯田措施对地区河流水沙的影响明显,梯田建设对区域生态环境具有良好的影响,黄土高原土坡梯田耕种比率的上升对地区的减沙幅度有十分重要的正面作用。黄土高原是我国水土流失最为严重的地区,坡改梯是有效地减少坡耕地土壤侵蚀,降低入黄泥沙的水土保持措施。

府谷县土地广阔,耕层深厚,光照充足,府谷县的人民利用土坡梯田来对糜子、小米、土豆与荞麦等作物进行间作套种的同时,逐步采取用地作物和养地作物相结合的方法倒茬种植,以提高农作物产量。

(二)川滩地

滩地是府谷县主要农业耕地类型,分布在黄河漫滩及几条川道的川台地、沟坝地上。目前总面积约为10万亩,是在洪积物、冲积物及风积物母质上,经人为耕作而形成的幼年土壤。

滩地的质地差异较大,土层有机质及养分含量高,耕性良好,地势平坦,水肥条件优越,适种作物广泛,生产水平较高。通常适宜多种作物生长,如种植高粱、玉米,亩产可达千斤以上。滩地或湿地周边,则种植榆树、杨树、柳树等,以防止水土流失和风沙侵蚀,起到保护农田的作用。

黄河流域湿地具有涵养水源、蓄洪防旱、保持水土等重要的生态功能,并在为生物提供栖息地、净化水质、调蓄洪水、涵养水源等方面具有重要作用,一定程度能减缓黄河断流和黄河泥沙等生态问题发展。湿地具有显著的生态维护功能,又因具有巨大的食物网、支持多样性的生物而被看作"生物超市",是自然界提供高额生产力的生态系统和人类重要的生存环境之一。

黄河自西向东流向大海的过程中,受地形和季节等因素影响,留下了大量的滩涂、湿地。生活在黄河岸边的人们,世世代代充分利用滩涂、湿地上深厚的黄土和富含有机质的肥沃土壤,种植花卉、粮食,放养牛羊,从事渔业生产等,形成了独特的黄河滩涂、湿地农业系统。

府谷县黄甫镇川滩地农业

(三)淤泥坝地

淤地坝是指在水土流失地区各级沟道中,以拦泥淤地为目的而修建的坝工建筑物,其拦泥淤成的地叫坝地。

筑坝拦泥淤地,对于抬高沟道侵蚀基准面、防治水土流失、滞洪、拦泥、淤地,减少入黄泥沙、改善当地生产生活条件、建设高产稳产的基本农田、促进当地群众脱贫致富等方面有着十分重要的意义,是小流域综合治理的一项重要措施。大型淤地坝通常由坝体、泄水洞和溢洪道等3部分组成;集流面积较小的中小型淤地坝,通常由坝体和溢洪道或泄水洞2部分组成。

最初的淤地坝是自然形成的,距今已有400多年。人工修筑的淤地坝,最早见于山西省《汾西县志》。据记载,明代万历年间"涧河沟渠下湿处,淤漫成地,易于收获高田,值旱可以抵租,向有勤民修筑"。淤地坝在清代已引起官方的重视,据《续行水金鉴》记载,清乾隆八年(公元1743年),陕西监察御史胡定在奏折中记述:"黄河之沙多出自三门以上及山西中条山一带涧中,请令地方官于涧口筑坝堰,水发,沙滞涧中,渐为平壤,可种秋麦。"

府谷县处于黄土高原北端,县域内坝地超过15 000亩,绝大部分为新中国成立之后修筑,尤其受"农业学大寨"的影响下修筑。分为坝淤沙土、坝淤绵沙土、浅位厚层夹沙坝淤、绵沙土等10个土种。土壤通气条件差,保水保肥性能较好,有机质分解慢,耐干旱,一般为农业用地。但土性较凉,结冻早,解冻迟,春季土温上升慢,苗期发育迟缓,秋季日照不足,作物成熟较迟。有的易受冻害,故宜施腐熟的含速效养分高的肥料,种植日期较短、耐阴、耐涝的作物,如玉米、高粱、向日葵等。

淤泥坝地农业景观

在坝地的侧面,人们通常利用有利地形,播种马铃薯、绿豆、豇豆等作物。坝地之上的周边区域,通常种植谷子、糜子等耐寒作物。

四、传统耕种制度与技术

(一)轮休

府谷过去缺水、缺肥,地广人稀,不少地方实行倒山种田,即这块地种植,让另一块休闲养地,三至五年后进行交替。有的地方夏粮收获后深翻整理,除种少量谷子和荞麦、蔓菁外,大部分休闲养地。有的地方秋粮收获后,一部分地进行深翻整理,一个冬春休闲养地,来年夏季种晚秋作物。这种情况,在20世纪60年代以前较为普遍,进入70年代以后,随着耕地面积的减少,水浇地面积的扩大,复种指数得到明显提高,休闲地趋于减少。

(二)草田轮作

府谷人少地广,历来农民就有"不种百垧,不打百石"的广种薄收的习惯。鉴于开荒种地和广种薄收酿成的植被破坏、水土流失、土壤肥力减退、单产降低等问题,府谷县在20世纪50年代中期就提出了减缩农耕地,还林还牧,改广种薄收为少种高产多收的方针。随后,耕地面积从1949年的150多万亩减少到1989年的83.2万亩,随后耕地面积又有所回升,2018年约为101万亩。

减少的耕地除一部分用于造林外,主要用于种草,实行草粮轮作。即在农耕地上种植牧草,在牧草旺盛期过去,再有计划地开垦种植农作物。其轮作办法是：

草木樨→草木樨→糜子→马铃薯→糜子→高粱；

苜蓿→苜蓿→苜蓿→糜子→糜子→马铃薯→谷子；

糜子→糜子→谷子→油菜→荞麦→苜蓿；

草木樨→草木樨→糜子→谷子

糜子→谷子→黑豆→谷子→荞麦→苜蓿。

（三）倒茬

随着生产条件的改变,生产力的提高,本县农民逐步采取用地作物和养地作物相结合的办法,提高农作物产量。高粱、玉米、糜子、谷子等用地作物收获后,种植马铃薯、豆类、油料培肥地力。主要倒茬方式是：

糜子→谷子→马铃薯→糜子→黑豆→高粱；

糜子→谷子→黑豆→糜子→高粱→红、菜豆；

糜子→谷子→油菜→糜子→高粱；

糜子→黑豆→糜子→谷子→马铃薯→糜子；

糜子→黑豆 →糜子→谷子→马铃薯；

糜子→谷子→黑豆→糜子→高粱→马铃薯；

糜子→谷子→豆类→糜子；

糜子→谷子→豆类；

糜子→谷子→马铃薯→糜子→谷子→油料；

糜子→谷子→黑豆→糜子→谷子→黑豆；

豆类→糜子→谷子→马铃薯→谷子→高粱；

糜子→马铃薯→谷子→豆类→糜子→谷子。

以上这几种倒茬方式主要在山旱地实行。川水地在本县甚少,其倒茬方式比较简单。一般为第一年小麦,复种谷子或糜子,第二年或玉米或高粱或谷子。由于川水地区一般两年为一个倒茬周期,很少见到豆茬,更少见到豆科牧草。

（四）复种

本县历来多以一年一熟为主。20世纪60年代开始推广小麦复种糜谷,玉米、马铃薯地种回茬糜子、蔬菜等,复种指数为110.4%。耕作制度演变为小麦+糜谷(小日月)、玉米+白菜、马铃薯+糜子的一年两熟制,小麦、糜子、谷子轮作两年三熟制。在作物布局上,小麦、夏杂粮等低产作物种植比重降低,玉米、高粱、薯类等秋粮高产作物的比重增加。油料等经济作物有所发展,绿肥面积和秸秆还田发展较快。

（五）间作套种

间作套种在民国年间就有，但真正作为科学种田在较大范围推广，还是在1960年以后。它始于水肥条件好，人多地少，群众历来有精耕细作习惯的川滩地。目前间作套种的形式有高粱大豆间作、春小麦大豆或豌豆间作、玉米菜豆间作、高粱谷子间作、糜子与大豆、豇豆、绿豆混作，以及农作物、枣树间作套种等。

（六）畜力耕地

由于府谷县耕地多为山地开垦而来，不太适宜大规模机械化作业，时至今日，耕地仍以畜力耕地为主。通常，一劳一畜一犁一天可耕地2亩左右，一般耕层4寸。分随耕随入种和春翻、秋翻等。府谷县与黄土高原其他县域基本类似，传统耕作的畜力主要是毛驴，而非耕牛或马。

传统驴耕

春翻地一般从土壤解冻后开始到谷雨前后结束。春季浅翻、耙磨、碎土，可促进土壤熟化，提高产量。

秋翻地一般从秋收后开始到"立冬"前后结束。大秋作物实行秋深翻，可贮雨雪，增加有机质，提高地力，消灭一部分越冬害虫，保证翌年按时入种。种植冬小麦的地块，主要是伏天翻地，且越早越好。伏后耙磨保墒，以达到"伏雨秋用"，是增产的关键环节。群众中有"头伏翻地一碗油，二伏翻地半碗油，三伏翻地碗底油"的说法。

（七）耧播

耧播是最主要的播种方式，除薯类、豆类、玉米、荞麦等大粒种子外，其余均用耧播。耧播面积约占全县播种面积的60%。

（八）点播与撒播

点播分跟犁点种和掏钵点种两种。跟犁点种是主要的。掏钵点种多用于高产田块和小块地。

撒播是一种比较粗放的做法。在南部山区使用较多，其他地区除荞麦以外很少使用。在一些地方还有将种子与肥料混合后用手撒在地面上，然后耕种，叫作排籽入种。府谷是多灾县，常发生干旱，按时入种对保证全苗影响很大。本县人民在与干旱做斗争的实践中创造了"抗旱入种""抢墒入种""干种等雨"等经验。即将种子播在湿土中，覆盖湿土；有的用双犁，深开沟浅覆土，播后镇压；离水近的地方，担水点种，也有沟施肥和先开沟，待雨后抢种等方法，保证全苗。高粱、玉米、谷子缺苗断垄时，利用阴雨天移苗补栽，效果甚好。

传统点播

（九）保墒

保墒是本县农业生产中的重要措施。保墒的方法主要是在耕地和入种后耙耱镇压。耕地保墒，一般是在耕地以后用耱磨平。入种以后的保墒，一种是耧播牵牛者腰拴碌碡镇压，另一种是点播的用耱磨或脚踩。入种镇压措施都使地表毛细管破坏，减少水分蒸发，同时还有防止幼苗悬根的作用。

（十）中耕

中耕锄草一般二次，多者可达三四次。本县因土壤多沙质，加之降水较少，一般中耕深度不超过一寸，这种浅中耕锄草的方法，有利于松土保墒和消灭杂草。农谚云:"锄楼七次,八米二糠""锄头底下三分雨""苦不枉受,地不瞒人"。中耕锄草是抗旱保墒,提高粮食产量的重要措施。

五、特色农业产业园

(一)木瓜镇常塔村千亩糜子示范基地

常塔村位于木瓜镇正西方向,总面积 11 平方公里,辖区内共有耕地 4078亩,属于砂壤土质,土地肥沃,是发展旱作农业的理想之地,也是木瓜镇种植糜子的首选之地。

糜子是耐旱作物,最适合黄土高原种植。糜子具有分蘖习性,可以自动调整群体结构,生育期可塑性强,营养丰富,是健康食品,具有一定的药用价值。为了进一步发展壮大木瓜镇糜子产业,不断提高农民收入,木瓜镇在常塔村集中实施了千亩糜子示范园。该示范园推广种植的品种为"榆糜 2 号",由西北农林科技大学的专家选育,适宜在陕北长城沿线山旱地种植,耐旱、耐瘠薄、较抗黑穗病、不易落粒。

木瓜镇糜子种植基地以常塔示范园为中心,辐射带动周边村种植近万亩。一方面优化了农业产业结构,培育壮大优势产业,推进特色产业品牌化。另一方面实现了农业基地集约化、规模化、产业化经营,保持农业产业持续健康有序发展,助推木瓜镇经济追赶超越。

府谷县被誉为"中国黄米之乡"。木瓜镇是全县小杂粮种植基地、全国糜子主产区和高产区,木瓜黄米享誉全国,产品远销上海、北京、杭州等地,每年黄米系列作物糜子、黍子和谷子的种植面积在 4 万亩左右,产值大约在 1.2 亿元以上。

木瓜镇常塔村糜子示范基地

（二）碛塄农业园区

碛塄农业园区成立于 2011 年 4 月,为全县的红枣、蔬菜、瓜果生产基地之一。位于府谷县城南部 6 公里处,总面积 112 平方公里。其中耕地面积 42 470 亩,林地 13 153 亩(红枣 11 071 亩)。2016 年全年完成农业生产总值 4600 万元,粮食总产量 3124 吨,农民人均纯收入达 8900 元。园区是府谷县红枣、蔬菜、瓜果生产基地之一,为府谷县红枣的优生区、主产区、加工区、集贸区。

碛塄因枣而"名",枣乡文化历史悠久,源远流长。境内黄河滩地水资源丰富,土地平整,水利设施齐全。得天独厚的自然条件和悠久的栽植历史,使园区成为全县红枣的优生区、主产区、加工区、集贸区。神府高速、沿黄公路、孤武公路穿境而过,黄河、石马川流经园区,境内有民国时期府谷八镇之一的镇公所所在地"花坞古镇",有府州八景之"花坞步月",有世袭府州刺史 200 多年的折氏家族故居,有初具规模的郝家寨生态旅游度假村,有府谷县首届县委、县政府红色革命旧址,有新石器时期大石堡遗址,还有 11 000 多亩枣林。园区的区位、交通、水源、文化、生态等发展优势比较明显。

目前,园区规模以上企业 28 家,其中加工企业 10 家,正常年景可产红枣 2000 多吨,加工红枣、海红果等 1000 多吨,生产酸浆豆腐 300 多吨,加工石磨面粉 15 万斤;养殖大户 17 户,家畜存栏近 16 700 多只,年产各类鲜肉 300 多吨、鸡鹅蛋 100 多吨、鲜奶 200 多吨、蜂蜜 6000 多斤。

红枣作为府谷县的特色农业,主要分布于黄河沿岸的南部乡镇,是府谷传统经济林。全县共有枣林 8 万多亩,年产红枣 1 万多吨。府谷红枣以碛塄农业园区的红枣最为鲜美,核小肉厚,油性大,富含蛋白质、糖、维生素 C、钙、磷、铁等多种营养物质,营养丰富。全园区红枣种植面积达 11 070 亩,正常年景年产红枣 400 余万斤,人均年红枣收入达 3000 元。

近年来,园区依托地方资源优势,大力发展特色产业,以花坞、枣香情、绿宝园为龙头的农产品加工企业逐步壮大。到目前已发展规模企业 7 家,年产值 3500 多万元,能解决当地剩余劳动力 380 多人。产品有无核贡枣、紫晶枣、熏枣、秘制干枣、糖枣、滩枣、脆枣、酒枣、海红海棠果脯等十几个品种。通过拓展农产品加工领域,走多元开发道路,让府谷县老莱商贸有限公司、碛塄乡农民专业合作社、石磨面粉厂等一批返乡企业在园区扎地生根,共注册资金 2200 万元,主要产品有小麦粉、荞麦粉、豌豆粉、豇豆粉、豆腐、豆腐皮、豆腐干、豆芽、粉条等。

第四节　府谷县传统村落与主要遗址遗迹

一、传统村落

府谷县地处黄土高原,历史时期农耕文化较为发达,人们世代居住在此地,形成了独具地域特色的传统村落。但受多种因素影响,府谷县村落至今还未有一处入选中国传统村落。不过,黄甫镇黄甫村 2017 年入选了第二批陕西省传统村落名录。课题组在实地调研时发现,哈镇哈镇村、府谷镇城内村、沟门镇沙梁村、墙头乡前园则村、墙头乡尧渠村、海则庙乡磁尧沟、木瓜镇木瓜村、木瓜镇尧圪抓村等,仍保留较多的传统村落要素,体现了当地的乡风民俗和传统农业文化,具有一定的保护价值。

(一)哈镇哈镇村

府谷县哈镇哈镇村(行政村),形成于清代,坐落于海拔 1131 米的高原地区。村域面积 26 平方公里,村庄占地面积 2800 亩。户籍人口为 1800 人,常住人口 952 人。村落主要以清代晚期和民国年间的民居院落和商铺建筑,以及新中国成立后人民公社时期的建筑和民居为主。建筑风貌保护良好,具有浓厚的边塞商贸小镇特色。村内古代建筑有灵杰寺残碑以及赵家大院。

赵家大院在哈拉寨(哈镇)后街,是一个赵姓居民聚族而居的大四合院。大院布局为:九间正房分为三室,东西厢房各六间,也分为三室,南房两室共五间,左右是大门和马厩。产权属于个人。总占地面积 700 平方米,建筑面积 350 平方米。建筑层数 1 层,房屋间数 26 间。

哈镇村灵杰寺残碑文记载,该寺庙建造于乾隆年间,嘉庆四年(1799)曾得以修缮。灵杰寺占地六亩余,建有大小楼台七八栋,主建筑玉皇楼横陈七间,高达四丈余。同治年间的叛乱者曾数度焚掠哈拉寨,将玉皇楼烧毁。随后,军门胡保林重修玉皇楼于原址。目前,灵杰寺的产权属于集体所有,总占地面积 6000 平方米,建筑面积 3000 平方米,建筑层数 2 层,房屋间数 32 间。

哈镇村每年举办传统正月二十五古会,参与人数万余人。每逢农历初六、十六、二十六,哈镇村都会举行农村交易集市,主要交易各种农副产品。

(二)府谷镇城内村

城内村是自然村,形成于元代以前,海拔高度 1000 多米,以山地地形地貌特征为主。村庄占地面积 300 亩,户籍人口 920 人,常住人口 1080 人。

　　村民先人选定此地,主要原因是南临黄河,吃水方便,地势险要、防匪防水,相对安全。该地区通风向阳、聚气、风水好,建村过程中利用当地石灰石烧成石灰和红泥搅拌均匀,夯成灰板夯实,利用石灰垒墙砌石建城墙建民居。

　　城内村以古代的府州城为基础逐渐形成。府州城建于唐宋时期,1996 年被国务院公布为全国重点文物保护单位。城内村文庙、荣河书院、钟楼、城隍庙等建筑,均属于国家级保护单位。

　　荣河书院位于府州城大南门下,始建于清乾隆三十四年(1769)。书院分上、中、下三进院落,占地面积 3500 平方米。旧时为府谷培养学生应试科举的最高学府。书院南临黄河,长桥如虹,魁星楼巍然而立,“荣河听涛”现已成为府谷胜景。

　　文庙始建于明洪武十四年(1381),乾隆三十四年(1769)重修,光绪二年至八年(1876~1883)续修。留存大成殿 5 间,门前横额上曾悬康熙帝亲书“万世师表”四字。文庙东西各有店堂七间,前为戟门,门前畔池跨石桥,桥前为棂星门,门上为大牌楼,东南角门各一。“文革”期间遭破坏,后修葺一新。1981 年被府谷县人民政府列为重点文物保护单位,1993 年又被陕西省人民政府列为省级文物重点保护单位,1996 年被国务院公布为全国重点文物保护单位。

(三)沟门镇沙梁村

　　沟门镇沙梁村是自然村,形成于清代之前。海拔 1100 多米,以山地地貌为主。村域面积 4.5 平方公里,村庄占地面积 86 亩。户籍人口 362 人,常住人口 288 人。

　　沙梁村曾是秦蒙交界区的“禁留地”“黑界地”,属于商贸、军事重镇,村内建筑及建筑群多具有商业或手工业要素。当地古建筑有关帝庙,其余建筑绝大多数为清代商贸建筑,个别为民国以及新中国成立后建立。

　　关帝庙建于清道光二年(1822),同治七年(1868)被叛乱军民烧毁后重修,“文革”时又遭毁坏,后经复修、扩修,现在面貌一新。关帝庙总占地面积 5000 平方米,建筑面积 810 平方米。建筑层数单层,为庙宇建筑群。

　　当地民俗文化:(1)关帝庙元宵社火古会。具有二百多年的历史,有传承人并且传承规模大,全村老少都参与。(2)东北高跷。自从 1938 年 5 月东北挺进军骑五师进驻沙梁以来,一直传承到现在。(3)淑女担灯。取材于沙梁商贸集散地与“禁留地”垦殖,至今已传承二百多年。(4)扳旱船。沙梁素有“旱码头”之称,该节目取材于商贸集散地货源组织运送,至今一直传承。

(四)墙头乡前园则村

墙头乡前园则村是行政村,形成于元代以前,海拔 948 米,以山地地貌为主。村域面积 6393 亩,村庄占地面积 2000 亩。户籍人口 1105 人,常住人口 570 人。该村属传统纯农业村组,20 世纪 30 年代是府谷县手工业最发达的地方,繁盛时人口逾万,店铺林立,商贾云集,有 72 道油梁之称。

黄河入陕流经墙头前园则等村庄,全长约 10 公里。黄河在这里转了 5 个湾,形成万亩良田。俯瞰黄河墙头段,是一幅阴阳分明的太极图,其形如黄河湾中的一条潜龙,故名"龙湾"。

当地古建筑有紫云寺。紫云寺系政府批准设立的民间信仰场所,位于府谷县墙头农业园区前园则村第三村民小组。紫云寺始建于清代,属历史遗留庙宇,现属于村两委管理,为县级重点文物保护单位。紫云寺是一座佛道结合的寺院,上院为道教寺院,供奉玉皇大帝、关圣、真武、三皇、三清等,下院供佛教诸菩萨,为佛教寺院。二百余年来,紫云寺香火旺盛,名传数百里。总占地面积 200 平方米,建筑面积 100 平方米,建筑层数 1 层,房屋间数 4 间。

(五)墙头乡尧渠村

墙头乡尧渠村是行政村,形成于清代前。海拔 822 米,属高原地区。村域面积 10.59 平方公里,村庄占地面积 2800 亩。户籍人口 934 人,常住人口 375 人。

尧渠村有花豹峁遗址、徐家梁遗址、尧渠王家楼院等。其中,花豹峁遗址位于墙头花豹峁村梁顶,东临黄河,面积约 30 万平方米。该遗址属于新石器时代至汉代村落遗址,文化层厚 2~3 米,内涵丰富,灰、红、黑陶俱有。纹饰以绳纹、篮纹为主,还有波浪纹、乳钉纹、暗纹、压印花格纹、篱纹、堆纹、弦纹、素面、磨光等。可辨器形有鬲、豆、罐,石器有斧、锤、刀、磨棒等,还有汉砖、绳纹瓦。现遗址损坏严重。

徐家梁遗址位于墙头徐家梁村的庙梁山顶部,遗址地表现为耕地,散落大量陶器残片,属新石器时代龙山文化遗址。现遗址损坏严重。

尧渠王家楼院位于墙头尧渠村黄河岸边,占地十余亩,为清道光年间东川巨富王二柱所建。每年六月二十日,尧渠村会举办传统古会,参与人数 1500 多人。每年二月十九日,在祥云寺内举行盛大的灯油会,祭祀当年风调雨顺,阖家幸福。

(六)海则庙乡磁尧沟村

海则庙磁尧沟属于行政村,形成于元代以前。海拔 1018 米,山地地形地貌。村域面积 12.4 平方公里,村庄占地面积 386 亩。户籍人口 1152 人,常住人口

167 人。

当地古建筑有石窟寺(元代前)、佛塔(元代前)、八卦大铁钟(明正德七年,1512 年)、古柏(600 年前)、石碑(清代)、古瓷窑(元代)、张家大院(清代)。张家大院属于清代土檩硬山起脊砖木结构,建筑面积 3000 多平方米,共 81 间房间。该大院的产权归属个人和集体共同所有。

(七)木瓜镇木瓜村

木瓜村属于行政村,形成于明代,村域面积 1.98 平方公里,村庄占地面积 300 亩。户籍人口 1272 人,常住人口 482 人。村落建筑以晚清和民国时期的四合院落和商铺为主,主要包括娘娘庙、三官庙、玉帝楼、魁星楼、关帝庙、城隍庙、龙泉寺、红门寺等。除此之外,也有一部分建筑兴建于新中国成立后的人民公社时期。目前,木瓜村的传统建筑风貌保护较好。

木瓜堡古城墙

娘娘庙。为县级文物保护单位,又名北岳庙,坐落在木瓜堡对面南山之巅。始建于明朝正德年间,占地 8 亩。庙围墙仿长城建筑特点,结构坚固,雄宏厚实。整个围墙像一雄鸡,山门为鸡头,面向西北,意为向西北的天空求子。娘娘庙占地 5328 平方米,建筑面积 3000 平方米,1 层建筑,房屋间数 30 间。

三官庙。为县级文物保护单位,位于木瓜堡正街南侧,与玉帝楼紧邻。始建于清朝光绪年间,庙堂格局为标准的北京四合院形式。墙壁磨砖对缝,庙脊古瓦双刹,五脊六兽,山间花边雕刻精细,极其讲究,东有先天八卦图,西有后天八卦图。总占地面积 500 平方米,建筑面积 280 平方米。建筑层数 1 层,房屋间数 17 间。

玉帝楼。为县级文物保护单位,坐落在木瓜堡中轴线上,始建于宋朝乾德五年(967),明朝万历年间重修。楼上供奉着玉皇大帝,倒坐观音菩萨,故名玉帝楼。总占地面积 100 平方米,建筑面积 80 平方米,建筑层数 2 层,房屋间数 1 间。

魁星楼。为县级文物保护单位,始建于明朝成化年间,与木瓜古城墙同时代修筑。楼址选在木瓜堡东南方向巨崖之上,崖石形似鳌头,周围环水。总占地面积 130 平方米,建筑面积 49 平方米,建筑层数 1 层,房屋间数 1 间。

关帝庙。为县级文物保护单位,原址位于木瓜堡古城西北侧山巅之上,建于清乾隆年间。2005 年迁址到古城内(旧城),建筑方位、座姿等均按原庙宇座姿定位。每年农历五月十三日为关帝圣诞,每到此时都要举行隆重的祭祀仪式。关帝庙总占地面积 500 平方米,建筑面积 320 平方米,建筑层数 1 层,房屋间数 11 间。

木瓜堡城隍庙。为县级文物保护单位,建于城堡之首阳山之巅。始建于清崇德年间,有正殿,东西寮房,南有戏台、山门。总占地面积 400 平方米,建筑面积 210 平方米,建筑层数 1 层,房屋间数 9 间。

龙泉寺。为县级文物保护单位,建于清顺治年间,位于木瓜堡西城墙内侧高耸之处,庙背后即是官井清泉。西北之巅龙王庙与龙泉寺遥遥相望,周围青山绿水,风景秀丽,犹如仙境,故名龙泉寺。龙泉寺总占地面积 1500 平方米,建筑面积 600 平方米,建筑层数 1 层,房屋间数 19 间。

红门寺。为县级文物保护单位,位于府谷县木瓜镇,距城南五里。红门寺石窟群始建于北魏天兴年间,后经历朝历代扩建,至明洪武年已具相当规模。红门寺总占地面积 100 平方米,建筑面积 80 平方米。建筑层数 1 层,房屋间数 5 间。

(八)木瓜镇尧圳村

木瓜镇尧圳(wā)村属于行政村,形成于明代。海拔 822 米,属于山地地形地貌。村域面积 22.85 平方公里,村庄占地面积 7845 亩。户籍人口 1577 人,常住人口 523 人。当地古建筑有:

真武庙。为县级文物保护单位,建于清乾隆年间。总占地面积 1200 平方米,建筑面积 150 平方米,建筑层数 1 层,房屋间数 3 间。

吕祖庙。为县级文物保护单位,位于木瓜堡城西窑圳坡之巅。又名至通观,也称纯阳殿。吕祖庙始建于明朝,后来被入侵的蒙人破坏,到清乾隆年间又得以复建。现存的吕祖正殿,为民国二十四年(1935)当地名匠王全喜主张重修。吕祖庙总占地面积 12 000 平方米,建筑面积 400 平方米,建筑层数 1 层,房屋间数 13 间。

龙王庙。为县级文物保护单位,坐落在吕祖庙东侧的山峁上,坐北朝南。龙王庙始建于清朝雍正年间,主体建筑保存完好。总占地面积580平方米,建筑面积260平方米,建筑层数1层,房屋间数9间。

文庙。为县级文物保护单位,始建于清顺治年间,位于木瓜堡官井之阳,巨崖之上。

二、主要遗址遗迹与文保单位

府谷县历史悠久、源远流长,地上、地下的文物遗存丰富。据1987年文物普查资料反映,府谷县境内有文物点238处,其中古遗址118处,古城址19处,古建筑36处,古墓葬26处,化石点3处,其他5处。目前,府谷有全国重点文保单位2处,省级文保单位12处,市级6处,县级47处。

(一)府州城

府州城为陕北著名的古代军事要塞,位于府谷县府谷镇东部。府州城建于五代时期,是我国北方保留最完整的石头城。该城依山而建,地势险要,具有极为丰厚的文化积淀。府州城总面积22.4平方公里(330多亩),城内有文庙、城隍庙、文昌阁、关帝庙、上帝庙、荣河书院、千佛洞、娘娘庙、悬空寺等古建筑。1996年被列为第四批全国重点文物保护单位。

府州城

(二)明长城——府谷段

府谷境内的长城可追溯到战国,现有的长城为明代所筑,当时称之为"边墙"。府谷境内的明长城修筑于成化十年(1474 年),主要目的是抵御蒙古贵族首领毛里孩的侵扰。清乾隆《府谷县志》载:"边墙东自莲花山之保河台起,迤西至镇羌逼鲁墩止,入神木永兴边界,凡一百七十九里六分零,堑山堙谷,墩台星联,实西秦之屏翰,并南晋依为藩篱。"

2017 年 4 月,陕西省人民政府《关于公布陕西境内长城为省级文物保护单位的通知》中,将明长城遗址——府谷段(分布于府谷县黄甫镇、清水镇、木瓜镇、庙沟门镇、三道沟镇、新民镇、哈镇、孤山镇、府谷镇、田家寨镇)、明长城——黄甫川堡遗址、明长城——清水营堡遗址、明长城——木瓜园堡遗址、明长城——孤山堡遗址、明长城——东村堡遗址,列入省级文物保护单位。

府谷明长城

(三)七星庙

七星庙又称昊天宫,也叫无梁殿,位于府谷县孤山镇北门村北 1 公里处的王山梁。七星庙曾见证了巾帼豪杰折赛花和北宋名将杨继业的美好爱情故事。七星庙始建于唐贞观年间,现存大殿、前庭两处主体建筑。大殿屋顶为九脊歇山式,殿前过道为卷棚式,单檐斗拱,磨砖对缝,从底到顶,以砖砌成。七星庙融合了西北少数民族的建筑风格,是研究我国民族建筑不可多得的珍贵实物资料。

1981 年七星庙被府谷县人民政府列为重点文物保护单位,1993 年又被省政府列为重点文物保护单位。2013 年,中华人民共和国国务院公布了第七批全国重点文物保护单位,府谷七星庙赫然在列。

府谷七星庙

（四）新民村镇羌堡城址

镇羌堡与拒墙堡、拒门堡、助马堡共称为塞外四堡之一。《榆林府志》载：镇羌堡"明初置，在东村，成化二年尚书王复奏，从东村堡移至高汉岭。城在山原，周二里，系极冲地，楼铺十座。万历三十五年砌以砖"。辖区有边墩 35 座，长城边口 10 处，腹里烽墩 16 座，塘汛 3 处。镇羌堡城有东、南、北 3 门，城楼 3 座，瓮城 3 座。

2013 年 5 月，新民村镇羌堡城址与黄甫下川口村香莲寺、深墕村郝氏庄园一并被列入陕西省文物保护单位。

（五）寨山石城遗址

寨山石城遗址是 4500 多年前的一座龙山文化时期的大型石城遗址，位于陕西省府谷县田家寨乡寨山村山峁上，面积约 12 万平方米。北临石马川，东临绿川沟，西为深堰石渠，三面环水，南据墕口。整座山气势宏伟而又较缓冲，略呈南高北低势。

石城顺山形而筑，呈不规则四边形状。临河山巅有古寨，上有庙宇，远远望去，挺拔巍峻。农田、荒草中随处有灰陶、白陶、红陶片，有绳纹、蓝纹、网纹、格纹，器形有盆、罐、鬲、独脚瓶，等等。村民有捡到过旧石器时期的石刀片、磨光石斧、石锤、石铲等。为新石器时代至商周村落遗址。

除了寨山石城遗址外，属于仰韶文化的新庄子遗址，属仰韶-龙山文化的连城峁遗址、石老虎梁遗址，属新石器中期文化的大小石堡遗址，属新石器龙山文化的朱家湾遗址、王家墕遗址、贺家畔遗址、大寨圪垯遗址、中常山遗址、镇子峁遗址，属龙山文化-秦汉时期村落遗址的石峁遗址、花豹峁遗址，属新石器晚期文化的陈峁遗址,汉代居住遗址枣林峁遗址,年代待考的城壕遗址等,也是府谷县境内较为著名的古遗址。

第五节　府谷县非物质文化遗产与传统农业民俗

府谷县拥有较多的非物质文化遗产与传统农业民俗,其中部分与当地农业生产生活密不可分,有的本身便是农业文化遗产的重要组成部分。

目前,全县有非物质文化遗产项目18项,其中府谷二人台入选国家级非遗保护项目;府谷黄米酸粥、府谷担灯舞、府谷木船、哈拉寨高跷、府谷山曲等5项列入市级非遗保护名录;府谷瓷器制作技艺、府谷刺绣、府谷道情、府谷剪纸、府谷民间闹洞房习俗、府谷面艺、麻镇驴肉碗托、张鑫传统手工榨油、四女米凉粉、墙头王氏厨艺、墙头老陈醋制作技艺、洋芋擦擦等为县级非物质文化遗产。

一、府谷二人台

二人台是陕、晋、蒙广为流传的一项民间艺术,历史悠久,内容丰富,形式多样,是中国民间艺术之精品。二人台流传于陕西省榆林市府谷县境内和榆林市其他各县,府谷二人台遗产类别属于传统戏剧,2008年被列为国家级非物质文化遗产保护项目。

府谷二人台是一种民间演唱形式,产生的具体年代因无史可考,难以定论。据专家推测,可能产生于清代。起初的演唱形式简单,不化妆,也不需要舞台,多在农闲时节,农民或小手工业者三五人不等坐在一起,借助于一两件乐器伴奏,单人演唱一些民间小调歌曲用以自娱和消愁。有的也把它作为一种乞食工具。

府谷二人台

府谷二人台每场登台演员一般只有两个,即一丑一旦。府谷二人台普及于府谷县城乡,并流传于榆林市各县,因属民间小唱艺术,史志文字无考。府谷二人台来源于民歌对唱,清唱坐唱,所以时称打坐腔,又与过年节闹社火相伴也称为"唱秧歌"或叫"打玩艺"。

在长期演变中,二人台在原来纯民歌小调情场的基础上,逐渐增加了叙事和说唱的因素,故事情节复杂化,人数由单人清唱发展成二人对唱。府谷二人台的内容,以反映农村生活情趣的较多,如《五哥放羊》《闹元宵》《刘青卖菜》《土地情缘》等。

府谷二人台主要分布于府谷县地域中心,流行于陕北北六县。

二、府谷哈拉寨高跷

高跷也叫"高跷秧歌",是一种广泛流传于全国各地的民间舞蹈,因舞蹈时多双脚踩踏木跷而得名。高跷历史久远,北魏时即有踩高跷的石刻画像。哈拉寨高跷是地域文化特别的民间杂技,群众喜闻乐见,观赏性极强,清末至民国年间已很盛行。

2015年12月,府谷哈拉寨高跷被列为省级(Ⅲ-57)非物质文化遗产,同时也是榆林市级非物质文化遗产(Ⅲ-9)。遗产类别属于传统舞蹈。

三、府谷木船制作技艺

府谷县境内及周边县旗在黄河上没有架桥,沿河未修通公路之前,木船是陕、晋、蒙黄河沿岸的主要交通运输工具,水上运输占60%。因此,20世纪六七十年代之前,府谷县的木船制造业兴盛,造船匠人遍布府谷黄河沿岸的很多村社。据统计,当时全县每年制作大小木船近百支,所造船只在满足本县使用外,还销往陕、晋、蒙黄河沿岸的几十个旗县,最远销到陕西的韩城、潼关等地。有时造船匠人受邀到外地为用户就地造船。据郝家角的一位造船老者讲,"清康熙年间,我们村的一帮造船匠人到陕西的韩城县为当地用户造船,恰逢康熙皇帝要率军过黄河,他们便停下手中活,搬船渡康熙过河,事后康熙赠他们每人一件马褂子。"可见府谷当时造船业的兴盛程度。

清代以前,府谷县境内有渡口的村社,如墙头村、尧峁村、后冯家会村、段家寨村,大泉沟村、杨家川口村、刘家川(府谷县城)、阴塔村、碛塄村、杨家庄村、郝家角村、园则渠村、小深沟村、枣林峁村、肖木(白云乡)村,等等,大多有造船业。这些有渡口的村子造船业最兴盛、匠艺人最多的是郝家角村和阴塔村,这两个村子的很多村民祖祖辈辈以造船为生,制造的大小木船遍布秦、晋、蒙黄河沿岸。

府谷木船分"大船(货船)""中船(渡口船)""小船(打鱼船)"三种。制作木船的主要材料是柳木,用于船的主体。木船分船底、船帮、船头、船尾、船舱。做船体的木料长短随船的长度定,整船的木料直板很少,大多数是随木料的形状合缝。

府谷木船制作技艺

府谷木船外表虽然比较粗糙和简单,但其结构科学严密,是很多代民间匠人在实践中总结出来的一套较为实用的木船构造体系。

20世纪八九十年代以来,随着陆地交通的不断发展,汽运逐步取代了船运,造船业开始衰落,匠艺人大量减少,使这门技艺在府谷境内濒临失传。

四、府谷山曲

府谷山曲是陕北民歌中的一个类似信天游的歌种。它是具有府谷本土地域性独有的民间社会生活文化,也是县域内民俗、民间艺术的源头和依托。它一曲一调,无不以本土民众自己的民俗风情、音乐语言融贯其中,多表达生活情趣和生产活动等内容,表露出追求爱情自由等悲欢离合的丰富情感。其内容多是发自肺腑的真情实感,又往往是随兴所至漫天而歌,尽情抒怀,是融入于广袤的山川空谷,回响于天地之间的天籁之作。本地百姓称之为山曲,适合放羊汉子、赶脚夫、黄河上的拉船工、挖苦菜的姑娘们吟唱。

府谷山曲既有土长土生的曲目,又有融入周边地区的蒙古族民歌风格曲目。现在各地流行的陕北民歌中许多经典曲目就是出自已成名成家的府谷山曲歌手之口,如丁喜才的《五哥放羊》《思凡》,王向荣的《二道圪梁》,杨怀银的《十里墩》,柴根的《摇三摆》,郭玉麟的《八仙下凡》《卖扁食》,刘美兰的《菜园小唱》,

等等。不少曲目或收入民歌专辑,或录制为音像制品,流传甚广。

府谷山曲本属即兴而歌,不事雕饰的"信天游""漫天歌",追求天地人合一的天籁之音,具有不刻意表演、不需要妆扮、没有音乐伴奏等特征。

府谷山曲是富有地方特色的民歌品种,在发展过程中,由本土的塞上民歌与晋北蒙西民歌相互滋润,形成了跨域秦晋蒙三省地的民族民间音乐文化。府谷山曲风格既有黄土高原高亢激越主调,也有细腻委婉风韵。吟唱小型多样,易学,最贴近于社会底层民众的心理情绪,感染力极强。伴奏乐器可有可无,即兴行腔,随情成曲。曲目丰富,老少咸宜,情趣生动。自娱自乐、雅俗共赏,很适宜与地方的谈情说爱、婚丧嫁娶、节日喜庆、生辰寿诞、迎宾待客等民俗风情互动,是府谷地方民俗风情的集中表现之一。

五、府谷黄米酸粥

府谷是糜子的主产区,一直盛产黄米。府谷人民习惯了吃黄米做成的食物,其中,黄米酸粥就是当地民间特色名吃。食用黄米酸粥遍及府谷全境,在清水、黄甫、墙头、麻镇、古城、哈镇、大岔、赵五家湾、大昌汗等地最为流行。

酸粥是由糜米经发酵之后制成的一种粥。府谷黄米酸粥始于何时,因史志中无明确记载而无法考证,当地上了年纪的老人只说是老祖宗世世代代传下来的。时至今日,制作和食用黄米酸粥仍是府谷人民不可或缺的饮食习惯,当地人经常挂在嘴边的就是"一年三百六十五天,一天不吃酸粥就好像少吃了一顿饭"。

做黄米酸粥第一步是先备用一只浆水瓷罐,当地人习惯称之为酸罐子。第二步是烧开水,并将开水散热(以不烫手为宜)入罐加入黄米,搅匀后加盖(当地人为操作方便,多用一只碗坐在罐口上当盖用)。第三步是将加入黄米的浆米瓷罐放置于炉台旁或热炕头,保持一定温度(20℃左右)促使黄米发酵。发酵时间通常夏季二三日,冬季五六日,每日搅和二三次。第四步是熬酸粥,将锅(最好是铁锅)中加水烧开,将发酵后的黄米汤取出倒入锅中,边煮边搅,直至熬到糊状为止。

府谷人民食用黄米酸粥,常以蔓菁、酸萝卜为佐菜。2011年6月,黄米酸粥被认定为榆林市非物质文化遗产(X-13),遗产类别属于民俗。

六、府谷担灯舞

府谷担灯舞历史悠久,其形式来源于当地正月社火"九曲黄河阵灯游会"中少妇偷灯求子的风俗。府谷担灯舞流行于府谷县城及周边乡镇,是当地社火活动中的一个民间传统舞蹈,常以春节秧歌形式出现。

府谷流行的担灯舞,表演者均为女子。扁担两端各缀一枝花灯。扁担薄软,可上下颤动。舞步以小碎步为主,行步轻盈,如风动,似水漂。表演时,要求力度、速度适中,避免过于上下晃动。队列变化诸如单盘龙、双盘龙、双开门、转四柱、剪子股、对顶对等等。尤其在夜间表演,如繁星落地,天女散花,花月交辉,引人入胜。

府谷担灯舞

府谷担灯舞所用灯型异彩纷呈:红的西瓜灯、白的白菜灯、紫的茄子灯、长的黄瓜灯、粉的莲花灯,以及龙儿、虎儿、猴儿、狗儿、猪儿等十二生肖灯。新中国成立后,又新增了五星大红灯、镰刀斧头灯。表演时少则十对,多上二十对。

2011年6月,府谷担灯舞被认定为榆林市非物质文化遗产(Ⅲ-10),遗产类别属于传统舞蹈。遗产主要分布区域为府谷县城及周边乡镇。

七、府谷剪纸

剪纸是我国传统的民间艺术,它是劳动人民通过长期的生活实践创造出来的"草根文化",是中华民族国粹文化的组成部分。府谷剪纸属于剪纸中的"北方派",它根植于黄土高原,渊源在黄河流域,生长于秦晋蒙交界处的金三角地带。

府谷剪纸既承袭了我国古代文明所孕育的剪刻艺术精华,又吸取了陕北地方镂空技术要领,兼备了北方剪纸粗犷大气、古朴厚重、自由奔放、生动优美的特点,同时受到草原文化、三晋文化的辐射和洇渗,形成了多元一体的艺术风格。

但是由于受历史、地理、人文环境等因素的影响,府谷剪纸的艺术形态仍以原生态和传统型剪纸为主流。

剪纸在府谷俗称"剜花""铰花"。这两种相同做工的剪法,实际上是有区别的。剜花是仿照固有的样品进行复制的剪纸,铰花则是根据作者想象创作的剪纸。

府谷剪纸主要包括:(1)节庆剪纸,如春节、元宵节、端午节、生育、婚庆、寿诞等剪花;(2)婚俗剪纸,主要有墙花、瓶花、箱花、柜花和彩链等;(3)巫俗剪纸,多用在跳神、安土、送鬼、叫魂等活动中;(4)丧俗剪纸,常见的有幡子、灵堂挂帘、棺罩、纸钱和灯花等。

府谷剪纸属于北方剪纸系列,但除了北方剪纸所共同具有的形态、种类等特点外,因文化差异、地域环境等因素,也具有浓郁的自身文化特征。其一,几千年以来,府谷人以长城为伴,以长城为荣,长城的威严、雄宏、壮丽,成为府谷人精神意境的骨骼和依托。府谷剪纸从剪技风格和图纹设计上,都能显示出长城那种傲然屹立、古朴厚重,以及古战场那种气势磅礴的神韵。其二,府谷人世世代代生长在黄河之滨,黄河文化对府谷剪纸的影响潜移默化,成为创作之根源,艺术之灵魂。体现在剪纸方面,不仅有黄河涌浪,舟船楫水的图案,而且剪工柔顺、畅若流水的特征也处处可以反映出来。其三,府谷誉称"三秦之冠",南坐天府,北枕内蒙古,全县三分之一的乡镇和内蒙古接壤。有史以来,陕蒙两地商贸交易、边民往来,共同创造了独具风采的"禁留地"边塞文化。府谷剪纸描绘、刻画马、牛、羊群,展现草原风貌,牧人扬鞭,骏马奋蹄的图纹非常普遍。其剪技风格简单明快,造型精练夸张,处处可以体现出草原大漠的粗犷朴实和坦然豪迈的特色。其四,府谷剪纸受三晋文化的洇渗,吸取了其洒脱飘逸的剪刻技艺,并且贯通到明快凝重的地方韵律中,演练成多元融汇的特色,成就了府谷剪纸线条错落有致、形象精巧优美、神韵雍容华丽、剪技雅俗共赏的艺术品位。

八、府谷道情

府谷道情源于唐代道教在道观内所唱的经韵。宋代以后又吸收各种词牌,演变为民间布道时演唱的新经韵(道歌),以诗赞体的形式表现府谷当地人民的趣闻,丰富了农闲时的生活。

表演形式为红(须生)、黑(净脚)、生、旦、丑五行,表演轻武,以唱功取胜。剧目题材主要包括升仙道化戏、修贤劝善戏、民间生活小戏、历史故事和传奇戏。表演场地没有既定的要求,可以是舞台表演,也可以在院子里、屋里打坐腔。府谷道情的代表性曲目主要有《刘家进瓜》《愣小子送饭》《老少换麦》等。

府谷道情

九、府谷红拳

红拳起源于周秦,发展于唐宋,历经数千年风雨沧桑,扎根于三秦故土。红拳历史悠久,从其所处的地理位置分析,红拳很可能广泛地被当时在府州屯兵驻边的军民使用。府谷红拳是府谷县城乡的传统体育竞技,是群众强身健体,陶冶情操的主要活动形式。

府谷红拳包括打手对抗和套路演练两类形式及盘、法、势、理四个方面,突出表现"八字八法"的主要内容。八法包括手法、步法、拿法、滚法、棍法、刀法、枪法、鞭法。以"八字八法"形成了陕西红拳的主要内容。概括十六字诀"撑补为母,勾挂为能,化身为奇,刁打为法"。红拳常用的器械有长兵、短兵、软兵、硬兵、远兵等。

府谷红拳具有悠久的历史,形成了独特的健身文化。明代戚继光著《纪效新书·拳经捷要篇》即收录了"太祖红拳三十二势",作为训练士兵的必修科目。拳谱中可见到陕西方言的痕迹。清代,陕西境内出现了一批红拳杰出人物,如乾隆年间千邑宋朝佐、凤翔司宝龙、耀州郭崇志、宝鸡张阳真等。近代陕西杰出人物胡景翼、杨虎城、冯玉祥率领的部队,就曾用习练红拳作为训练士兵的手段。在民族危难之际,习练红拳的抗日义勇军大刀队官兵与日寇浴血奋战,英勇杀敌。现在红拳已在府谷县形成了一个巨大的规模,成了府谷县城乡的传统体育竞技项目,是农闲时群众强身健体,陶冶情操的主要活动形式。

十、府谷面艺

面艺亦称面塑,所用的主要原料是小麦面粉。面艺的种类和做法很多,其中最经典的是捏制面花。在府谷,妇女们捏制面花时,善于把民间习俗中的诸多观念和自己的创新思想加入其中,从而使府谷面塑艺术更加丰富多彩。

府谷面花分别出现在春节、二月二、清明、七月十五和婚庆、寿俗、丧俗等节日和民俗仪式上。这些节庆礼俗面花,在形态和制作手法上有许多相同之处,而在用途和民俗文化内涵方面却有着不同的意义。府谷的面花形状古朴厚重、富态大方,在制作上多使用概括夸张的手法,突出各种类别的造型特点,在形象设计上活泼大胆不拘一格,体现着当地人独到的创作能力和审美观念。

府谷面花

春节面花主要包括供献用的面鱼、元宝状的饺子、包子、花馍、烫面、串面、韭盒、稍美("烧卖")。清明节面花主要是各式各样由面粉捏制的小动物,如小羊、小狗、小猴、小兔等,当地人称这种花馍叫含羊、含狗。清明节面花主要用于祈祷和祝愿,当地至今仍流传"清明寒食荒郊走,带上寒羊与寒狗,祭祀先祖过双节,风调雨顺保丰收"的俗语。中元节面花主要是面人,同时还包括一些动物、花、鸟、鱼类等面花。此外还有中秋节月饼、婚俗面花、寿俗面花、丧俗面花等,形式多种多样,面花惟妙惟肖,显示出当地农耕文化的丰富内涵。

十一、府谷刺绣

刺绣是传统农业时代,中国妇女在织物上绣制各种装饰图案而发展起来的生活艺术。刺绣在府谷称为"绣花""扒花"。府谷刺绣是秦绣流派中的陕北绣。在漫长的小农经济时期,由于府谷地域较偏僻,文化较闭塞,绣纹图饰一直保留着许多古老的造型观念和文化内涵,如蛙、鸟、鱼、鹿这些我国四大史前文化的图腾,在府谷刺绣中相当普遍。还有鱼儿钻莲、青蛙扑蝶、鹿衔梅花、青蛇盘兔、鼠

141

盗葡萄、石榴牡等反映生殖崇拜的绣纹仍然是刺绣的主要图案。

府谷刺绣经过世代传承人的精工巧练,形成了博采众长的刺绣风格和鲜明突出的地方特色。表现为构图美观大方、配线色彩艳丽、行针工整流畅、绣纹平齐光亮。刺绣手法施针简约、丝路清晰,所绣的花、鸟、鱼、虫、人物景象,形态逼真,栩栩如生。

府谷刺绣主要分为婚嫁刺绣、生活刺绣、育儿刺绣、寿俗刺绣、节日刺绣等。婚嫁刺绣主要包括女方婚嫁时用的绣盖头、绣花鞋、绣鞋垫、绣肚兜、绣床罩和包袱面等。男方在结婚前要准备的刺绣枕头、刺绣被褥、红双喜门帘和洞房的刺绣挂饰。育儿刺绣主要包括衣物与玩具。各种刺绣物品中,较多的是耍狮、耍狗还有虎头、蛙头鞋、裹肚、绣花被褥、虎头枕、斗篷等。寿俗刺绣主要是寿衣、寿鞋等。节日刺绣主要是端午节的香包。

府谷刺绣和府谷剪纸一样,因受地域文化的影响,形成了多元化的刺绣特点。刺绣作品造型朴实,绣纹饱满,构图式样多姿多彩,刺绣手法多种多样,配色用线规律有序。近年来,有些绣者在吸取全国各地刺绣艺术的基础上,不断提升技艺,绣制出许多新颖时尚的作品。这些作品在绣制方法上遵循了保留、发展、创新的规律,体现了古今结合、多元荟萃、新颖别致、特色显明的艺术风格。

十二、主要农谚

府谷人民在长期的生活实践中总结、积累形成了生动而丰富的口头艺术语言。其中谚语又是人们精雕细刻的精品,长期以来用以指导着人们的生产、生活、思想和行为。农谚是当地谚语中的主要内容,体现了当地独特的农耕文化和生产民俗。

府谷当地的农谚基本上是按照二十四节气和七十二候的农时节气,在尊重农业生产周期的基础上,总结出的农业生产经验。其中,立春时节万物开始复苏,早早准备农耕对于一年的收成至关重要。因而有"一年之计在于春,一日之时在于晨""春争日,夏争时,一年大事不宜迟""收花不收花,单看正月二十八"等谚语。此外,春分时节有"春分麦入土,种麦要记牢",清明和立夏时节有"清明不在家,立夏不在地",小满时节有"小满前后,安瓜种豆",立秋时节有"立秋十八天,百谷穗齐完"和"立秋糜子四尺高,出穗拔节打至腰",处暑时节有"处暑不出头,不如砍的喂黄牛"或者"处暑不出头,砍倒喂了牛",秋分和寒露时节有"秋分糜子寒露谷,霜降黑豆抱着哭"。

尽管有些农谚并未严格按照二十四节气进行总结,但从内容上仍体现了显著的时令特征。如"春风刮满渠,糜子压死驴""黄土刮满渠,糜子压死牛""春旱收,秋旱丢""伏里有雨,谷里有雨""四月阳婆砍一背柴""五八月龙口夺食""五八月绣女下床""六月六,西葫芦熬羊肉""重阳无雨看十三,十三无雨一冬干""地冻车头响,萝卜蔓菁才在长",等等。

传统精耕细作农业的发展和土地的连续耕种,离不开施肥技术的充分利用,古代劳动人民因此对施肥十分重视。府谷人民对此有着清醒的认识,总结出了"人哄地皮,地哄肚皮""要有好收成,就得多上粪""种地不上粪,等于瞎胡闹""庄稼一朵花,全凭粪当家""上粪糜子甜种谷,刨茬黑豆一嘴吃""地远不如地近,地近不如上粪"等谚语。

枣树是府谷的重要经济林木,大枣很早就融入当地人民的日常生活。为此,当地人民专门对种枣和收枣进行了经验总结,得出了"枣儿不识羞,当年就得瘤""枣树当年就赚钱"等结论。另外,府谷适宜栽种桃树和杏树,但它们通常需要生长几年后才挂果,人们因而总结出了"桃三杏四果五年"的规律。

作物之间的互利共生关系是实现土地集约利用的重要条件,但有些作物因生长过程中对水分和特定营养元素需求较高,可能会导致其他作物难以实现正常生长。为此,人们通过长期的观察,发明了倒茬、轮作、间作等种植技术和制度。在府谷,人们认识到"头伏荞麦二伏菜,三伏萝卜长成怪""生地葫芦熟地瓜,大田庄户要倒茬"。

治田勤谨是中国传统农业生产的优良传统,府谷人民深刻明白农业生产来不得半点虚假,要想获得丰收,必须按照节令的要求抢种抢收。于是有了"锄头上有三分雨""糜锄点点谷锄尖""节令不饶人,耕种记在心""磨刀不误砍柴工""收麦如救火""忙种糜子急种谷""农忙站一站,闲时少顿饭""拉到场里一半,放到仓里才称""不怕庄稼长的瞎,就怕收的不细法""收麦有五忙,割、拉、碾、晒、藏""秋收秋收,不怕汗丢"等一系列农谚。

此外,一些农谚还从不同方面影响着当地人们的生产和生活,如"庄户人家不用问,人家种甚咱种甚",是对年轻人或初立户的农民的告诫;"要想富多种树",表明种树对维持家庭经营的重要性;"羊马年,广种田",告诉人们在羊年和马年能够取得丰收。尽管这种观点缺乏科学性,但仍从一定程度上反映了当地独特的地理环境和农业生产之间的密切关系。

第六节　府谷县传统美食及地方名吃

一、猪灌肠

猪灌肠是府谷哈镇一带传统名食之一,创制于清朝中叶,加工精细,风味独特,是誉满秦晋之佳品。在制作工艺方面,是用荞面、猪大肠为主要原料,加入葱花、荞面、调料,搅和成糊状,灌入洗净的猪肠内蒸熟即成。

二、黄米酸粥

黄米酸粥是用黄米为主料,经发酵和熬煮而成的府谷传统风味美食。糜米本身就富含多种粗蛋白和氨基酸,发酵后其中含有的乳酸菌能帮助人们生津止渴、消食健胃。当地人常说"酸粥吃两碗,消食不用保和丸"。

酸粥可以清热败火,增加食欲。炎夏酷暑,早上起来,劳动走时,来上两碗,在"赤热炎炎似火烧的"的田野里劳动,既不渴又不饿。酸粥也可一分为二,熬成黄米干饭和清汤米粥。做法是待酸米浆入锅煮至米粒微裂时,用笊篱捞出米粒即成干捞米饭,锅内剩余的则是酸米汤。

黄米酸粥的发酵方法,使米浆中富含了乳酸菌、益生菌及多种酶等,并使米粥酸香适口、营养丰富、易于消化,而且净化肠胃、防止便秘、提高人体免疫力、降"三高"、防癌变等,实为一种健康、长寿食品,广受民众喜爱,已成为当地日常饮食,特别是农家以此作为早餐主食。如今,黄米酸粥已入市县非物质文化遗产项目名录,成为府谷继承发扬传统饮食文化的特色食品。

三、麻镇驴肉碗托

麻镇驴肉碗托是府谷县风味美食。源于府谷县麻镇老王家,距今已有120余年历史。驴肉碗托是由秘制驴肉和糁子碗托组合而成。驴肉是专门挑选山地放养的毛驴子,冷水入锅,加入秘制调料,文火熬制8小时左右而成。麻镇驴肉碗托味道鲜美,且有补气养血、滋阴壮阳、安神去烦之功效;糁子是挑选陕北当地农户种植的荞麦糁子,用水泡软,拳揣成糊状,细滤后舀入老碗蒸熟,晾凉即成碗托。其清香利口,有开胃健脾、通便润肠的功效。

麻镇驴肉碗托通常由当地人在镇上街道经营,不过相邻乡镇的集市上也有。目前,麻镇驴肉碗托已经走出麻镇,在府谷县各乡镇和内蒙古、山西周边地区,也能经常见到它的身影。麻镇驴肉碗托的发展带动了府谷地方特色饮食产业的发展,促进了当地经济发展。在制作、销售等过程中,积极与当地农户合作,适当雇佣劳动力,减轻了当地就业压力,为府谷的百姓创造了一定的社会效益和经济效益。

四、黄米油糕

黄米油糕以黄米为主要材料,以熟黄米面包裹红小豆泥茸油炸而成的府谷传统小吃。吃时撒少许白糖,外焦里嫩、色泽金黄、香味扑鼻、甜香可口。如今,府谷人在节日或嫁娶时,仍用黍(糕米)来做油糕。它伴随着劳动人民守岁迎年,经历了漫长的历史进程。

黄米油糕在制作工艺方面,一般选用上等黄米、胡麻油、菜籽油,当年收的红小豆、稷山或柳林红枣等原料。分制皮、制馅、包制、油炸等工序。制皮时,先将黄米面上笼蒸熟,倒入盆里扎光揉匀即为皮面。制馅时,要将小豆拣洗干净,上火煮得豆子开花,撒入少许碱面,改用温水煮半小时左右,煮到无水气为止。把枣儿煮熟也捣成泥,然后加糖拌成馅。包制时要揪成同样大小的剂子,捏成圆片,包进馅,收口压平即为糕坯。油热后,逐一放入锅里,炸成金黄色时捞出即成。

五、抿节

抿节用的面是由豌豆和小麦合磨而成的杂面。制作抿节时需要将和好的面团放在密布筛孔的特制抿节床上,用手掌抿压而下,制成一寸来长呈扭曲状的小节。食用时,将抿节下锅煮熟,浇以素汤。汤内有豆腐丁、土豆丁、豆角丁等,并佐以韭黄、芝麻、辣酱、香菜等,其味清淡可口,带一股豆香味。

府谷抿节

六、三红肉

三红肉选用上等五花肉为主料,辅以海红果、红枣、红糖制作而成。制作时,首先将五花肉在锅里煮 35 分钟,捞出,上油锅炸至金黄色,切片,放入碗中里。上笼蒸 25 分钟至出油,再放上笼蒸 40 分钟,放入红枣、海红果、适量红糖蒸好即可。三红肉肥而不腻、营养美味,2017 年被中国烹饪协会(China Cuisine Association)认定为中华名小吃。有诗赞曰:"糯肉香甜红果馐,蒸蒸日上遍田畴;宁辞华宴千盅酒,不舍农家半碗油。"

七、海红果馅饼

海红果馅饼的主要食材是府谷海红果和面粉,辅料有胡麻油。海红果是世界稀有果品,营养丰富,含钙量居水果之首,被誉为"果中钙王"。海红果馅饼始于明代,是府谷传统风味美食之一。古人常用果馅祭祀祖先或供奉神灵,所有也叫"果献",在府谷人的饮食文化中占据重要地位,也是一种团圆和睦、吉庆安祥的象征。

在制作工艺方面,首先把准备好的面粉、胡麻油和水,按照比例和好搁置一会后,分成小块揉成面团开始制作。海红果蒸熟去皮、去籽捏成泥,加上红糖、花生仁、瓜子仁、芝麻、杏仁做成馅儿备用。把面团擀开,包好馅儿做成果馅胚子放在烤炉烤至金黄色即可。

八、米凉粉

小米凉粉简称米凉粉。说是粉,却更像凉面,面皮薄但宽,外表整体呈现暗黄色,能明显看到面里夹杂的蒿籽。在制作工艺方面,首先将小米掏净,冷水泡 10~20 分钟捞出,配合清水磨成米浆。其次入锅熬煎,边熬边搅,快熟时加入蒿籽粉。再次,要把熬熟的米浆在高粱箔子上摊成薄饼,晾冷后再摊一层,如此反复摊晾即成。食用时切成条,配上黄瓜丝,调上芝麻、芥末、辣椒油、香油、醋等调味品,味道颇好。米凉粉与凉面大不同,米凉粉有种小米的香味萦绕在牙齿间,爽滑酸辣,清凉消火。

第七节　府谷县重要农业文化遗产特征与价值评估

府谷县具有悠久的农牧生产历史和丰富的农耕文化,县域内农业文化遗产要素丰富多样,传统农业生产系统较大程度上得以保留。因此,在今后农业文化遗产挖掘、认定、保护过程中,府谷县值得重点关注。

课题组经过前期的准备和一周的实地调查后,在深入调查和科学识别的基础上,根据中国重要农业文化遗产认定标准,对府谷县典型农业系统进行了初步命名:

(1)从特色农副产品与古树群两种要素中梳理出一个项目,初步命名为府谷古海红树群与海红果文化;

(2)从特色农副产品、独特土地利用系统、主要非物质文化遗产、特色农业产业园与传统美食五种要素中综合梳理出一个项目,初步命名为府谷传统黄米种植体系与粟作文化;

(3)从黄河流域独特的土地利系统出发,综合梳理出一个项目,初步命名为府谷川滩地复合农业系统;

(4)从农牧特色中梳理出一个系统,初步命名为府谷滚沙驴传统养殖体系;

(5)从特色农副产品与特色农业产业园两种要素中梳理出一个系统,初步命名为府谷碛塄枣园与红枣文化系统。

一、府谷古海红树群与海红果文化

府谷县境内的海红果,不仅为千余年来当地人民提供了独特的水果,也留下了独特丰富的海红果文化。时至今日,仍具有重要的生态价值、示范价值、经济价值、旅游价值、科研价值、社会文教价值和战略价值,具有重要的独特性。

(一)独特优势

海红果树属蔷薇科苹果属滇池海棠系的西府海棠种,是我国稀有果树资源。它是一种耐旱、抗寒、耐薄、病虫少、管理简便、延应性强的高产果树。它源自秦晋蒙交界处,在府谷县已有一千多年的历史,是一种经过优胜劣汰的优选稀有树种。

府谷县是我国海红果树密集生长区,同时也是我国乃至全世界海红果的集中产区。县境内海红果树遍布,超过百年的古海红果树多达 13000 多株,超过百株的古海红果园数个。

府谷海红果色泽鲜艳、营养丰富、鲜食酸甜可口,鲜果耐低温且冻后口感更好。据测试,海红果不仅富含钙、硒、锌、铁、钾等人体所需的矿物质,而且所含氨基酸、黄酮和多酚类化合物也居其他果品之首。

(二)生态价值

府谷县位于黄土丘陵沟壑区,气候为中温带半干旱大陆性季风气候。为使果树有足够的水分可利用,当地居民使用了一种名为"树池"的独特的保墒技术,对果树的水分需求提供了保障,达到了高效集约的生产要求。与此同时,通过与高粱、红薯、土豆、地笋与红柳的间作套种,充分提高了土地利用率,使海红果的种植系统与周围环境达到了良性互补的动态平衡。

海红果树遍布于府谷县境内的丘陵沟壑和坡梁,具有显著的水土保持功用,同时也是当地生态环境改善和环境绿化的优势树种,起到改善当地生态的作用。

(三)示范价值

2008 年,府谷海红果顺利通过国家质检总局地理标志产品审查;2010 年被中国特产之乡组委会授予"中国海红果之乡"称号;2011 年向国家工商总局商标局成功注册了地理标志证明商标。府谷古海红树群是一种活态的可知可感可用的战略性遗产,具有非常重要的示范意义。

府谷海红果国家地理标志保护产品标识

海红果不仅是一种过去府谷人民生活智慧的体现,更是一种未来人类发展的一种机会。它通过长期的演变与发展,已经与当地的环境融为一体,对于维护当地的生态环境、稳定当地的生物植被、推动当地社会经济可持续发展等,均具有重要意义。同时,对其他地区生态环境维护和社会经济发展,具有积极的示范价值。

（四）社会经济价值

海红果作为府谷县的一种特色稀有树种,不仅有着悠久的历史,也是府谷县农业供给侧结构性改革的一个重要支撑点。目前,府谷海红果已成为全县农业的主导产业之一。该县海红果树栽培面积4.53万亩(约40余万株),年产鲜果4.3万吨,产值占全县种植业产值26.8%。是当地农民的"摇钱树"和主要经济树种。

全县已建成投产的海红果加工企业9个,有聚金邦农产品开发公司、环渤海农产品开发公司、府谷酒厂、钙力达公司、花鸟枣业公司、利源红枣加工厂、绿宝园公司等,手工作坊近百家。已开发出的产品有白兰地、果酒、果酱、浓缩果汁、饮品、果脯、脆片等20余种。年加工鲜海红果2000多吨,其余大都以果瓣、鲜果销售。海红果产业直接解决就业人口达5000多人,间接就业人口达2万人。产品曾在中国杨凌农高会上获得"后稷特别奖"、在陕西旅游商品博览会上获得"最受欢迎奖"等多项大奖。府谷海红果远销北京、上海、山西、内蒙古、河北等10多个省区市。产品因营养丰富、口味独特,深受广大消费者青睐。

为推进海红果产业化开发,促进农村经济快速发展,府谷高度重视海红果产业发展,实施品牌带动战略,努力打造中国海红果生产基地。产业发展呈现良好势头,促使当地农民收入持续增加,走上了依靠海红果的致富之路。

（五）旅游价值

府谷县海红果的种植规模巨大,古海红果树遍及县境。巨大的种植规模与成群的古树相结合,形成了独特而又壮丽的农业景观。

游览古海红果园

海红果每年五月份开花,海红花花瓣为卵圆形,颜色为白色并带有红晕。海红果树枝繁叶茂,花朵繁密。每年花朵盛开之际,古海红果树园都能吸引大批游客驻足观赏。普通人家为了欣赏海红花,吃到口味独特的海红果,通常会在房前屋后栽种几棵海红果树。每年五月,海红果花与传统的民居、朴实的村民相互映衬,体现了独特的乡村景观。

近年来,府谷县每年五月份在古城镇古海红果园举办海红文化节,以文化为抓手,将府谷海红果这张名片进一步推向全国。

每年的八月份,海红果慢慢变得鲜亮艳红,且能一直保持到10月份。远远望去,挂满枝头的海红果像一颗颗红色的珍珠,装点着府谷大地。

(六)科研价值

府谷海红果拥有悠久的种植历史,古树群所保存的不仅是古老的遗传基因序列,也将府谷当地的农业生产习惯、经验与技术保存下来。这些遗产将有助于古植物、农业历史、社会学、民俗学方面的科学研究。

与之同时,遍布县境的海红果因具有显著的抗旱、耐寒、固土等功能,极大地改善了府谷县的生态环境,对于研究黄土高原水土流失和水土治理等,提供了重要素材。

(七)文化特征

其一,关于海红果的动人传说。清雍正时期的《府谷县志》便对当地的海红果有所记载。海红果也催生了多种的文化传说,最富情怀的当属神女海红的传说:很久以前,府州大地发生了严重的大旱,数年无雨,泉干涸、河断流、田地干裂、作物枯死,导致饿殍遍野、民不聊生。龙王的女儿海红动了恻隐之心,求父王降雨救民。但龙王说没有玉皇大帝的旨意不能降雨。海红数次哀求父王,均遭拒绝。救民心切的海红见求父无望,遂私出龙宫,布云降雨。甘霖大至,万民得救。玉帝闻知,勃然大怒,以违犯天条为罪,传旨将海红绑至府州上空,斩首处死。海红点点鲜血洒落府州大地,大地便生长出一株株挂满红色果实的大树,苗壮而茂盛。人们说,这是海红的化身,所以便把这种树叫作海红树,果实叫作海红果,以纪念这位善良为民的纯情神女。

其二,赞美海红果的诗词歌赋。海红果的种植在府谷有浓厚的文化基础,诞生了一系列的诗词歌赋,并为当地居民带来了深厚的文化认同感与自豪感。其中,清代黄宅中先生的《赞海红》就是代表。诗文曰:

秋林小摘采盈筐,酒浸瓶罌味更芳。

自耐寒酸经酝酿,记从园圃饱风霜。

堆盘磊落鸡心赤,出瓮圆匀马乳香。

乡里小儿红上颊,啖来浑似醉槟榔。

其三,独特的海红果饮食文化。在上千年与海红果相伴的岁月中,府谷人民充分利用自己的生存智慧,不仅直接食用酸甜可口的海红果,还将传统的食物制作技艺运用到海红果的再加工,制作出果丹皮、醉海红、海红果脯、三红肉、海红果馅饼等地方传统特色美食。其中,醉海红是将成熟的海红果用高度白酒浸渍而制成的日常副食。在以海红果为原料制作特色美食的过程中,当地人民还发明了独特的海红果食品制作技艺,不仅丰富了当地的饮食文化,也留下了多彩的非物质文化遗产。

采摘古海红树成熟的果实

其四,海红果是"走西口"中不可或缺的元素,是明至民国时期中原文化向蒙古高原传播的重要见证。"走西口"是中国历史上一个重要的人口迁移事件。从明朝中期至民国初年,大量内地贫民迫于生计压力,纷纷到蒙古高原、新疆、俄罗斯等地谋求生计。"走西口"的人群主要是山西北部、陕西北部的贫民。由于远离故土,到达蒙古高原、新疆、俄罗斯等地的人们虽然逐渐融入迁入地,但他们依然十分想念家乡,对迁出地的家乡眷念不忘。其中,在物质较为匮乏的时代,原产于陕西府谷、神木和山西河曲、保德、偏关等地的海红果,就成为移民们心心念想的家乡记忆。于是,将家乡的海红果贩运到蒙古等地,不仅成了一种谋生的手段,也成为维系移民在迁入地继续生活下去的精神支柱。海红果寓意的美好生活和以海红果为原料产生的传统食物制作技艺等,不断输往蒙古各地。移民们在走出家乡之际,通常会移走几棵海红果树,栽种在新的落脚之处。

时至今日,海红果不仅是府谷的特色果品,同时也是当地的一张文化名片,当地人民对海红果树和海红果有着深沉的文化认同。

(八)传统技术与知识体系

在与海红果树相伴的千年中,府谷人民熟练掌握了海红果树的栽培、中期管理、保鲜贮藏、食品加工等传统技术和知识,形成了一套成熟的经验与体系。

其一,为海红果树修建树池,是海红果栽培管理中的一项关键技术。树池是以树干为中心,高出地面15~20厘米,半径约为1.5米的圆形坑池。树池通常是在春暖花开之际修建或维修,主要目的是尽可能将雨水季节的水分截留下来。这样不仅确保海红果树有充足的水分,同时也一定程度上预防水土流失。

其二,采摘海红果时,通常采用剪除技术。尽管海红果树耐寒、耐旱且不需要像苹果树那样精细管理,但它有一个特殊习性:要求在采摘果实时,不能采取生摘硬拽的方式,而是要精细化采摘。因为,生摘硬拽后的海红果树,次年挂果率会明显减少。

其三,与苹果、梨等果树需要精剪细修相比,海红果树虽然也需要修剪,但修剪时采用的是粗放的技术,即是直接砍掉一些枝干。原因就在于海红果树的枝条密集,挂果率高,在自然状态下,海红果树的所有枝条都会挂满果实。但一些受到病虫侵害、自然老化、外界创伤的枝条,通常承受不住繁重的果实。另外,一些匍匐在地面的枝条虽然也能正常挂果,但果实的品相因通风和光照不佳,会受到较大影响。在这些情况下,果农们通常采用的是直接砍掉一些枝条的做法。这种粗放原始的修剪技术,不仅不是对果实的伤害,反而适用于海红果树,是对海红果树有效的保护。

其四,对海红果树"大小年"的把握。海红果树在挂果的过程中,有一个奇特现象,就是出现挂果的"大小年",也即是挂果率高的年份和挂果率低的年份交替进行。在"大年"中海红果十分繁密,但在"小年"中挂果率很低。对于府谷的果农而言,通常认为这种现象是十分正常的,不会采取特殊的手段进行干预。

二、府谷黄米传统种植体系与粟作文化

府谷县黄米种植历史悠久,被誉为"中国黄米之乡",是目前我国黄米产量最大的县域。在数千年种植黄米的历史中,府谷人民掌握了系统的黄米种植技术和知识体系,形成了厚重的粟作文化。

（一）生态价值与景观特征

糜子是北方重要的粮食作物，外形与黍相类，无黏性，颜色多样，米粒以黄色为主，俗称黄米。其具有营养价值高，耐寒、耐贫瘠等特点，是干旱半干旱地区的主要粮食作物。府谷县糜子种植区属于沙壤土质，土地肥沃、光照充足、热量丰富，是发展旱作农业的理想之地，也是府谷县的优势栽培作物之一。当地居民通过将糜子与小米、土豆、荞麦等作物间作套种的同时，也使用倒岔种植的技术来提高每亩土地的年产量。

府谷县位于中国黄土高原地区，属于黄河水系。长期以来，由于森林破坏严重，植被覆盖率低，地表破碎度高，加之黄土抗蚀性差的特点，使陕北地区水土流失严重。但经有关专家分析，基于府谷糜子种植时使用的土坡梯田相关技术，能够使土壤侵蚀均值从 38.33 吨/公顷降为 34.66 吨/公顷，降幅达 9.57%。在土坡梯田占比较高的区域，梯田数据参与计算后可使侵蚀模数降低 40% 以上。

每年，成千上万亩的黄米地与土坡梯田、传统的牛耕、勤劳朴实的农民、传统的窑洞民居等一起，构成了一幅幅壮美的农业画卷。

（二）社会经济价值

府谷县木瓜镇是全县小杂粮种植基地、全国糜子主产区和高产区。木瓜黄米享誉全国，产品远销上海、北京、杭州等地，每年黄米系列作物糜子、黍子和谷子的种植面积在 4 万亩左右，产值大约在 1.2 亿元以上。

府谷县旱作梯田中的糜子

府谷县糜子种植区使用的土坡梯田农业系统，不仅在生态环境的保护方面能体现自己的价值，其所体现的景观特点也有着自己独特的面貌。因其地处黄土高原沟壑地带，成片坡状的梯田以黄土与蓝天为背景板，当地人民通过使用糜子、谷子、向日葵、土豆和荞麦等作物的间作套种与倒茬,描绘出了一副壮丽的农业景观。

府谷县木瓜镇的长城沿线,目前还保留有较大规模的、至少在明清时期修建的古梯田。梯田中每年都种植黄米、谷子等作物。古梯田周边有很多文化遗址遗迹,如古木瓜城堡等。各种文化遗产元素交织在一起,为乡村旅游发展提供了较大潜力。

府谷糜子种植历史悠久,是全国糜子主产县,所产的黄米以其适口性好、品质优良而驰名当地。2012 年 8 月,府谷县被中国粮食协会命名为"中国黄米之乡"。当地糜子产量与知名度的提升,增加了当地居民的收入,有助于消除贫困人口。黄米的使用已经融入府谷人的生产生活当中。

(三)科研价值

糜子是中国古老的种植作物,在中国古代农业中,有着重要的地位,其曾经是中国最重要的粮食作物之一。而府谷县因位于黄土丘陵沟壑区,黄土厚度在100 米以上,土地肥沃,农业基础条件好,又存在大量红胶泥土壤,含有丰富的养分,保水保肥力强、农业价值高,是糜子的主要种植区和优生区,自古以来便就有"府谷黄米甲天下"之说。

在长期的农业生产实践中,黄米深深融入府谷人民的生活与习俗之中。府谷黄米酸粥更是以此为基础,成功被列入榆林市非物质文化遗产。种植糜子所使用的土坡梯田,更是在水土保持与涵养水分方面,起到重要作用。府谷黄米传统种植体系与粟作文化,是研究长城沿线、黄土高原、黄河流域的农业历史、社会学、民俗学、水土保持与荒漠化防治的重要支撑。

(四)粟米文化与文化价值

糜子古称黍。古代专指一种籽实叫黍子的一年生草本植物。其籽实煮熟后有黏性,可以酿酒、做糕等。《说文解字》记载:"黍,禾属而黏者也。"《礼记·月令》中曾记载"天子乃以雏尝黍"。魏子才《六书精蕴》云:"禾下从氽,象细粒散垂之形。"西汉农学家氾胜之云:"黍者暑也。待暑而生,暑后乃成也。"

糜子属禾本科黍属的一年生草本植物,原产于我国西北部,是府谷县古老的传统作物之一,在府谷县有六七千年的种植历史。黄米一直以来都是府谷人民的重要食物来源之一,当地长久以来的黄米饮食传统助推了"黄米酸粥"申报入选榆林市非物质文化遗产名录。糜子文化的传统,加深了当地人民的地区认同感与自豪感。

糜子作为府谷县长久以来的粮食作物,有着帮助人们应对工业化、城市化

"副产品"与实现工业文明向生态文明过渡的重要战略意义。中国作为糜子的起源地,通过对糜子种植方式方法的研究,也有助于中国农业智慧与全球共享。

三、府谷川滩地复合农业系统

府谷地形复杂多样,由西北至东南流向的黄甫川、清水川、孤山川、石马川四条大川。同时,黄河由东北向西南流经府谷的墙头、黄甫、海则庙、高石崖、府谷、傅家墕、碛塄、武家庄、王家墩等9个乡(镇),境内流长108公里。在黄河和四条大川流经地区,留下了大面积的川滩地,总面积10万亩左右。其中,孤山川湿地和清水川湿地,在2008年被陕西省人民政府列入《陕西省重要湿地名录》。

滩地、湿地是府谷县主要农业耕地类型。在川滩地上,世世代代生活于此的府谷人民勤劳开垦,种植黄米、小米、黑豆、高粱、土豆、玉米等作物,形成了独特的川滩地复合农业系统。

(一)川滩地的生态价值

府谷县境内的川滩地是在洪积物、冲积物及风积物母质上,经人为耕作而形成的幼年土壤。独特的生态环境使其具有维持生物多样性、提供生物栖息地、调节气候等生态系统服务功能。

川滩地是府谷县主要的水土涵养带,极大地调节着府谷的生态环境,为府谷县农业发展和环境调节起着重要贡献。当地人民在滩地、湿地周围种植榆树、杨树、柳树等,以防止水土流失和风沙侵蚀,起到保护农田的作用。

(二)川滩地的农业特征

滩地的质地差异较大,土层有机质及养分含量高,耕性良好、地势平坦、水肥条件优越、适生作物广泛、生产水平较高,如种植高粱、玉米,亩产可达千斤以上,大大超过其他干旱地的产量。

在长期的滩地和湿地利用过程中,府谷人民通过间作套种等种植制度,种植高粱、玉米、黄豆(尤其是黑黄豆)、向日葵、谷子、绿豆、豇豆、扁豆、小豆、红薯等作物,造就了独特的复合农业系统。其与周围的河道、村落融为一体,形成了特定的自然与人文景观。

府谷黄甫川湿地复合农林系统与府谷清水川滩地复合农业系统,体现了人类长期的生产、生活与大自然所达成的一种和谐与平衡。当地人民通过利用身边的自然环境,合理的利用土地,增加产出。这种特殊的土地利用系统,对于保存农业生物多样性、维持可恢复生态系统、传承高价值传统知识和文化等,均有重要的示范意义。

府谷黄河湿地农田

（三）川滩地的文化价值

早在西汉时期，府谷地区就因其盛产粮食作物与发达的农耕文化，使当地经济得到了发展。府谷农业取得的成就，与湿地、滩地农业的开发密不可分。同时，滩地、湿地也使得当地的居民更加尊重自然、敬畏传统生计模式。

在长期从事农业生产的过程中，当地孕生了独特的农耕文化、传统土地利用技术和农作知识体系，例如，当地农谚"头伏荞麦二伏菜，三伏萝卜长成怪""秋分糜子寒露谷，霜降黑豆抱着哭"中，对相应农时和作物种植的独到认识，直至今天，仍在指导着当地的农业生产。

四、府谷滚沙驴传统养殖体系

府谷县地处农牧交错带，历史时期就已经形成了牛耕和驴耕并存的传统耕作局面。当地使用的耕驴主要是滚沙驴，该驴种是我国北方长城沿线风沙区广为分布的一个地方性古老畜种。

与现代肉驴品种相比，滚沙驴体格较小，体质结实紧凑，外形结构匀称，耐粗饲、食量小，抗寒性、抗病力强，行动灵活，擅于在西北干旱沙地行走。滚沙驴的耐力强大，不仅适用于骑乘，也适用于耕作。历史时期一直是北方长城沿线农家的主要交通动力和耕作畜力。

在长期与滚沙驴相伴的岁月中，府谷人民不仅充分掌握了滚沙驴的生活习性，而且掌握了养殖滚沙驴的传统技术与知识体系。

府谷农民养殖滚沙驴通常采取的是散养方式，而不是集中的规模化养殖。原因就在于：一方面，滚沙驴肉质紧实，口感较现代肉驴品种差，并且出肉驴较低，不适宜作肉驴品种进行大规模养殖；另一方面，农户养殖滚沙驴的目的在于为家庭生活和农业生产保养畜力，分散养殖具有悠久的历史传统。

府谷农民牵驴耕田

养殖滚沙驴并没有特殊的要求，在农忙结束的闲暇之际，农家通常将驴子进行放养，驴子可以在自家周边的山坡和草丛中觅食。但在农忙时节或冬天，通常拴养在自家院落中，喂养草料、玉米、杂料等。

驴子与人们数千年的相伴，也产生了浓厚的本土文化。其中，信天游中就有很多关于驴与爱情、驴与人们日常生活的时代印记。如《赶牲灵》的歌词是："高骡子大马叫得欢，耐不过灰毛驴滚沙滩。敢闯九曲十八弯的黄河也不算，敢走那鹰不飞羊不踩的荒沙滩才是好汉。"乡间民歌《驱小儿夜哭歌》："天皇皇，地皇皇，我家有个夜哭郎。倒吊驴儿本姓周，小儿夜哭不识羞。今夜晚上再来哭，钢刀斩断鬼驴头。过路君子看一遍，一夜睡到太阳明！"

遗憾的是，随着当地食用肉驴的增多，现代肉驴品种逐渐成为当地主要的驴种，在产肉率方面不具优势的滚沙驴，逐渐被外来驴种取代。即使目前农家耕地使用的耕驴，也多为外来驴种或杂交驴种，纯正的滚沙驴已经难以寻觅，只是零星地散布在偏远农村地区。

五、府谷碛塄枣园与红枣文化

府谷处于黄土高原，红枣文化历史悠久，源远流长。与其他黄河流域的县份一样，种枣、吃枣是当地民众挥之不去的记忆。府谷红枣以碛塄农业园区的红枣最为鲜美，核小肉厚，油性大，富含蛋白质、糖、维生素 C、钙、磷、铁等多种有益物质,营养丰富。

磺塄因枣而"名",枣乡文化历史悠久。境内有空气清新、生机盎然的11000多亩枣林,是风景怡人的天然氧吧。大自然的鬼斧神工与热情淳朴的枣乡人,共同打造了磺塄这个山水相依、风光旖旎的红枣基地。

磺塄红枣作为府谷县的特色农林物种,主要分布于黄河沿岸的南部乡镇,是府谷传统经济林。全县共有枣林8万多亩,年产红枣1万多吨。其中,磺塄红枣种植面积达11 070亩,正常年景年产红枣2000多吨,人均年红枣收入达3000元。

近年来,为了有效解决传统老枣园面临的问题,磺塄依托区位、资源优势,以打造观光旅游、休闲度假园区为契机,采用"政府引导、科技依托、农户参与"的建设模式,2014年,投资50多万元,在杨庄、郝家寨、柳洼等村,租借100亩老枣园,采用株距2米、行距3米的种植模式,重点建设矮化密植枣园示范基地,其中杨庄村占地60亩、柳洼村占地30亩、郝家寨村占地10亩。共新栽植红枣8500株,嫁接2300株,引进"子弹头""七月鲜""早脆王""新金4号""伏蜜脆"等5个新品种。

为了推动红枣产业发展,磺塄农业园区成立了府谷县红枣协会。该协会是集红枣科研、技术推广、种植、加工、贮存、运输为一体的非营利性社会团体,由红枣加工企业牵头,销售单位和个人自愿参加而组成。

府谷当地食枣、用枣的习俗沿用已久,并广为流传着浓厚的红枣文化,例如当地婚俗中常把"枣"生贵子作为对于新人的美好祝福。

六、府谷县传统农业系统评估意见

在系统调研的基础上,课题组专家根据《中国重要农业文化遗产认定标准》和具有潜在保护价值的传统农业系统评估体系,对府谷县传统农业系统进行了初步评价,评估意见如下:

(一)府谷古海红树群与海红果文化

中国是海红果树的原产地,府谷是"中国海红果之乡"和集中产地。府谷具有悠久的海红果栽培历史,拥有多处连片古海红果树群,上百年古海红果树多达13 000多株,在世界上绝无仅有。府谷县目前出产了世界上最多的海红果原果和深加工产品,在推动县域经济社会发展、提高农民收入、推动府谷县减贫事业中,发挥了重要作用。府谷海红果树在黄土高原水土保持、水源涵养、生物多样性保护、生态文明建设等方面,具有显著的价值。

古海红果树下纳凉

在长期的生产实践中,府谷人民熟练掌握了海红果的栽培技术和生产知识,形成了独特的本土知识技术体系。成百上千年来,海红果已经深深融入进了府谷人民的日常生活和精神文化之中,每年成片灿烂的海红果花,以海红果为原料生产出的果汁儿、特色美食、美酒等等,是府谷人民的骄傲。但在城市化、工业化深入推进和现代农业要素广泛使用的背景下,府谷古海红果树也遭遇着一定的风险胁迫,濒危性不断增加。

在科学合理评估的基础上,专家组对府谷古海红树群与海红果文化进行了打分,分值为98分。专家组认为:在不断推动文化自信和实施乡村振兴战略背景下,积极将府谷古海红果园与海红果文化系统纳入中国重要农业文化遗产,乃至全球重要农业文化遗产保护体系,显得迫切和必要。

(二)府谷黄米传统种植体系与粟作文化

府谷是中国北方以粟、黍为核心的传统旱作农业系统的典型代表,黄米栽培历史悠久,粟作文化源远流长。时至今日,府谷仍是我国黄米的优势主产区,我国目前黄米种植规模最大的县域,被中国粮食行业协会命名为"中国黄米之乡","府谷黄米"更是荣获中国国家地理标志证明商标。府谷黄米传统种子资源丰富,有红、黄、白、黑糜子四大类型,是我国米中精品。在长期的农业生产实践中,府谷人民充分利用黄土高原的坡地、坝地和河川湿地,通过间作、套种,形成了独特的复合农业系统和本土黄米生产知识技术体系,积淀了深厚丰富的传统农耕文化。历史悠久的府谷剪纸、府谷刺绣、府谷农民画、府谷面花等非物质文化遗产,形象展示了府谷黄米孕生的农耕文化。黄米酸粥、黄米油糕、黄米酒、黄米酿皮、炒黄米等地方特色美食,在滋养着府谷人民的同时,也丰富着中华饮食文化。

长城脚下的黄米地

在科学合理评估的基础上,专家组对府谷黄米传统种植体系与粟作文化进行了打分,分值为85分。专家组认为:积极挖掘以传统黄米生产为代表的农耕文化,筹划和推进府谷黄米传统种植与粟作文化体系,申报中国重要农业文化遗产,具有必要性和重要价值。

(三)府谷川滩地复合农业系统

府谷地处黄河几字湾地区,县域内黄河干流和支流流经地区,留下了大片的适宜耕种的湿地、滩地。早在西汉时期,府谷地区已经是盛产粟黍等粮食作物、经济富足的"新秦中"的重要组成部分。"富昌"和"官府谷库"的称谓,更是印证了历史时期府谷发达的农耕经济和农耕文化。府谷农业取得的成就,与湿地、滩地农业的开发密不可分。时至今日,黄甫川湿地和清水川滩地,仍是重要的农业区。在长期的农耕生产实践中,府谷人民将谷子、黄米、高粱、马铃薯、大豆、黑豆、红薯、向日葵等数十种物种间作套种,甚至将杨树、榆树、柳树等合理栽种,形成了独特的黄河流域湿地滩地农业复合系统。

在科学合理评估的基础上,专家组对府谷川滩地复合农业系统进行了打分,分值为74分。专家组认为:在今后的农业文化遗产挖掘申报的过程中,府谷县可以有意识地培育和推介川滩地复合农业系统。

(四)府谷滚沙驴传统养殖体系

府谷县历史上具有浓厚的农牧文化,属于典型的农耕文化和游牧文化交融区。历史时期曾有蒙古牛、滚沙驴、陕北黑山羊、八眉猪等家禽家畜地方品种。但随着经济效益更高的家畜品种的引入,本地品种变得越来越稀少,尤其是陕北黑山羊,已经在府谷县域内基本消失。目前本土品种中,滚沙驴也已经变得较为罕见,成为即将消失的物种。但客观而言,滚沙驴被其他驴种逐渐淘汰的必然性难以扭转。

在科学合理评估的基础上,专家组对府谷滚沙驴传统养殖体系进行了打分,分值为 55 分。专家组认为:滚沙驴在府谷已经很难见到,传统的养殖体系日渐被淘汰,并且滚沙驴是北方长城沿线的特有驴种,从养殖规模、养殖历史、传统养殖技术体系等方面看,府谷滚沙驴养殖体系的典型性和代表性较一般。将府谷滚沙驴传统养殖体系列入中国重要农业文化遗产,支撑要素显得不足,不建议府谷县申报并将其列入中国重要农业文化遗产保护范围。

(五)府谷碛塄枣园与红枣文化

府谷县地处黄河流域,是我国红枣的重要生产地,县域内拥有枣树品种 20 余个。在长期的生产生活中,府谷人民创造出了较为丰富的红枣文化,出产了较多的大枣和以大枣为原料的农副产品。但府谷大枣相比佳县、山西稷山、河南灵宝、新疆和田等地而言,优势不太突出,尤其是碛塄枣园,极少有上百年的古枣树,难以支撑府谷悠久的枣树栽培历史和丰富的红枣文化。

在科学合理评估的基础上,专家组对府谷碛塄枣园与红枣文化进行了打分,分值为 48 分。调查组认为,府谷碛塄枣园与红枣文化系统纳入中国重要农业文化遗产,尚缺乏支撑,不建议府谷县申报并将其列入中国重要农业文化遗产保护范围。

第五章　清水河县重要农业文化遗产识别评估

第一节　清水河县概况

一、总体概况

清水河县位于内蒙古自治区中部,呼和浩特市最南端,地处"蒙、晋"两省区交界,属典型的黄土高原丘陵沟壑区。全境在北纬 39°35′00″～40°12′30″、东经 111°18′45″～112°07′30″之间,总面积 2859 平方公里。县境东南部以明代长城为界,与山西省右玉、平鲁、偏关三县区接壤,西部以黄河为界,与鄂尔多斯市薛家湾镇隔河相望,北邻古勒半几河与和林格尔县相连,西北与托克托县交界。

截至 2020 年,清水河县辖 4 乡、4 镇和 1 个工业园区,103 个行政村;6 个社区,798 个自然村;耕地面积 96.7 万亩(水浇地不足 3 万亩),户籍人口 14.7 万人,其中农业人口 12.3 万人,常住人口 8.9 万人。境内旅游、矿产资源丰富,享有"全国绿化模范县""全国电子商务示范县"荣誉称号,2016 年被纳入"国家重点生态功能区",有老牛湾 4A 级旅游区、国家地质公园、城关镇全国特色景观旅游名镇、口子上、雷胡坡等 4 个国家传统村落,杨家窑、碓臼坪等 16 个全国乡村旅游扶贫重点村。109、209 两条国道和荣乌、准兴两条高速,呼准、大准两条铁路及 103 省道贯穿全境。

二、历史沿革

清水河县因境内清水河得名。唐尧时期为朔方幽都地,虞舜属并州地,夏禹为冀州地,商封为同姓代子国西北地,周为要服地,春秋为北狄所居,战国时林胡族在这里游牧。周赧王九年(公元前 306 年),赵武灵王征服了林胡、楼烦,地归赵国云中郡。

　　西汉时期,隶并州定襄郡,并设置桐过县、武成县、骆县。东汉时,定襄郡迁置善无县,隶属如故。汉末,郡县并废,县驻地变为聚落。魏晋时,为崛起的鲜卑族人所占据。北魏时,为代都平城畿内西部地。北齐时期,隶北道行台。隋朝为紫河镇属地,隶榆林郡金河镇。唐为胜州河滨县。五代时,地归契丹。元至元二年(1265)废宁边州,以其地之北半入东胜州(治所在今托克托县境内),南半入武州(今山西省神池西),并改旧隶德州之宣德县为宣守县。

　　明代建立后,在军事上重要的地方设卫,次要的地方设所。明洪武四年(1371),属东胜卫,置千户所,隶大同路。清乾隆元年(1736),设清水河协理通判厅。乾隆六年,隶属于山西总理旗民蒙古事务分巡归绥兵备道管辖。乾隆二十五年改理事通判厅。乾隆二十九年,属归绥道,隶山西省管辖。光绪十年改为抚民通判厅。

清水河境内密布的长城烽火台

　　民国元年(1912),改厅为县,设知县,隶绥远省特别行政区。民国二十六年抗日战争爆发后,清水河县又经历了多次划分,当时县内除了一部分为根据地外,其余大部分为游击区和敌占区。

　　1949 年 6 月 13 日,清水河县全境解放。1950 年,清水河县改隶绥远省萨县专区。1954 年 3 月 5 日,撤销绥远省建制,所辖地区划归内蒙古自治区。1958年 4 月,划属内蒙古自治区乌兰察布盟管辖。1995 年 12 月,划归内蒙古自治区呼和浩特市管辖至今。

三、自然地理

清水河县地处中温带,属典型的温带大陆性季风气候,四季分明。冬季寒冷少雪;春季温暖干燥多风沙;夏季受海洋性季风影响炎热而雨量集中;秋季凉爽而短促。气温相差较大,光照充足,热量丰富。

县境位于内蒙古高原和山陕黄土高原中间地带。由于长期受流水的侵蚀和切割,高原面貌被破坏,地表千沟万壑,纵横交错,呈现出波状起伏的低山丘陵地形。县境内山地面积733平方公里,占全县总面积的26%。全县总的地形东南高,西北低。平均海拔1373.6米,东南部的猴儿头山主峰为境内最高点,海拔1806米;最低点则是位于黄河畔的老牛湾村,海拔921米。

境内以丘陵最多,滩川甚少,整个地形山、川、沟相间,多为波状山脉,大部分导脉于阴山,群峰林立,蜿蜒起伏。山与山之间常有深沟穿插其间。1公里以上长的大沟有630多条,大于100米的毛沟支沟达22 890多条,有些沟谷下切很深,断面呈"V"和"U"形。主要沟谷有杨家川沟、北堡川沟、木瓜沟、大西沟、台子梁沟等;在山区的一些出入口,山沟相间,常形成隘口要道,为商旅必经,也历来为兵家所争。

清水河境内的山地风光

清水河县年平均地表水径流量为33 494万立方米,其中从外县流入的客水量为20 052万立方米,县内自产水为13 442万立方米。县境有约38条水沟谷,沟谷发育的方向多呈东向西,南北向极少,是县内地表水的主要来源。此外,二道河、朱毛草沟之水发源于和林格尔县境和山西省平鲁县境,为入境客水。流经县境内的客水还有黄河、浑河、古勒半几河4条主要河流,以及两条较大的季节性河流杨家川和北堡川。

四、生物多样性

由于县境地形、土壤、气候等差异较大,形成了比较复杂的植被类型,植物资源为丰富。据1987年区划调查,全县共有野生种子植物63科,218属,418种。其中以菊科、禾本科最多,次为蔷薇科、豆科、十字花科、藜科、百合科等,单科单种的有20多种。

木本植物有28种,用材林主要有杨、柳、榆、松、槐、楸、油松、落叶松、侧柏、樟子松等。经济林主要有苹果、梨、桃、杏、枣、槟果、沙果、李、海红、沙枣、海棠、葡萄等。灌木林有柠条、沙棘、酸枣、文冠果、黄榆、山定子等。

农作物中粮食作物主要是谷子、黍子、糜子、荞麦、高粱、玉米、莜麦、豌豆、黄豆、土豆等。经济作物有胡麻、黄芥、臭芥、麻子、葵花等。花卉种类繁多,有20多种,常见的有芍药、山丹丹、野菊花、喇叭花、牵牛花、石竹林等。药材植物丰富,果实类的有杏仁、菟丝子、苍耳、蒺藜、车前子、绿豆、枸杞、王不留行等;花叶类的有冬花、蒲公英、青蒿、蚊子草、马兰花、菊花、槐叶、麻黄等;根茎类更是数不胜数。在各种植物中,有不少山肴野蔌,如发菜、山葱、山韭菜、苦菜等。夏秋之季,常有人入山采撷。

动物资源较为丰富,大体分为野生动物、豢养动物两大类。野生动物有袍子、野猪、野兔、狼、狐狸、獾、黄鼬、白鼬、蛇、蜥蜴、喜鹊、乌鸦、猫头鹰、鹁鸪等40多种;家畜有牛、马、骡、驴、绵羊、山羊、猪、兔、狗、猫;家禽有鸡、鸭、鹅、鸽子等。

五、农业生产概况

2018年清水河县农作物播种面积68万亩,其中包括粮食作物53.4万亩,油料作物6.1万亩,蔬果作物1万亩,其他作物7.5万亩。主要粮食作物种植种类及面积分别为:玉米17.9万亩,马铃薯7.9万亩,谷物21.1万亩,豆类6.5万亩。全县粮油总产量与上年相比增加2.8%,其中粮食作物12.93万吨,油料0.52万吨,蔬果总产量5万吨。林业方面,目前经济林总面积63.6万亩,其中沙棘35.8万亩,大接杏13.55万亩,海红果12.7万亩。畜牧业方面,牧业年度全县牲畜总数64.26万头(只),其中:奶牛0.96万头,肉羊56.43万只,生猪4.87万口,家禽存栏30.5万只。

近几年,清水河县引导、整合了县内农牧业产业链上的企业、合作社33家,成立了市内首个农业产业化联合体。

清水河坡地胡麻莜麦生产基地

清水河县特色农牧业产业化联合体,是引领清水河县农村一二三产业融合发展和现代化建设的重要力量。目前全县新增经济林42万亩,重点发展了以海红果、大接杏、李子、苹果等为主的优势特色树种,积极引进了蒙富、榛子、红枣等新品种,带来了显著且稳定的经济效益。逐步形成了几个具有规模化、专业化的果蔬种植基地,包括颇具知名度的小香瓜、豆角专业种植基地。其中,小香瓜(春茬)产量940吨左右,产值940万左右,豆角(秋茬)产量1500吨,产值420万左右。在科技特派员的带领示范下各基地逐渐找到适合本基地的经营模式,形成各具特色的专业种植基地。

第二节　清水河县传统农业生产系统要素信息采集分布

一、城关镇

城关镇位于清水河县中部,是县政府驻地。全镇总面积489.89平方公里,有耕地18万亩,森林覆盖率达40%。辖20个行政村、6个社区,常住人口57206人。城关镇是历史悠久的文明古镇,清乾隆元年(1736年)就在此设协理通判。

城关镇交通便利、资源充足、文化底蕴深厚、物产丰富、经济繁荣。镇内公路四通八达,109、209国道横穿全镇,省道和大准铁路复线以及老牛湾旅游专线等县道形成了纵横交错的交通网。镇境内文化遗产较多,至今仍清晰可见小庙圣泉、北山古村落、清朝"四公主"花园等文化古迹。

清水河县自然资源丰富,药材有麻黄、甘草等上百种,野山菜远近闻名,小杂粮、小香瓜、特色种植养殖等产业初具规模,商贸服务业和农副产品加工业已成为全镇的优势产业。人文旅游资源众多,有雄宏迤逦的石峡口水库、风光秀美的八龙湾龙焉、以水质优而著称的神水山庄、舒爽宜人的杨家窑生态旅游区。2015年7月,城关镇正式被国家住建部、国家旅游局命名为"全国特色景观旅游名镇"。

课题组实地调查城关镇,主要目的在于考察当地的古城坡村、雷胡坡村等传统村落及其独特的乡风民俗;考察当地的小杂粮、小香瓜和特色种养殖产业;收集清水河县特色农副产品、文化遗址遗迹、传统农业民俗等信息。

二、老牛湾镇

老牛湾镇位于清水河县西南46公里处。镇域总面积305平方公里,辖12个行政村,110个自然村,户籍人口1.21万人,常住人口4615人。境内旅游资源丰富,主要以老牛湾黄河大峡谷、明长城、古塔、古寺、古墓而闻名。全镇总耕地面积90 152亩。现有林地173 958亩(其中经济林10 185亩),草地64 409亩,草牧场144 517亩,荒山荒沟荒112 791亩。农民主要家庭经济收入以特色种养业、旅游服务业为主。

课题组实地调查老牛湾镇,主要目的在于考察当地的传统村落——扑油塔村,了解黄河峡谷地带石墙梯田农业系统、清水河小香米种植系统、优质小杂粮等特色种植产业带、特色养殖产业带、集生态经济林和景观经济作物为一体的旅游休闲观光产业带。

三、北堡乡

北堡乡位于清水河县东南,距县城27公里。南以明长城为界与山西省毗邻。面积525平方公里,辖14个行政村,114个自然村,户籍人口15 982人。

北堡乡地处中温带内陆地区,属西北大陆性干旱气候,海拔1430米左右,是清水河县莜麦、荞麦、胡麻等优质杂粮的重要生产基地,长城沿线旱作梯田农业早在明代就已经很发达。同时,该乡畜牧业一直较为发达,是清水河县羊子的重要产区。

课题组实地调查北堡乡,主要目的是感受当地浓厚的军屯文化、移民文化和农耕文化。了解当地的莜麦、荞麦、胡麻传统生产体系。以口子上村这一国家级传统村落为线索,实地调研当地浓厚的民风民俗。考察清水河县长城沿线旱作梯田农业和畜牧业。

清水河北堡乡长城沿线梯田农业景观

四、韭菜庄乡

韭菜庄乡位于清水河县城东南 26 公里处,全乡辖 16 个行政村,106 个自然村,总面积 501.68 平方公里,户籍户数 6159 户,户籍人口 17 239 人,其中常住2022 户,5349 人。

韭菜庄乡是典型的土默川平原向黄土高原的过渡带,地形以高原为主,森林覆盖率达 40% 以上。全乡平均海拔 1670 米,年降雨量在 435 毫米左右,年平均气温 4℃,昼夜温差较大。平均日照时数 2900 小时,无霜期为 95~110 天,是清水河县平均海拔最高、年均气温较低、无霜期最短、昼夜温差较大的地区。

韭菜庄乡野生植物丰富,有天然的玫瑰、山茶、麻黄、甘草、黄芩等。境内梅花鹿、黄羊、狍子等野生动物在此生存。近年来,韭菜庄乡坚持"生态立乡、农业稳乡、牧业富乡、旅游兴乡"的可持续发展战略,以盆地青一道滩、杨家川一道川为主要基地,大力发展马铃薯生产基地,莜麦、荞麦、胡麻生产基地,肉牛、肉羊养殖基地。

课题组调研韭菜庄乡山茶种植基地

课题组实地调查韭菜庄乡,主要目的在于考察当地的传统山茶种植系统,甘草、黄芩特色中草药种植系统,莜麦、荞麦、胡麻传统种植系统,黑驴养殖体系等。

五、窑沟乡

窑沟乡位于清水河县西南部,距离县城 29 公里。全乡总面积 238 平方公里,辖 14 个行政村,110 个自然村,户籍人口 7553 户,1.89 万人,其中常住人口 2323 户,5131 人。现有耕地面积 8.7 万亩,全部为坡梁旱地。农作物主要以玉米、马铃薯、豆类、油料、特色小杂粮为主,沿山一带盛产小香米。全乡林木保存面积 15.5 万亩,主要种植有柠条、沙棘、海红果、山杏等。人工优良牧草保存面积 3.7 万亩。村民家庭收入主要靠种植业、养殖业和劳务输出。近年来,在"杂粮做精、米醋做强;林果飘香、沿黄风光"的发展思路下,窑沟乡以胡麻、小香米、沙棘等为主要抓手,发展特色农业。

课题组实地调查窑沟乡,主要目的在于考察当地的沙棘生产基地,清水河小香米的种植技术和米醋(小米)传统制作技艺,莜麦、荞麦、胡麻等优质小杂粮传统种植系统等。

六、县直属机构

县志办。搜集清水河县地方志资料,挖掘清水河县历史时期的农业物种、农耕生活、传统农业民俗、传统农业技术等资料。

县农业牧业和科技局(含科技推广中心)。了解清水河县农业发展的整体概况,搜集清水河县特色农业物种、农副产品、农业特色小镇、农业园区、独特农业景观等方面的信息。了解清水河县农业种植养殖相关传统技术、制度、知识体系等,尤其是各类小杂粮谷类作物及本地的牲畜,并搜集相关资料。

县文体局。了解清水河县非物质文化遗产、传统农业文化习俗、传统农具等情况。采集清水河县非物质文化遗产文字、图片等资料。

县文管所。了解清水河县内各地遗址遗迹,主要是各时期长城沿线情况及古代遗留下建筑较多的地区村落。

县住建局。了解清水河县传统村落方面的情况,搜集清水河县传统村落的分布、传统建筑、历史遗存等信息。

县自然资源和规划局。了解清水河县所有土地、矿产、森林、草原、湿地、水等自然资源资产情况,掌握清水河县地籍地政和耕地保护建设等方面的政策,了解清水河县独特的土地利用系统及其分布情况。

县水务局。了解清水河县水资源和农田水利工程,尤其是历史时期农田水利工程遗址遗迹等方面信息和资料。

县林业和草原局。了解清水河县特色林果、经济林木发展情况,着重采集清水河县古树园的分布信息,着重掌握清水河县的古树的历史、面积规模、管护和利用情况。

县委宣传部。采集清水河县境内各地四时农业景观照片,了解清水河县农业文化与民俗并采集音像资料,采集清水河县文化遗址遗迹照片。

七、老牛湾民俗博物馆

了解清水河本地的民风人文、传统的农业工具等,如石磨、与当地传统紧密结合的骡抬轿等。

第三节 清水河县农业文化遗产的核心要素

一、特色农副产品

(一)清水河小香米

清水河县是一个以杂粮种植为主的旱作农业县,谷子栽培历史悠久,是清水河县主要粮食作物之一。县域内发掘的考古遗迹、宋金辽时期的壁画墓等等,都有谷物种植的印证。20 世纪 90 年代,引进并推广了适合当地种植的小香米谷,形成了独特优质的"清水河小香米"。

清水河小香米米粒小,色淡黄或深黄,米质细腻,黏度高,制成品有甜香味,入口香郁浓滑,米色清新,品质纯正,营养丰富,属米中之上品。素有"满园米相似,唯我香不同"的美誉。经国家农业部谷物检验所检验分析,清水河小香米所含的 17 种氨基酸和钙、铁、锌、硒等多种微量元素和各种维生素以及生物褪黑素等人体必需的多种营养物质丰富,比例均衡,居中国同类作物及其他所有作物之首。

清水河小香米曾被评为"内蒙古自治区名牌产品"和"著名商标",先后荣获上海农产品博览会"畅销产品奖"和杨凌国际农业高新技术博览会"后稷奖"。2014 年 12 月 24 日,原国家质检总局发布了《关于批准对大名小磨香油等产品实施地理标志产品保护的公告》,批准对"清水河小香米"实施地理标志产品保护。

（二）清水河米醋

清水河地处蒙、陕、晋交界地带，是三晋文化、周秦文化和蒙古游牧文化的交融地带，在文化上呈现出明显的多元化特征。在饮食方面，同样体现出三地饮食文化的深度融合特征。

醋是中华饮食文化的一个重要标志。早在三千多年前，我国劳动人民已经掌握了醋的制作技艺。相传杜康的儿子黑塔在跟随杜康酿酒之际，学会了醋的制作技艺。在古代，醋也被称为"酢""醯""苦酒"等。春秋战国时期，已有专门酿醋的作坊。汉代，酿醋十分普遍，甚至出现了专门酿制醋的工匠和经营醋产业而发家致富的富商。北魏贾思勰的《齐民要术》，记载了 22 种制醋方法，系统地总结了我国劳动人民的制醋经验和成就。

经过数千年的发展和工艺传承，目前市场上声誉较大的醋包括镇江香醋、山西老陈醋、保宁醋、天津独流老醋、福建永春老醋、陕西岐山醋等等。这些醋的制作原料基本上采用糯米、小麦、高粱、玉米、麸皮和大米，也有一些地方特色的醋是用柿子、苹果、红枣酿制而成的水果醋。

受三晋文化和周秦文化的影响，酿制醋和食用醋在清水河县十分盛行。但与其他地区的醋不同的是，清水河的米醋不是糯米或大米酿制的醋，而是由本地的小香米酿制而成。

清水河米醋的国家地理标志证明商标

清水河米醋酿制主要集中在窑沟乡窑沟村。长久以来,这里的人们每年都要做上几百甚至几千斤米醋用来食用、送礼或者出售补贴家用。窑沟人每餐必食醋,不仅因为醋能提味和它的诸多功效,更多的是一种解不开,丢不了的乡愁。

清水河米醋的古法制作米醋耗时漫长,流程烦琐。在整个制作工艺中,制曲是制作米醋的重要环节。首先将麸皮放入蒸笼中,用炭火蒸 30 分钟,使之在高温环境下产生菌,取出后降温,晒干。放置 15 天左右形成醋曲。将小米和醋曲充分搅拌形成发酵物,放入容器中密封,持续发酵 12 天左右。小香米上笼蒸 40 分钟成米饭取出,揉碎、和糠、加曲充分搅拌后倒入事先准备的发酵物中,入缸封口。每天定时搅拌两次。25 天后,发酵成醋糟。将发酵好的醋糟用热水淋出,至少三遍,成为水醋。将水醋置于-30℃的环境中冷冻 20 个小时,然后取出冷冻的醋块儿,置于容器之上,渐渐淋出米醋。大约 5 个小时后,醋块儿变白,淋醋结束。流到容器里的米醋泡沫越多,口感就越纯,品质也就越高。

清水河米醋已进驻北上广等全国各地,每年销量都在五六万斤以上。被收录到 2015 年《中国质量万里行》代表产品名录,成为清水河人民的骄傲。

2014 年,清水河县对普查申报的 84 个非物质文化遗产项目进行了认真评审和科学认定,其中,清水河米醋古法制作技艺被列入第五批县级非物质文化遗产名录。2016 年 11 月 7 日,"清水河米醋"地理标志商标被国家工商总局成功注册,实现了清水河县地理标志证明商标的零突破。

(三)海红果

海红果又名海红子,在全县各地均有种植,县境黄河沿岸,家家户户都栽植海红果树。当地人自称清水河县是"海红果之乡"。清水河海红果紫红色薄皮,黄色的厚肉,秋末经霜,紫红光亮,口感酸甜,冷冻后食用更为爽口。海红果营养丰富,富含维生素 B_1、B_2、维生素 C、胡萝卜素、钙、锌、铁,含钙量居水果之冠,有"钙王"之美誉。

清水河海红果是在晚清时期,随着原籍山西、陕西等地的人口向外迁移而引入境内。海红果在清水河县具有悠久的栽培历史,县境单台子乡有 200 多年历史的海红树依然正常生长。县域内的海红果种植相较于陕北府谷县而言,从规模、古树群上可能有所逊色。从历史渊源上相较晋北河曲又有些差距,同时三地海红果的加工上、海红果的文化上有同根同源之道。

海红果不仅是一种独特的水果,还可以做成罐头、晒成果干,制作成果丹皮、果脯、果酒、果茶等,为果中上品。2017 年 2 月,"清水河海红果"成功注册为地理标志证明商标。

（四）胡油

胡油为胡麻籽压制品。胡麻学名亚麻，在清水河县种植历史悠久。清水河胡油采用传统工艺制作，色泽深沉，香味浓郁，诱人食欲，富含 α-亚麻酸及各种不饱和脂肪酸，常食有抗衰老、美容、健体等多种保健功效。

清水河县独特的地理环境和气候条件为胡麻的生长提供了便利条件，生活在当地的人们世代播种胡麻，以满足人们日常的油脂需求。

清水河县韭菜庄乡是该县胡麻的集中产地，也是胡麻油的主要产地。当地生产的胡麻品质超群，压榨出的胡麻油浓郁醇厚，被当地人们誉为食用油中的精品。目前，当地生产的胡麻通常包括传统本地品种和新型培育品种。其中，前者产量较低，每亩地通常产量不足 200 斤，但压榨出来的胡麻油最为上层，价格通常不会低于 15 元 1 斤。但随着新培育的胡麻品种在产量方面的优势凸显，传统地方品种逐渐面临被淘汰的局面。相比而言，新培育的品种抗逆性和产量都具有明显优势，每亩地能达到 300 多斤，每斤胡麻油通常 10 ~ 11 元。

清水河胡麻

在压榨胡麻油的过程中，呈现出传统物理压榨和现代机械压榨并存的局面。一些较为落后的村庄仍有传统榨油匠人在坚守着传统物理压榨；但企业化生产的情况下，多采用现代机械动力完成。当地人们明确表示，传统物理压榨的胡麻油，尤其是本地品种的胡麻作原料，是难得的上品。现代机械动力压榨的新型胡麻品种所出的胡麻油质量较差。不过，即使如此，胡麻油仍明显高于市场上普通的菜籽油、大豆油。

榨完胡麻后剩下的"油饼"，当地通常用于饲料，味道很香，是大型牲畜育肥的高质量饲料。2017 年 2 月，"清水河胡麻油"成功注册为地理标志证明商标。

（五）黄米

黄米是由传统粮食作物黍子加工去皮而成的粮食种类。我国是黍的原生地，栽培历史悠久。河北磁山新石器遗址就曾出土距今8000多年前种植的黍的炭化样品。山西万荣荆村和甘肃秦安大地湾遗址也曾出土距今六七千年的黍的遗存。黍的生长具有生长周期短、耐瘠、耐旱、与杂草的竞争力强等优点，是北方地区开荒发展农业的先锋作物。

清水河县地处北方游牧文明与中原农耕文明的交错地带，历史时期就曾大规模种黍子。明清时期，在晋陕移民走西口的浪潮中，进一步把粟作农耕技术传播到该地，推动了旱作农业的发展。

清水河黍子

清水河黄米，米色清新、风味独特、营养丰富，含有糖、粗蛋白、磷、钙、氨基酸等营养元素，在禾谷类中含粗蛋白最高，具有明显的保健功效。用黄米做成凉糕，浇上玫瑰、糖汁，吃起来香甜黏软，是当地居民农历端午节的传统食品。黄米磨成面后，蒸熟做成糕，亦软筋醇香。2017年2月，"清水河黄米"成功注册为地理标志证明商标。

清水河黄米属于糯性的黍子籽实，非糯性的黍子籽实在当地被称为"糜米"。糜米颗粒圆润，米色金黄，口感香甜，富含蛋白质、碳水化合物、B族维生素及锌、铜、锰等营养元素，具有很好的保健功效。糜米可以做粥、做捞饭，亦可磨成面做窝头，做"摊画儿"。蒙古族喜欢食用的"炒米"由糜米制作而成，泡在奶茶中色味香美，酥香可口。糜米还可泡制加工成酸饭，有消食健胃、生津止渴、清凉泻火等功效。

（六）荞麦

荞麦是中国原产的优质小杂粮品种,也是中国古代重要的粮食作物和救荒作物之一。陕西咸阳杨家湾四号汉墓中,曾出土距今2000多年的荞麦实物。《齐民要术·杂说》曾系统记载了荞麦的栽培技术:"凡荞麦,五月耕。经二十五日,草烂,得转并种。耕三遍。立秋前后,皆十日内,种之。假如耕地三遍,即三重著子。下两重子黑,上一重子白,皆是白汁,满似如浓,即须收刈之。但对梢相答铺之,其白者,日渐尽变为黑,如此乃为得所。若待上头总黑,已下黑子尽总落矣。"

清水河县东部山区盛产荞麦。荞麦粉是粗杂粮中营养丰富的品种,含有蛋白质、B族维生素、芦丁类物质、矿物营养素、植物纤维素等,又因其是无糖食品,尤其适合糖尿病患者经常食用。荞面的制作花样很多,能做面条、圪团儿、饸饹、凉粉、饼子、拿糕等。特别是荞面圪团儿,泡上羊肉臊子,美味可口。

荞麦不仅是优质杂粮作物,荞麦磨制的面粉也具有重要的食疗价值。《本草纲目》记载:"荞麦能炼五脏泽秽,一年沉积在肠胃者,食之消去"。

（七）莜麦

莜麦,燕麦属一年生植物,也叫裸燕麦。我国每年播种莜麦约1500万亩,平均亩产50~75公斤。内蒙古自治区的阴山南北,河北省阴山和燕山地区,山西省朔州西山山区、太行山和吕梁山区,陕、甘、宁、青的六盘山、贺兰山和祁连山,云、贵、川的大、小凉山高海拔地区,为莜麦的集中产区。

清水河县是我国莜麦生产的集中县区之一,东部山区韭菜庄、盆地青、北堡一带盛产莜麦。长期以来,生活在当地的人们利用当地高海拔和干旱的自然环境,在山体坡面开垦土地,大规模栽培莜麦。

清水河农民收割莜麦

由莜麦加工而成的面粉即为莜面。莜面含有钙、磷、铁、核黄素等多种人体需要的营养元素和药物成分,可以治疗和预防糖尿病、冠心病、动脉硬化、高血压等多种疾病。

(八)豌豆面

豌豆是原产于地中海和中亚细亚地区的重要作物,在我国的栽培历史已经超过 2000 年。目前,豌豆的主产区分布在四川、河南、湖北、江苏、青海、江西等地,但处于蒙古高原和黄土高原过渡带的清水河县,却有长期种植豌豆和食用豌豆的历史。清水河县的韭菜庄、北堡等乡镇,是县域内豌豆的主要种植区。豌豆是清水河县主要的夏田农作物之一。

由豌豆磨制的豌豆面,蛋白质含量在 15.5% ~ 39.7% ,是膳食蛋白质的重要来源。豌豆面低糖低脂,含有丰富的蛋白质、维生素和人体必需的氨基酸,营养价值颇高。长期以来,清水河人民掌握了豌豆的传统种植技术和知识体系,形成了吃豌豆面的习惯,创制了特色鲜明的豌豆面食。

(九)山茶

山茶学名黄芩,又叫山茶根,主要分布在山东、陕西、山西、甘肃等地。黄芩的医疗价值早就被人们熟知,在古代的医书中基本上都有记载。《神农本草经》指出,黄芩"主诸热黄疸,肠澼,泄利,逐水,下血闭,(治)恶疮,疽蚀,火疡";《日华子本草》认为,黄芩"下气,主天行热疾,疔疮,排脓。治乳痈,发背";《本草纲目》曰:黄芩"治风热湿热头疼,奔豚热痛,火咳,肺痿喉腥,诸失血",等等。

清水河黄芩

清水河人民采集和种植黄芩的历史至少可追溯到明清时期。在当地,人们亲切地称黄芩为"山茶",而不是称其学名"黄芩"。主要原因就在于当地人民日常将黄芩冲泡饮用,替代了茶叶。据当地老人介绍,祖上在"走西口"的过程中,因南方茶叶运往北方成本高昂,通常不是普通人能够消费得起的奢侈品。为此,从事走西口以及跑船走船的底层民众,充分利用了黄芩汤色清亮、生津止渴和消除油腻的功效,将其当作茶叶饮用。

(十)杂豆

清水河县95%以上的耕地为坡梁旱地,是典型的旱作雨养农业区,也是小杂粮种植的理想区域,小杂粮种植面积达40万亩。清水河小杂粮品种多、质量好,成为颇具地方特色的绿色农产品。在小杂粮中,除大豆和豌豆之外,还有类别多样、品质优良的杂豆,主要包括扁豆、大黑豆、二圆豆、红小豆、豇豆、小黑豆、羊眼豆等。

绿豆又叫青小豆,粒大饱满、色泽鲜绿、富有光泽,富含蛋白质、糖类、脂肪、粗纤维以及磷、钙、铁等微量元素;绿豆高蛋白、中淀粉、低脂肪、医食同源,适口性好,易消化,被誉为"绿色珍珠"。

黑豆有大、中、小三类,颜色浓绿、颗粒整齐、营养丰富。黑豆中微量元素如锌、铜、镁等含量高,可延缓人体衰老、降低血液黏稠度;黑豆皮含有花青素,抗氧化效果好,可养颜美容、增加肠胃蠕动。

清水河黑豆

豇豆色泽紫红、颗粒均匀、营养丰富。豌豆中含有的 B 族维生素,具有维持正常的消化腺分泌和胃肠道蠕动等功能,且能抑制胆碱酶活性,帮助消化和增进食欲。豇豆的磷脂有促进胰岛素分泌,参加糖代谢的作用,是糖尿病人的理想食品。

扁豆颗粒扁圆、色泽清淡、营养独特。扁豆可以提供蛋白质和能够降低胆固醇的可溶纤维,含铁量是其他豆类的两倍;维生素 B 和叶酸的含量也较高。叶酸对女性非常重要,可以降低胎儿畸形率。

红小豆颜色红亮、颗粒较小。红小豆含有较多的皂角甙、膳食纤维,能解酒、解毒,具有降血压、降血脂、调节血糖、解毒抗癌、预防结石、健美减肥的作用;也是富含叶酸的食物,产妇多吃红小豆有催乳的功效。

(十一)紫皮大蒜

大蒜原产于西亚和中亚,张骞出使西域后传到中原本土,至今已有两千多年的历史。大蒜具有重要的食疗价值,也是人们日常餐桌上不可缺少的调味品。《名医别录》记载大蒜具有"散痈肿𧏾疮,除风邪,杀毒气"的功效。

清水河县紫皮大蒜的种植历史悠久,但何时引入县内没有文字记载,但至少在清代已经成为当地常种的物种。《清水河县厅志》记载:"蒜味辣,生田野而小者曰:老鸦蒜、生园畦,而大者曰:胡蒜,又名紫皮蒜。"紫皮大蒜在当地被称为胡蒜,是清水河县特产之一,主要产地在五良太、城关、小庙子、杨家窑等乡镇。

清水河紫皮大蒜种植基地

紫皮蒜比白皮蒜营养丰富,瓣大、肉嫩、辣味较强,含有蛋白质、脂肪、糖类、钙、磷等多种维生素。生吃大蒜可开脾胃,有解毒、杀菌、消炎作用,加在肉食中可去腥增香,是极好的调味食品。紫皮大蒜除在烹饪上具有很高的价值外,还含有多种营养物质,具有显著的抗菌作用和抗癌效能,被称为"地里长的青链霉素"。

（十二）大接杏

杏是我国原产的果树品种。清水河县是山杏优良的生长区域。目前,清水河县栽培的杏树属于嫁接的树种,由当地群众自发将山杏高接换头为植株更高的大杏,这种杏树被当地人们称为"大接杏"。

目前,大接杏在清水河县各地均有种植,面积达 10 多万亩。清水河大接杏果实个大圆润,平均单果重 80 克;色泽鲜艳,果肉橙黄色,皮薄肉厚汁多,风味酸甜适口。清水河大接杏营养丰富,可溶性固形物含量 14.3% ,pH 值 3.8,可以制作罐头、杏干、果脯。大接杏仁甜、饱满,是加工杏仁露的良好原料。

（十三）佳米驴、乌驴

清水河家家户户一直有养毛驴的传统,毛驴既是人们出行拉车的动力源,也是耕种土地的主要畜力,同时也是拉磨磨粉或磨制豆腐的主要牲畜,因而是农户家庭不可缺少的一分子。同时,肥美的驴肉也是当地人们餐桌上不可多得的美味。即使到了现代交通工具已经非常发达的今天,当地的老农仍然有驾驶毛驴车的习惯,在坡地上垦地播种,也通常是由毛驴来完成的。目前,约60%的农户仍至少养殖 1 头毛驴,毛驴在清水河县的普及程度可见一斑。

清水河传统驴耕

清水河养殖的驴品种主要有佳米驴、乌驴和杂交的灰驴等。其中,佳米驴和杂交的灰驴因耐力强,适宜长久劳动,主要用于拉车、拉磨、耕地等用途。这些驴子通常只有失去劳动能力的时候,才会考虑肉食。

乌驴是清水河县常见的品种。乌驴是原产于山东德州的一个驴种,目前存栏量 12 000 余头。乌驴耐力较佳米驴和杂交的灰驴差,不适宜用作拉车、拉磨、耕地等。不过,乌驴产肉率高,能达到 53% ~56% ,是经济肉用驴。近年来,清水河县专门成立肉驴养殖项目,以实现精准扶贫的目标。

(十四)山羊肉

清水河地处农耕文化与游牧文化的交错带,畜牧业一直较为发达,养羊业更是历史悠久。2018 年,清水河县肉羊存栏 56. 44 万只。

清水河县养殖的羊分为绵羊和山羊两个类别。其中,绵羊品种主要有小尾寒羊及其改良羊、细毛羊及改良羊和半细毛羊及改良羊。该县以养殖小尾寒羊为主,小尾寒羊约占羊存栏量的 40%。小尾寒羊起源于古代北方蒙古羊,是中国乃至世界著名的肉裘兼用型绵羊品种,2006 年被列入了《国家畜禽遗传资源保护目录》。

清水河县境内山丘起伏,到处都有山梁草坡,饲草丰富。山羊放养于野外,吃食各种牧草,使得肉质营养结构丰富均衡。山羊富含人体所需各种氨基酸和脂肪酸,民间美其名曰"吃着中草药,喝着矿泉水"。清水河山羊肉中以山羯羊肉最为出名。山羯羊就是被阉割后的公山羊,肉质更好,脂肪分布均匀,胆固醇含量低,味鲜且无膻味,特别是以本地传统做法炖出的山羊肉,肉鲜味美,食而不腻,食者无不称赞。

(十五)沙棘

沙棘是产于内蒙古、河北、山西、陕西、甘肃、青海、四川西部的落叶灌木,是防风固沙、保持水土和改良土壤的优良树种。

清水河沙棘

沙棘果具有优良的食疗价值,在日本称为"长寿果",在俄罗斯称为"第二人参",美国人称沙棘果为"生命能源",印度人称为"神果"。在我们国家则被誉为"圣果""维 C 之王"。

沙棘在清水河存在历史悠久。在改革开放前,当地人们将沙棘果看作是冬季时的特殊果品,人们通常采取野外采摘的方式获取沙棘果。但 20 世纪 90 年代之后,随着沙棘在荒漠治理中的作用凸显,清水河人民开始认识到沙棘的重要价值,开始将沙棘产业提上日程。目前,沙棘已经成为当地农林经济的重要拓展内容,在目前建设和培育的经济林业带中,沙棘是一个重要的品种。

(十六)黄河鲤鱼

黄河流经清水河县 65 公里,鲤鱼颇多。清水河境内的黄河鲤鱼体型美观、颜色鲜艳、鳞片分布均匀。黄河鲤鱼食性杂,肉食紧厚、鲜嫩、刺粗且少。黄河消融时的"开河鱼"味尤鲜美。喇嘛湾、老牛湾、柳青河等沿河居民,每年冰消雪融之时,撒网于沿河,供稀罕宾客"尝鲜"。

(十七)野山韭菜

野山韭菜是生于海拔 2000 米以下的草原、草甸或山坡上的百合科葱属植物,又名丰本、草钟乳、起阳草、懒人菜、长生韭、壮阳草、扁菜等。我国的黑龙江、吉林、辽宁、河北、山西、内蒙古、甘肃东部、新疆西北部和河南西北部是适宜生长区。

野山韭菜通常生长在山坡上和石缝里,是一种纯天然的美味。清水河县是野山韭菜的适宜生长区之一。采摘山韭菜,尤其是采集山韭菜花晒干后当作调味品,是清水河人民每年 7~9 月份的一项重要事项。当地人民将晾干的山韭菜花称之为"摘蒙花""山葱花"或"扎蒙蒙"。

清水河人民食用摘蒙花,通常是将其放进热油锅炸,做面条、拌汤、凉菜、炒菜时加进去,味道奇香优美,是当地居民餐桌上不可缺少的特色调料。

(十八)地皮菜

地皮菜又名地木耳,是真菌和藻类的结合体。清水河县境内荒山普遍都有生长,富含蛋白质、多种维生素和磷、锌、钙等矿物质,是儿童缺钙症的补充食物,对人体补铁养血也极为有利。地皮菜为纯天然食品,也是一种美食,最适于做汤,别有风味。也可凉拌或炖烧,当地的做法主要有地皮菜炒鸡蛋、地皮菜包子。

(十九)甘草

甘草,俗名甜甘草苗,是一种名贵的中药材。分野生或人工栽培。清水河全县均产,其根部可入药,味甘、性平,具有补脾益气、润肺止咳、缓和药性等功效。当地人们亦有熬甜草苗根饮用的习惯,可起泻火之功用。

二、古树园或古树群

根据《清水河县百万亩扶贫林果基地建设项目总体规划》,从 2017 年起,清水河重点建设扶贫林果基地 10 余万亩,重点发展以海红果、大接杏、李子、苹果等为主的优势特色树种,积极引进发展蒙富、榛子、黑枸杞、红枣、文冠果、油用牡丹等新品种。

相比目前新兴的林果经济树种,清水河县境内虽然也有上百年的古枣树、杏树、海红果树等,但总体来看古树较少,没有成规模的古树群。百年以上的古树只是零星地分布在不同的村庄。

三、独特土地利用系统

清水河全县总国土面积 2823 平方公里(折合 428.85 万亩),土壤共分为 8 个土类,14 个亚类,38 个土属,113 个土种。其中栗钙土 60.49 万亩,占全县总土壤面积的 14.1%,主要分布在喇嘛湾、王桂窑、五良太北部、西北部;栗褐土面积 26.11 万亩,占全县总土壤面积的 6.08%,主要分布在沿清水河西岸、杨家川、北堡一带的黄土丘陵上;灰褐土面积 31.24 万亩,占全县总土壤面积的 7.28%,主要分布在北堡乡和靠近北堡的韭菜庄乡的南部、西南部中底山区;潮土面积 1.78 万亩,占全县总土壤面积的 0.42%,分布在全县的盆地青、杨家窑、城关、小庙子、五良太、王桂窑、喇嘛湾等河谷流域,分布虽广,但面积不大;风沙土面积 32.76 万亩,占全县总土壤面积的 7.64%,主要分布在喇嘛湾、王桂窑、五良太等区域;沼泽土面积极少,约 0.07 万亩,主要分布在城关、小庙子的河谷低洼地带或冲洪积河漫滩;盐土面积 0.02 万亩,主要分布在喇嘛湾桥河畔村;石质土面积 29.40 万亩,占全县总土壤面积的 6.86%,主要分布在山地的顶部或向阳陡坡以及黄河沿岸。境内草地面积 130 万亩,林地面积 150 多万亩,森林覆盖率达 32.9%,是全国绿化模范县。

(一)坡梁旱地

清水河县境内以沟梁山壑地形为主,全县耕地面积 100 万亩,95% 以上是坡梁旱地,属典型的旱作雨养农业区。区内盛产糜、谷、黍、豆、麦等五谷杂粮和马铃薯、大葱、紫皮蒜、海红果等特色农产品。

清水河坡梁旱地

在中国北方地区,坡梁地通常被称为跑土、跑水、跑肥的"三跑田"。清水河坡梁旱地既是沟梁山墚地形自然赋予的,也是清水河人民世代耕作改造的结果。长期以来,人们利用自然形成的坡地,自上而下进行耕种,将坡地打造为井井有条的田地。

清水河人民利用坡梁地主要有两种方式。其一是在土层较厚的坡地上,选择适宜在坡地生长的作物品种,如胡麻、莜麦等,直接进行播种和生产。其二是将梯田制作技术充分运用到坡地,尤其是土层较薄、岩石和风化碎屑物较多的坡地上,开发出大规模的土坡旱作梯田,在梯田的水平平面上播种玉米、马铃薯、谷子、糜子、西瓜等作物。

(二)长城沿线的旱地梯田

清水河遍布的沟梁山墚为旱作梯田的开垦和耕种提供了必要的地形条件。在山坡地开发的梯田上播种糜子、胡麻、玉米、土豆、大豆、莜麦等作物,是数百年来生活在清水河的人们主要的生计模式。

在清水河县境内的长城沿线,至少在明代就已经有戍边的兵士及其家人在此开垦梯田。数百年以来,人们在长城脚下的梯田中种植玉米、土豆等作物,放养山羊、牛马等,形成了独特的农业景观,沿承和孕育了悠久的农耕文化和农耕民俗。

(三)黄河岸边石墙梯田

世代生活在黄河岸边的清水河人民,为了防止水土流失到黄河中,在坡地栽种山杏、梨、海红子等树种,并充分利用当地丰富的石料,将梯田的制作技术移植到黄河岸边,建造了石墙梯田,用来种植谷子、糜子等作物。

尽管石墙梯田在全县范围内并不普遍,但在一些地区的确是当地人民有效利用土地的一种方式。例如,老牛湾镇的扑油塔村,就是通过建设石墙梯田,维系了数百年的生计。

清水河县老牛湾镇扑油塔村石墙梯田

(四)坝地

坝地是人们在水土流失地区的沟道里采用筑坝、修堰等方法,将泥沙拦截下来而形成的耕地。特殊情况,沟梁山墹地带间也会自然形成坝地。在北方的黄土高原地区,坝地较为常见,是当地独特的土地利用方式。

清水河县地处内蒙古高原和黄土高原交接地带,黄土覆盖较厚。沟梁山墹间通常会有小片坝地。与坡地或梯田相比,坝地是在山体冲刷下形成的土壤,富含有机质,在特定的地域中自成生态系统,此地有利于作物的生长并取得高产。为此,生活在当地的人们在自然形成的坝地上播种谷子、糜子、玉米、土豆、大豆等作物,还利用有利地形主动修筑坝地。

(五)川地

在黄土高原地区,还有一种独特的土地利用方式,就是在河谷地带形成的川地。在清水河县境内,黄河流经75公里,纵贯县境西部,河面宽200~300米,集水面积93 005公顷。水位变化较大,年平均流量3400立方米/秒,流速为3~4米/秒。除黄河外,还有清水河、浑河、古力半几河等几条常年流水的较大的河流,以及数量众多的季节性泄洪通道和山沟。在这些河流流经地区,通常会留下规模不等的川地。

清水河川地

川地水源充足、土地肥沃,有利于农业的发展。清水河人民世代以来在河流流经的川地从事农业生产,主要播种的是需水量较大的玉米、大豆等粮食作物,以及花卉、瓜果等经济作物。

四、传统农耕技术

(一)轮作轮休

清水河县当地人民沿用了先人的农耕智慧和农耕经验,将谷类与豆类进行轮作,以保证土地薄弱的肥力不会被掠夺式开发。同时,利用当地的农家肥对土地的肥力进行缓慢持久的恢复。

清水河休耕梯田

为了提高作物的成活以及除去杂草,按时对土地翻耕浅耕深耕,使得耕地松软,垄得以保护种子不被风吹走,松软的土壤利于作物生长。

由于农家肥肥料不足,清水河的耕地过去也会适度采取轮休,以保证种植红薯、土豆等的耕地以及其他耕地的地力恢复,避免熟田种成薄地。

(二)间种

间种是在一块地上,同时期按一定行数的比例间隔种植两种以上的作物。间种往往是高秆作物与矮秆作物间种,如玉米间种大豆或蔬菜。实行间种对高作物可以密植,充分利用边际效应获得高产,矮秆作物受影响较小。总体来说,由于通风透光好,可充分利用光能和二氧化碳,间种有助于提高作物产量。同时,土地连片规模越大,虫害病害越难以依靠自然界的力量进行抵御,不同作物之间的间种,可以有效利用生物间的互补作用,避免单一物种连片生长造成减产或绝收。

在清水河县,间种一般是高粱、玉米等高秆作物与大豆、绿豆、扁豆、豇豆等低秆作物之间进行。不过,也有将花卉等经济作物与玉米、谷子、糜子等作物进行间种的。

(三)复种

复种就是一块地上收完一茬作物就着节气种下一种作物。清水河的土地通常不适合复种,一般土地是一年一熟。因此,当地复种作物较少,程度较低。

(四)传统畜力耕作

清水河的耕地多为坡地,很多耕地不适宜大规模机械化作业。并且,清水河的土壤受干旱和黄土等影响,黏性较低,土质松软易于耕作。如果使用牛或马进行耕种,又有浪费畜力的问题。因此,成百上千年来,清水河人民习惯了用毛驴拉犁的耕作方式。

清水河传统驴耕作业

时至今日,这种耕作方式仍较为普遍,尤其是在偏远的乡镇和坡面较大的耕地上,更是如此。

第四节　清水河县传统村落与主要遗址遗迹

一、传统村落

目前,清水河县共有 4 个传统村落列入中国传统村落名录。其中,北堡乡口子上村和单台子乡老牛湾村属于第三批,城关镇古城坡村和雷胡坡村属于第四批。

(一)口子上村

口子上村位于呼和浩特市清水河县北堡乡,地理坐标东经 111°52′,北纬 39°38′,平均海拔 1500 米。口子上村地处清水河县南端,南邻偏关县,东邻朔州市,是明朝初期形成的农村。村内整体以黄土沟、梁、塬、峁为主。口子上村坐落于海拔 1500 多米的黄土沟壑内,地形比较复杂。村庄范围内沟、梁、塬、峁交错纵横,地势险要;窑洞依山次第排列,朝向、多变、自由。口子上村主要是由于其边防要塞的地理位置,士兵戍边成村。

口子上村在明朝称五眼井村,崇祯十年(1637)建城堡,亦称五眼井堡。清雍正乾隆年间,清政府利用五眼井堡开设办事机构,在明长城关口设卡收税,分出上下关口。以后随着人口的迁入、稳定、增加,逐渐在口子周围形成自然村落,以上下口子区别。时有"五眼井堡子、老牛坡口子"之说。之后,五眼井逐渐被口子上村所替代。

口子上村村域面积为 12 平方公里,村庄占地面积约 50 亩,户籍人口 314人,户数 45 户,常住人口 105 人。村内水、电等基础设施完备,村容整洁。村民居住以窑洞为主,居住环境良好,周边森林覆盖面积达到 40%。主要特色产业以莜面、荞面为主。

口子上村一直延续农业、养殖业的经济发展模式,传统农业是支柱产业。大部分青壮年均外出打工,留在村里的村民主要以种植谷子、莜麦和养羊为主要收入来源。村庄现状的布局以季节河流为界,形成了南北两部分的居住布局。村庄传统窑洞依山就势,层层叠叠,秩序感较强,富于节奏与韵律;夏季植物茂盛,建筑屋顶长满青草,从山顶望去,村庄布满了绿色方块,建筑隐藏在了黄土丘陵之中。口子上村街巷以长城和戏台为中心向周边辐射,村庄道路格局五纵一横,五纵主要沿梁、沟分布,一横主要沿河道分布。村庄街巷整体呈三角放射状。

长城脚下的口子上村

村南丫角山北麓的缓坡上,巍峨壮观的明代内长城和外长城恰好在这里交汇,峰峦相叠,烽燧林立,树木葱茏。戏台坐北向南,背对深沟,拔地而起。清泉寺戏台建于明代崇祯年间。清光绪十三年(1887),五眼井堡所辖村民又募捐重修,因戏台的对面建有清泉寺寺庙,故叫清泉寺戏台。戏台为砖木石结构,由台基、台身、台顶和观戏平台组成。占地面积572平方米,其中戏台建筑面积72平方米,观戏平台500平方米,整体位置呈长方形。戏台装饰有精美石雕和泥雕。保存状况一般,现仍正常使用。

村内有石碑一座,立于口子上村村庄北部,村庄入口处,为自治区文保单位。碑高1.85米、宽0.9米、厚0.2米,螭首龟趺。正面刻有"皇清四公主千岁千千岁德政碑"字样,背文"日月流芳万世""五眼井堡城守把总"。另一处石碑位于清泉寺戏台西侧,立于康熙五年(1666),碑文较模糊,主旨为表彰镇守西边陲将领的功绩。

口子上村比较突出的非遗项目为踢鼓子秧歌。这种秧歌演唱的内容有表达祝福期望的,也有针对某个特定对象进行赞美的,乡土气息非常浓郁。踢鼓子秧歌的内容与唱歌时所在的场所是密不可分的,比如敬庙祈神。起秧歌要敬庙,每到异地他乡要敬庙,路过庙宇还要敬庙,码秧歌这天也要敬庙。敬庙时,秧歌队除了烧纸敬香放鞭炮踢鼓子外,就是唱鼓歌。另一种是进院,主要是指正月里秧歌队的拜年活动。

(二)老牛湾村

老牛湾村地处黄河与长城握手之处,是"鸡鸣三省"之地,隶属内蒙古清水河县老牛湾镇营盘峁村,距清水河县城56公里,距老牛湾镇政府10公里,以该村命名的国家地质公园就坐落于此。

老牛湾村总面积 163.5 公顷,现居住有 114 户 387 口人。老牛湾村多窑洞,由黄河千层岩砌而成,整个村庄就是一个石头民俗博物馆。迄今,村民仍过着较为传统的生计模式,依然保留着质朴的民风和民情。为了保护好生态,村里还制定了"护林防火村规民约""诚实守信村规民约"等制度,进一步丰富了生态文化的内涵。

近年来,在黄河大峡谷旅游产业开发的带动下,老牛湾村经济发展迅猛,农民生产生活水平明显提高。与此同时,绿化美化扎实推进,生态建设成效显著,共完成退耕还林 130 亩,荒山荒地造林 1260 亩。多数农户将有限的耕地全部栽种了果树,把发展采摘园与旅游观光、农家乐等有机结合起来,实现了互促共进、增收创收的目标。经过多年来的造林绿化,老牛湾村的生态得到了较好的恢复,昔日荒山秃岭重新披上绿装,各种野花竞相开放,狍子、狐狸、山鸡等多年未见的珍禽野兽随处出没,生物多样性大大增加。

黄河岸边的老牛湾村

(三)古城坡村

古城坡村南临清水河县城,北靠金銮山和银銮山,坐北朝南、依山傍水。村落建于元代之前,斑驳古旧的院落和历久交替不同年代的建筑形成别样的风景。清朝时期,段家大院、四公主院、赵家大院、郝家大院、刘家大院先后建设起来。关于古城坡村的历史,史料记载甚少。《绥远通志稿》载:"古城坡故城遗址,在县治城由西北隅山岗上,残基仅存周二里许,无金石刻文可考……"。据当地村民介绍,古城坡的来源有两种说法:一是汉代时在这里建过一座古城,名为武城县;二是明代永乐年间这里建起了城围。无论哪一种说法,都凸显了古城坡村是一座年代久远的村落,当地的一些建筑遗址确实也印证了这一点。

窑洞是古城坡村不朽的建筑,是创造性利用地理地形的结果。有靠崖式的、独立式的、土打的、有石圈的,不一而足。不过它们都有一个共同点,就是就地取材、防火、隔音、冬暖夏凉,是因地制宜建设宜居建筑的典范。

村落文化底蕴深厚。康熙四公主曾在这里居住了八年之久。公主暂住期间,曾圈地 4 万余亩开垦种地,吸引杀虎口内大批汉民走西口前来垦殖。德政碑歌颂她"自开垦以来,凡我农人踊跃争趋者,纷纷然不可胜数""实公主盛德所感也"。就连买卖人也是"贸易中全无市气,谈笑内并带书香"。

村内的赵家大院已有三四百年的历史,院落虽已残败,但仍能印证这里曾经的繁华。在大门门楣上,莲花、祥云等精致的砖雕仍清晰可见,院落内是五六间窑洞,窑面上也有精细的砖雕。与赵家大院相隔不远的郝家大院,是古城坡村留存最完整的古院落,至今仍有后人居住。一进大院,正对着的是 3 间土窑,窑门拱顶砖雕"履视考祥"四个字十分醒目。此外,三间窑的窑面上都有不同的砖雕,图案有蝙蝠、莲花、祥云等。

古城坡具有独特的居住生活方式,最有代表性的就是古朴简单、坚固耐久、建筑艺术高超的窑洞民居。这些淳朴古雅的窑洞民居,代表了清水河县地域文化的丰富内涵。

二、主要文化遗产遗迹

目前,清水河县已考证登记的各类文物遗址 184 处,其中被列为国家重点文物保护单位 1 处,为明长城(清水河段)。自治区级重点文物保护单位 6 处,分别为口子上清泉寺戏台、柳清河古庙和戏台、伏龙寺和水门塔戏台、岔河口四公主碑、黑矾沟窑址群、骆县故城。县级重点文物保护单位 13 处,分别为东土城古城、大湾古城、宁辽州故城、城嘴城址、口子上四公主德政碑、高家背戏台、昆新故城、西土城古城、康堡古城、拐上城址、老牛坡党支部旧址、大阴背古建筑、碓臼坪戏台。由于清水河地理单元复杂,古人出于自然生存需求多临水而居、择水而憩。因此,清水河县一些重要的古文化遗址,多分布于黄河、浑河、清水河三大河系两岸台地。

(一)口子上清泉寺戏台

戏台位于北堡乡口子上村内,建于明清年间。坐北朝南,砖(石)木结构,卷棚硬山式建筑。整个顶部由筒瓦套成,瓦整体基本完整,只有边缘处有少数脱落,正面顶部为一排横向砖雕,雕刻较为精美,内墙抹有泥层,现部分泥层已脱落。戏台进深 8.5 米,建筑面积约 90 平方米,台内有屏门木隔扇,将戏台分为前后两部分,内壁上有彩绘人物、花卉等图案。演出台最前方立有一排刻纹石片,石片上等间距立有 8 个石兽,东侧石兽已损坏。戏台前为一大院,院内西北角有一石刻,碑文不详。

(二)伏龙寺和水门塔戏台

伏龙寺始建于清乾隆初年,至乾隆二十六年(1761)始建成寺。与长城关隘滑石堡对峙,内外山形如群牛奔饮至此,自古有伏龙卧虎之说,故此庙之名为伏龙寺。据当时举人冯国栋为该寺撰书碑文记载:"适值今日恰俨然,有关帝庙一楹,观音殿一楹,又母庙三楹,龙王堂三楹,东西禅室各三楹,钟鼓两楼,山门一榭。"寺院内皆用青石板铺地,卵石通道,建筑为砖、瓦、木结构。清光绪初年又在山门左侧筑戏台一座,总占地面积达 3500 平方米。

(三)岔河口四公主碑

岔河口四公主碑又称为德政碑,由碑座、碑身、碑额三部分组成。座为龟形,额为双龙方形,通高 2.3 米,碑身高 1.75 米,宽 0.8 米,厚 0.2 米。该碑是为称颂四公主的功德而立。

碑的正文为"四公主千岁千岁千千岁德政碑记",碑的背文正中"公主府侍卫协理岔河等处农务事长生禄位碑",右下方文字排列"候选知州张口运,首领庄兴祖、黄忠、佟守禄、于天保",最下方右面文为"经理岔河口积蒋世隆",右下方文字"清康熙六十年仲夏"等字样。

(四)黑矾沟窑址群

该窑址群位于黑矾沟村南的一条狭长弯曲的沟谷内。沟谷全长 2500 米,两边是村民开采的煤窑口。古窑址坐北朝南依坡而筑,分为单座、双座或群体座,共有 25 座。窑型为方型、圆型圆顶及圆型平顶三种,最高者 12~13 米,低者 6~8 米。窑身为上下结构,各有窑口,下部有出灰口,结构间有台阶,台阶一侧为生产作坊。当年主要生产日用瓷,品种有碗、盆、盅等。

(五)城嘴城址

位于小缸房乡上城湾村附近城嘴子山,古城所在地形呈东高西低的缓坡状。城墙因地势而筑,古城形制不太规整,但大致建成四边形状。西面临河不筑墙,东、南、北三面城墙皆保存较完好,尤以东墙最雄伟,基宽近 20 米,残高 10 米左右,采用当地一种沙黏土夯筑而成,全城南北长约 730 米,东西宽约 430 米,东墙上建有一座城门。

1956 年文物部门首次对该城作考古调查,考证为汉代定襄郡治下的桐过县城。1998年7月至11月,内蒙古考古研究所对其进行了抢救性考古发掘,发现龙山、夏、战国和汉四个时代的遗迹遗物。

(六)宁边州故城

宁边州故城又称下城湾古城,大体呈南北长200米,东西宽100米的长方形,面积约2万平方米。西南城墙地表无明显痕迹。东城墙残留长约50米,残高3~5米,北城墙残留长约40米,残高约2~4米。东北角有一高约8米的台墩,城内文化层厚2~5米。城内大部分被耕地占用,地表暴露汉、辽、金各时期的陶片、瓷片。古城因地处边塞门户要道,战略位置十分主要,历来是兵家必争之地。所以,好几个王朝都曾在旧址处进行扩建,是历史上一座沿用时间较长的古城。

(七)拐上城址

拐子上城(桢陵城)位于拐子上村东侧山梁西坡处,为汉代桢陵城,古代云中郡属县。《汉书·地理志》载:"云中郡,县十一,……桢陵,莽曰桢陆。"桢陵城平面呈"彐"形,现存北、东、南土筑城墙,西面依河为屏。北墙长572米;东墙依山折为三段,长583米,中部辟一门;南墙依山折为三段,长450米。城墙板筑,基宽7.5米,残高5~7米,城内中部有一道东西向隔墙,长400米,将城墙分为南北二城。东部有门,有马面和角楼址。城内采集泥质灰陶绳纹缸、盆、板瓦、筒瓦等。

第五节　清水河县非物质文化遗产与传统农业民俗

一、清水河骡驮轿

"清水河骡驮轿"是流传于清水河县长城沿线黄河岸边独具民族文化特色的娶亲工具。"清水河骡驮轿"有着悠久的历史,数百年来在清水河县长城沿线黄河岸边农村盛行,上至官宦富人,下至庶民百姓,数百年来都沿用这种具有丰厚民族文化特色的交通工具娶亲。

骡驮轿婚俗是流传于清水河县长城沿线黄河岸边独具民族文化特色的娶亲习俗。以之为代表的娶亲仪式既融合了山西、陕西明清时期的婚礼风俗,又结合自己地方特色,具有独特的文化个性和传统性。

清水河县属黄土高原丘陵山区,这里沟壑纵横交错,交通道路崎岖难行,交通运输全靠人背、骡驴驮运。所以,娶亲的主要交通工具就是用两头骡子驮架花轿的"骡驮轿"。特别是在新娘路程较远、道路难行的情况下,必须用"骡驮轿"娶亲。"骡驮轿"是用两头骡子一前一后驮架着花轿,花轿顶呈拱形,三面封闭,一面开口,封闭的花棱阁顶有"鸳鸯戏水""五子登科""喜鹊登枝"等图案。娶亲时轿顶用红绸盖顶,红绸帷子扎边。"骡驮轿"的两头骡子也头扎红缨,身系铜铃,整个娶亲队伍(有司仪、鼓乐班)披红挂绿,身穿新装,鼓乐喧天,鞭炮作响,场面壮观。

　　"清水河骡驮轿"娶亲仪式是清水河县山区人民群众喜闻乐见的一种古老的民俗。它朴实中显高贵,平淡中见奇峰,既体现出浓郁的山区乡间娶亲习俗,又承载着长城、黄河深厚的文化底蕴,是长城沿线、黄河岸边的社会历史、时代生活以及风土人情的真实反映。

清水河骡驮轿娶亲风俗

　　使用骡驮轿娶亲的主要方式是等亲,即新郎在家中等待,由新郎的亲戚代替新郎去女方家娶新娘。娶亲方视新娘家住地的远近,选择娶亲的人骑马、骑驴还是徒步与驴同行。这种娶亲仪式要求娶三聘(送)四,即娶亲方必须派三个亲戚娶亲。要求是新郎的舅舅、妗妗、哥哥、嫂嫂或姐姐、弟弟中的任意三人;新娘方则必须派四人去聘(送)亲,一般为新娘的叔叔、婶婶、姑姑、舅舅、妗妗中任意四人,要求娶三聘(送)四的人里必须有一位女性。娶亲第一天上路前,在新房院中要燃炮鸣乐,意为驱除新房院内邪气;男方娶亲时要给女方带一块肋骨和羊腿并连的羊肉、两瓶好酒。女方将男方送来的羊肉割下几根肋骨挂在轿门外,意思表示两家结为亲家,骨肉相连;女方将好酒换成两瓶水,水中插两根大葱带回,意喻新娘为丈夫生子、扎根、传宗接代。

　　娶亲队伍到达聘方家,燃炮。聘家出门迎娶家回上房,置凉菜热食,饮酒叙谈娶聘中未尽事宜,置鼓乐班于院落一角先简单用餐。稍事打头遍鼓并奏乐,表示娶、聘方人员开始饮酒吃饭。接着打二遍鼓并奏乐,表示娶、聘方开始给出聘的新娘穿装打扮(换新衣)。最后打三遍鼓并奏乐,表示娶方已催新娘上轿,穿好衣服的新娘由哥哥抱起(或扛在肩上)放入轿中。轿中须坐三人,前面坐娶亲的长者,中间坐送亲的长者,最后坐新娘。娶亲司仪高喊一声"新人坐稳了,起轿",鼓乐奏起,鞭炮齐鸣,娶亲队伍返回。在返回时,如在路上遇上行人须"奉揖"(即向人施礼),若遇别的娶亲队伍新娘间要互换"眼纱"(农村称新娘披的盖头为眼纱)。新房院中供神的地方放一斗五谷,五谷中插弓箭、尺子、镜子和秤。分别意为射妖除怪、做事要把握尺度、照妖镜、夫妻称心如意。娶亲花轿回到新房院中卸轿(把骡驮轿骡子卸下),新娘婆婆要给新娘"开脸"(用线拨汗毛)。

紧接着"倒红毡"开始,从新房将新姑爷(新郎)由哥哥或叔叔扛出,脚不能踩地,到轿前与新娘一块站在红毡上。此时新郎双手捧宝书,新娘手捧宝瓶,二人双双踏过红毡步入天地堂前(伴随倒红毡),旁有阴阳先生(看风水的人)不断地向两位新人头上"撒五谷",意为一年中五谷丰登,吉祥驱邪。新娘新郎站在设置好的天地爷堂前,新郎的父母端坐于上,新人在司仪的倡议下,进行"一拜天地""二拜祖先""三拜高堂""夫妻对拜"等程序后送入洞房。这时的鼓匠班开始吹奏大戏(即晋剧)。入洞房后,新郎用箭(事先备好的箭)向新房四角各射一箭(表示驱邪)后,新娘在小姑子的引领下端坐炕上,炕桌上放油灯,昼夜不灭。亲戚们进入洞房开始耍笑到深夜。到休息时间,小姑子高喊"腾喜房"了,这时新郎的父母进入洞房让两位新人在炕上四角摸(找)他们早已放好的核桃(意指早生贵子。也暗示亲戚们,新人要休息了,闹洞房该结束了)。

第二天回门,新郎新娘用完早餐,在挂着家谱的天地堂前拜见大小(认识婆家的亲戚)。司仪按照男方家族长幼尊卑,向新娘新郎逐一介绍,念到哪位亲戚,新娘新郎要向其叩头施礼,被拜者当场拿出拜礼。拜礼上专人端小盘递入在天地爷堂前的大盘中,拜礼完毕后即可回门。回门时,坐"骡驮轿"或骑马、骑驴,回到女方家的宴席场面也视双方的经济情况而定。

如今,骡驮轿已经成为老牛湾景区的重要旅游项目。

二、清水河县踢鼓子秧歌

清水河县踢鼓子秧歌产生于内蒙古清水河县长城沿线的多数村庄。主要流行于清水河县地区,并影响山西省的朔州、忻州两市和陕西省榆林地区的部分县市,是一种融武术、舞蹈、歌舞为一体的民间社火活动。

踢鼓子秧歌兴起于清代末期,一直传承至今。清末民初,清水河县在依山靠水,约1公里长的城关街道,设有大小商号50余家,大商号有"万和厚"和"德胜泉"。"万和厚"是清朝光绪年间开设的商号,雇工多达40余人。随着县城内多家商号买卖兴隆、经济繁荣,再加乡下个体商贩于河北、山西等地的商业流通,全县的经济有了明显的转机,人民群众的娱乐欲望随之增强。

从道光二十年(1840)开始,经长城沿线个体商贩和县城内坐商们的鼎力相助,长城沿线周围的朱毛草、狮子塔、十七沟、武家庄、尖山子、老熊沟、碓臼坪、洞儿沟等10多个村庄的群众,相续成立了踢鼓子秧歌社火班,每逢农闲的正月初一至二月初二之间,在县境内或周边山西的一些村庄演出。踢鼓子秧歌有辞旧迎新庆丰收,除邪扶正的象征。每当秧歌队跑场子,看得人全神贯注,观众喜上眉梢,如痴如醉,热闹非凡。踢鼓子秧歌历时几百年,经历代民间艺人的精心培育、深钻细研、推陈出新传承至今。

清水河踢鼓子秧歌是清水河县土生土长并以其诞生地命名的民间舞蹈节目,已成为清水河县影响较大的民间文体娱乐活动。该秧歌分文秧歌(脸谱为老生脸)、武秧歌(脸谱为花脸)两种。踢鼓子秧歌汲取了传统戏剧中生、旦、净、末、丑的精华,又效仿了宋代梁山好汉的智勇双全、忠义行道、武艺高超、凝聚力强的精神。吸取了晋、陕、蒙民间艺术之营养,使戏曲艺术舞蹈化,舞蹈艺术武术化,武术艺术社火化,社火艺术戏剧化,是众多地区艺术成分构成的传统民间艺术。它的艺术价值之高、历史形成之久、表演形式之多、艺术风格之雅、艺术感染之强、社会影响之大,使之成为清水河县乃至周边地区民间艺术一朵绚丽的奇葩。

踢鼓子秧歌的传统节目有:《天地牌子》《单偷营》《双偷营》《梅花阵》《引魂阵》《五雷阵》《八角楼》《小场》等10多种,唱段数百首。

踢股子秧歌是以舞蹈为主,主要是在节庆日和贺生日、祝寿、拜女婿、应邀还愿等民俗活动中表演,全部演出人员为108人,但也有30人或50人的。踢鼓子秧歌由鼓道、前八角、后八角、络旄、歌手、杂工等人组成完整的表演实体。

踢鼓子秧歌民间艺人街头表演

秧歌队的乐器只有鼓、锣、铙、钹几种,以鼓为主。表演时鼓道排在秧歌队的正前方,与踢鼓子的面对面,行走时则走在踢鼓队的前面。踢鼓队分为前八角、后八角。前八角包括头对鼓、二对鼓和相应四个拉花的。后八角即排在前八角后面的八个人,角色分别是官先生、风流公子、一对买卖人(一个货郎、一个卖膏药的)、毛小子、毛女子(也有愣小子、愣女子),一对老夫妇。这八个人的作用是点缀、衬托,他们的动作较前八角显得文雅而调皮。络旄这个角色是全队的中心,为了能显示出他的特殊性,使他能隐蔽身份,不受任何限制,就用丑角四处蹦跳传递消息。

踢鼓子秧歌的着装、化装基本与戏曲中的生旦净末丑相似,前八角踢鼓子的四人,头扎包巾、搭头,佩英雄镜,插飞鬓,挂满髯,身着黑袄、彩裤,为武生(净角)的装束,脸谱为大五花脸。而拉花的装束化装基本与戏曲中的旦角相似,道具为丝帕花扇。络旄画着三花脸或猴脸,动作要有猴相。

由于受市场经济的冲击,现在农村大多数村中居住是 50 岁以上的老人。青壮年全部靠劳务输出和外出自主创业为生,在村青年寥寥无几。踢鼓子秧歌本身是青壮年娱乐的一项艺术,靠五六十岁的老人传承确实令人堪忧,近几年其一直处于自然发展状况,主动参与的人明显减少。

三、清水河瓷艺

清水河县窑沟乡西南山脚下,有盛产日用白瓷的黑矾沟,曾是内蒙古版块上久负盛名的瓷器生产基地。这里至今有保存尚好的宋、元、明、清古窑址群 20 多座,被国务院三普办公室列为 2008 年度全国三普重大新发现之一。

黑矾沟瓷器生产源于何时,缺乏准确的记载。1993 年在黑矾沟村北坡上发掘过一金朝古墓,内有一陶罐,里边装有两具尸骨骨灰,八个铜钱,一个铜簪的随葬品。罐口盖一四寸见方小石块和一白瓷盘。石片上写着:"大定十年七月初四合葬父(杜云金),母(何翠计)。孝男:杜林、杜明。"从这个白瓷罐、白盘的做工、质地、式样上看确系黑矾沟白瓷。由此断定黑矾沟的生产历史至少有 800年,并与长期传说的杜家开辟黑矾沟不谋而合。

黑矾沟白瓷在 20 世纪末,代表清水河建材产品大批量地进入亚运村,并出口日韩等国。

黑矾沟瓷艺从原料开采到成型一般需 20 天,主要过程为:(1)原料开采。(2)原料加工。将原料畜拉轮碾水波法碾压粉碎,放入池内沉淀,练好的泥段捏制成型,烘干,打旋。(3)施釉。分三次进行(即内、外、表)。(4)彩绘。胚体干燥后进行氧化钴釉下彩绘。(5)装窑。半成品在入窑时要用匣钵承装,匣钵大小与形状原则上应与制品相适应。（6）烧成。（7）开窑。打开火门，通风口，停止燃料供应，产品进入冷却阶段。当窑温降至常温或略高于常温时便可以开窑。开窑后将装进匣钵内的瓷器与钵体分开。

四、清水河布艺

清水河县布艺流传于内蒙古清水河县城乡。它是融长城、黄河文化为一体的精美布制艺术品，长期以来是当地百姓家庭装饰、交友、收藏、孩儿玩耍的佳品。清水河布艺题材广泛，品种繁多，有花鸟鱼虫、家禽家畜、古禽瑞兽、人物形象等多方面内容，构成饱满、造型生动、色彩绚丽、工艺奇特，艺术风格独树一帜。

清水河县布艺是集民间剪纸、制绣、制作工艺为一体的综合艺术。如动植物身上的装饰性的花卉、眼睛、眉毛、嘴、牙齿、鼻子、胡须、耳朵、鬃、尾巴、蹄、爪等，都是通过裁剪、刺绣、画、缝的工艺制作而成。

清水河县属典型的黄土丘陵区，这里山大沟深，交通不便，与信息较发达地区相比相对闭塞，人民群众的文化生活落后。于是，清水河布艺就成为满足当地人们文化生活的重要支撑。

清水河布艺品种主要有十二生肖、老虎、金蟾蜍、钱包、唐装、莲花帽、折叠式皇帝药枕等上百种。这些布艺色彩浓艳、对比强烈、装饰感强、民间味浓、富有韵味节律，呈现出妩媚娇艳、淳朴华美的艺术魅力，为世人所青睐。

清水河布艺

清水河布艺一般分为选料、裁剪、缝制三道工序。布艺制品形象逼真，相貌威武、粗犷豪放、色彩鲜明、造型大方、线条分明。

清水河县布艺是清水河县山区人民群众喜闻乐见的艺术品，富有浓郁的山野泥土气息和原始艺术质朴的美感,生动地记录了劳动妇女的思想和追求,是长城沿线、黄河岸边的社会历史、时代生活以及风土人情的真实写照。

五、清水河抿豆面制作技艺

清水河县位于蒙汉交界处,从古至今,经历了多次大规模的民族文化融合,孕育出了许多具有地方特色的饮食文化,有许多地方特产、特色美食在特定区域内极负盛名,如:小香米、果丹皮、小磨豆腐、酸米饭、抿豆面等。其中,抿豆面属清水河县特色美食的代表。它以用料普遍、制作简单、口味独特等特点,成为民众最喜爱的日常食品。清水河抿豆面作为日常生活饮食,历史悠长,波及范围广,一般家庭下厨者都可粗略操作。在北堡乡的民间,至今流传着康熙四公主尤爱抿豆面并主动学习制作技法的传说。据考,如今抿豆面盛行地武家庄,与四公主当年驻地同属北堡乡,而且在北堡乡至今依然屹立着四公主碑,所以此民间传说可信度较高。

豌豆富含碳水化合物、铜、胡萝卜素等多种对身体极富营养的微量元素,可以起到补充能量、提高免疫力、安神除烦、通便、抗衰老抗辐射的功效。抿豆面用的便是这种多功能、高营养的食材为原料,再配上独特的技艺技法,浇上农家卤的臊子,食用后让人久久难忘。

勤劳朴实的抿豆面传承人用牛耕马拉的传统农耕方法,经过耕地、抓粪、点种、锄草、收割、晾晒、碾场、手工磨面等多重工序,从初春到深秋不停地忙碌,才可以获得绿色、无污染、无公害的抿豆面食材——豌豆面。

清水河抿豆面臊子制作

抿豆面制作技艺历史悠长,饱含着清水河人民的勤劳与智慧,早已成为清水河县独特饮食文化的杰出代表。由于其制作方便快捷,营养丰富,是清水河人民日常饮食的重要组成部分,不止家庭制作食用,许多早点铺、面食馆、饭店都有经营。

抿豆面制作分为两部分:首先是臊子的制作。在选材上用农家粮食喂养的猪肉、清水河石磨豆腐、自家产的土豆、大蒜、小葱等调味品。用炉火烧铁锅,放入切好的猪肉丁煸炒至金黄,加入葱蒜爆锅。然后加入土豆丁、豆腐丁、调味品炒至五成熟,加水盖锅盖焖煮至土豆酥软为止。其次,先将60%的豌豆面和30%的白面、10%的土豆粉面拌匀,边加水边搅拌至稠糊状,把抿面床置于开水锅上,将拌好的面放到抿面床上,用抿面圪堵将面挤压成2~3厘米蝌蚪状的小段下锅。吃一碗,抿一碗,捞一碗,再抿。煮出的抿豆面色泽鲜亮、金黄剔透、豆味飘香。

浇上臊子拌匀即可食用,如果再配上农家炒鸡蛋,自家腌制的酸咸菜,立显农家美食风情。

六、清水河石磨豆腐

石磨豆腐是一种历史悠久的民间食品,以其口感好、营养价值高等因素一直传承到现在。尤其近年来,社会提倡健康饮食,清水河石磨豆腐再一次成了当地的饮食宠儿。石磨是一种古老的石制工具,使用石磨磨出的豆汁不易破坏豆类中的膳食纤维,能够保留黄豆的大部分营养元素。

清水河石磨豆腐制作工艺

清水河石磨豆腐的制作步骤:首先将30斤的黄豆用石磨碴成豆瓣并脱皮,将豆瓣倒入缸中。加50公斤水泡3~4小时,将豆瓣水用石磨磨成豆糊。待所有豆瓣水磨毕,将锅架罩于开水锅上,置箩筒,把豆糊倒入箩筒,用箩托边搅拌、边挤压,使豆渣充分过滤,持续约一小时,一锅豆浆就做成了。其次,将事先准备的浆水用水瓢均匀地点入豆浆锅中,边加浆水边看豆浆凝固程度,经过多次水沸后,豆腐脑逐渐形成。此后,将大笼布置于锅中,舀出笼布过滤出的浆水,把槽布平铺到木槽里,将豆腐脑倒入木槽包好,盖上木板,上放石块,挤压出多余的浆水,持续20分钟,取下石块和木板,打开槽布,冷却20分钟,用刀切成块盛出。这样一块块色泽晶莹、豆味十足、古色古香的绿色、健食的农家石磨豆腐就制作完成了。

清水河石磨豆腐远近闻名,是当地人走亲访友常备的礼品。当前,清水河石磨豆腐已经形成规模化和产业化,呼和浩特、包头等城市的大型连锁超市、蔬菜店出售的豆腐,很多来自清水河县。有很多搬迁到呼和浩特、包头等地的清水河人,临走时总不忘带上几块地道的石磨豆腐。

七、清水河铁艺

铁器的出现在人类历史上具有划时代的重要意义,由于它坚硬、耐损等特性逐渐取代了石器、青铜器,站在了历史舞台的顶端,极大地推动了生产力的发展。我国的铁器在春秋战国时期逐步普及,从战争到农耕,从皇宫到民间日常生活,都离不开铁器。时至今日,铁器在人们生活中依然随处可见。

清水河县位于蒙、晋交界,自古就是华夏和北方游牧民族的渡口和榷场。人们在这里进行着长达千年的物物交换,最为典型的便是中原铁器与部落马匹的易换。

清水河铁器制作历史悠久,享誉周边的张铁炉品牌在清水河已有百年历史。由于张家铁器制作精良,韧性强、耐磨损,鼎盛时期,几乎家家都能看到一两件。目前,清水河一带人们使用的铁器,如水果刀、菜刀、铁锅、锅铲、勺子、钳剪、铁锹、锄头、铁耙、铁铲、铁犁等,大都仍保留着传统制作技艺的身影。

一件好的铁器需要精选细作,至少要十几道甚至几十道工序方可成器。以铁刀为例,它的制作要经过刀刃初做、初步烧煅、錾印(每一位铁匠的铁器都有自己的印章)、整边、镧火、淬火、退火、开刃、制作刀裤、组装刀把、安装等十几道工序后,这把刀才得以制作完毕。

八、前大井村九曲游灯会

清水河县西南部山区的单台子乡,山壑纵横,道路崎岖。早在明末清初,山西人牛有为为躲避战乱,带领全家上下搬迁到清水河县单台子乡,在悬崖峭壁上创建了前大井村。由于天年不好、人畜不稳,为了祈求平安、风调雨顺、人畜兴旺,牛有为发动全村人举办起了九曲灯游会。这一习俗每年举行,世代相传,从未间断。

前大井九曲灯游会由古时候封神榜传说的九曲黄河阵演化而来,共有 9 宫,每个宫由 18 盏油灯组成。九宫为 361 盏,进出门 3 盏,老杆 1 盏,整个灯游会共计 365 盏灯,象征一年的 365 天。前大井九曲灯游会的资金来源是由传统的平均分配法(所有村民包括孕妇肚里的胎儿各出一份,1 头牛、骡、驴出一份,10 只鸡出 1 份,3 头猪、羊出 1 份)来支撑的。

夜幕降临,掌灯人点燃所有灯盏,灯阵旁燃起旺火,大和尚念起梵语佛经,锣鼓、唢呐等民乐组成的乐团奏响嘹亮的乐曲。点燃焰火,百花齐放,领头人带领大家由进门按顺序走进九曲灯游会。乐队秧歌开道,人们紧跟其后开始游灯。游到阵中央要抱老杆,意味着将祈求平安、风调雨顺及多子多福的美好愿望上达天庭。游完九宫,由出门按顺序走出。转 365 盏灯游完一圈代表一年 365 天吉祥平安。

前大井九曲灯游会从正月十二开始,一直持续到正月十六。每日雷同。最后一天所有游灯人员集体祭祖并宣布前大井九曲灯游会结束。

九、清水河米醋制作技艺

醋的酿制和食用来源已久。我国是世界上用谷物酿醋最早的国家,早在公元前 8 世纪就已有了醋的文字记载。南北朝时期的著名农学家贾思勰在《齐民要术》中,曾记载了 22 种酿醋的方法。醋因具有调节肠胃、加速消化、杀菌、抑制人体老化、预防各种老年疾病等功效,被人们广泛食用。

在清水河县窑沟乡窑沟村的大山里,米醋已成为人们生活中的一部分。这里的人们每年都要做上几百甚至几千斤米醋用来食用、送礼或者出售补贴家用。窑沟人每餐必食醋,不仅因为醋能提味和它的诸多功效,更多的是一种解不开,丢不了的乡愁。

窑沟的古法制作米醋耗时漫长,流程烦琐。第一步是制曲。在整个制作工艺中,制曲是制作米醋的重要环节。首先将麸皮放入蒸笼中,用炭火蒸 30 分钟,使之在高温环境下产生菌,取出后降温、晒干,放置 15 天左右形成醋曲。第二步是发酵。将小米和醋曲充分搅拌形成发酵物,放入容器中密封,持续发酵 12 天左右。第三步是制作醋糟。将小香米上笼蒸 40 分钟成米饭取出,揉碎、和糠、加曲充分搅拌后,倒入事先准备的发酵物中,入缸封口。每天定时搅拌两次,25 天后,发酵成醋糟。第四步是制作水醋。需要将发酵好的醋糟用热水淋出,至少 3

遍,成为水醋。最后一步是冷却取醋。将水醋置于-30℃的环境中冷冻20个小时,然后取出冷冻的醋块儿,置于容器之上,渐渐淋出米醋。大约5个小时后,醋块儿变白,淋醋结束。流到容器里的米醋泡沫越多,口感就越纯,品质也就越高。

十、清水河石窑洞制作技艺

中华民族积淀了深厚的历史文化底蕴,民居是中华文化及各民族人民智慧的真实写照。从古至今,中国的民居经历了草构、夯土构、木构、砖构、混凝土框架构等建筑材料的演化,从形式上也经历了独屋、双屋、院落、合院、楼房的演变。但居住在北方山区的人们,习惯了居住窑洞,并创造出了独特的石窑洞制作技艺。

清水河县石材丰富,尤其老牛湾镇的青石质地坚硬,经久耐用,是建造石窑洞最好的材料。盛产青石的老牛湾镇,自然而然成了窑匠辈出的地方。这里几乎家家都有窑匠,牛泥塔村的韩家窑匠最负盛名,他们祖祖辈辈以制窑为生,且制作的石窑洞技法独特、美观大方、居住舒适,是清水河及周边地区最具特色的杰出代表。清水河县至今还保存着200年前韩家制作的窑洞。

清水河石窑洞

清水河石窑洞制作是长城沿线、黄河两岸劳动人民智慧的结晶和生活的写照,是中华文明不可分割的一部分。清水河县石窑洞制作流程如下:(1)选址。以正窑为例需要向阳之地,坐北朝南。(2)方地基。量尺寸挂线。(3)拔壕。用铲铲出一个长7米、宽3米、高3米的壕沟,沟宽2尺1。(4)下线。砌窑腿、留下烟囱、门洞的尺寸,然后拴线。(5)夯土、滚土牛。(6)垒牛头、檊泥。(7)砌窑搬茬子。(8)合龙口。(9)出土牛。(10)垒烟囱、垒门窗、盘火炕。(11)装修。抹窑泥,在窑洞墙壁上抹泥,抹完一遍待干后再抹,共抹三遍。(12)装门窗。将门窗装到窑上预留的门窗口。(13)刮腻子。在窑内墙壁上先后刮两层腻子。(14)油门窗。用油漆漆门窗,油成事先挑选好的颜色。通过以上烦琐的工序,经过少则10天,多则1个月的时间,一间石窑洞方可彻底完工。

第六节　清水河县传统美食及地方名吃

一、抿豆面

抿豆面是清水河人喜爱的一种早餐食品,这是一种用豌豆制作的面食。先将豌豆磨成粉面,然后将三份豆面与一份白面掺匀,用温水和至黏稠,将面搅出筋,揉成黏度很大的软面团。把和好的面放入抿床内用抿疙瘩挤压,一条条豆面从抿床的孔中落入锅中的热水里,等煮熟后捞到碗里,再放入高汤浇上臊子。在寒冷的秋冬季节里,吃上一碗热腾腾的抿豆面,暖心暖胃,寒意顿消。

二、稍麦

稍麦是清水河美食之一。与中国南方地区的传统小吃"烧卖"外形类似,但所用馅料不同,内蒙古地区的稍麦只用牛羊肉和大葱,南方烧卖馅料种类繁多,不是一种食品。

早年这种蒸笼小点都是在茶馆出售,食客一边喝着浓酽酽的砖茶,配以各色糕点,吃着热腾腾刚出笼的蒸笼点心,因其边稍皱褶如花,看着很美,又被称为"稍美",意即"边稍美丽"。因在茶馆"捎带着卖",故又被称为"捎卖"。

面要用精面粉和均,用专用的稍麦棰擀皮,面皮要薄,要擀出花边来。用稍麦皮包羊肉馅。"稍美"的名其实就来源于此。"稍"像花朵一样。本地羔羊肉切碎,加适量菜丝,佐以各式调味品,搅拌均匀后,外包皮,上锅蒸,十分钟即可食。稍美出笼,鲜香四溢。观其形,只见皮薄如蝉翼,晶莹透明,用筷提起垂如细囊,置于盘中团团如小饼,吃起来香而不腻,可谓食中美餐,形美而味浓。再配以砖茶一壶,辣椒一勺,咸菜一碟,大蒜几瓣。味道丰余,食之不腻,悠闲品尝,韵味独特。

清水河稍麦

三、莜面

在内蒙古,很多地方都出产这种既叫莜麦、又叫燕麦的禾谷类农作物,用此种作物的籽粒加工出来的面,叫莜面。清水河县韭菜庄乡气候寒凉、雨水集中且土壤条件好,最适于莜麦生长。因为生长环境好,那里的莜面质量远近闻名。

莜面的营养成分可与精面粉媲美。莜面中含有钙、磷、铁、核黄素等多种人体需要的营养元素和药物成分,可以治疗和预防糖尿病、冠心病、动脉硬化、高血压等多种疾病。同时莜面中含有一种特殊物质"亚油酸",对人体新陈代谢具有明显的功效。

莜面不仅味道可口,且十分耐饿。流传的谚语有:"三十里莜面,二十里糕,十里荞面饿断腰"。莜面吃法多样,风味各有千秋。吃莜面分为冷调热调两种。冷调多在夏天,冷调时用盐水配上酱油、醋、炝上葱花,滴上几滴胡油和辣椒油,拌上多种凉菜,蒸上土豆,吃起来口感润滑清爽。热调多在冬天,随笼蒸肉汤,或者熬臊子,或鸡蛋汤、烩菜、炖肉汤。

生活在清水河的人们在播种与收获莜麦的过程中,创制了许多具有独特地域风味食物,如加工成饸饹、窝窝、饺饺、饨饨、丸丸、鱼鱼、傀儡、拿糕等,吃法多样,风味各有千秋。

莜麦的最大特色是它的吃法,所谓"三生三熟",就是指的这。从生莜麦到做成能吃的莜面制品,要经历三次生、三次熟的过程。莜麦收割下来,拉到场上脱粒,脱下来的籽粒自然是生的,不能吃,这就是"一生";将炒熟的麦粒用机器磨成莜面,这就又成了生的了,这就是"二生";将莜面做成莜面窝窝、鱼鱼等就是"三生"。但要想变成餐桌上味美可口的莜面,还得经过"三熟"的考验。

莜面的"一熟"是炒熟。莜麦打下后先得让它在粮仓里放置，去除浮躁，变得老成些。老辈人常说，只有用这样的莜麦磨出的莜面，才劲道、味足、耐放。

莜面的"二熟"是和面时不能用凉水，得用开水（滚水）。舀适量的莜面粉在面盆里，兑上一半的滚水进行和面。由于是滚水和面，所以这就成了"二熟"。在制作莜面时，通常依靠女人们巧手翻飞，或者左搓一笼鱼鱼，或者推一笼窝窝，或者切点儿莜面拨鱼子，或者包莜面饺饺，或者擀点儿莜面墩墩。最常见的制作方法是做"莜面窝窝"，最简单的做法是用饸饹床压莜面。

莜面的"三熟"是最后的蒸熟。当摆满像工艺品一样的生莜面的笼屉坐到开水锅上，大火猛蒸的过程中，千万不能揭开笼帽看生熟，怕漏了气儿把莜面蒸不熟，拿不起，吃着粘牙。一旦蒸不熟，从播种到出笼前的所有辛苦，就都白费了。一些人刚学做莜面时把握不住火候，容易把莜面蒸"死"了，也就是无法一次性蒸熟导致浪费。

莜面之所以被人钟爱，就在于其所含多种人体必需的营养成分，富含蛋白质（15%）和脂肪（8.5%），且蛋白质中主要氨基酸含量多而全面。另外，莜麦中还含有其他禾谷类作物中缺乏的皂苷，能有效降低胆固醇。但粗加工的莜面制品除了气味大外，也有不容易消化的缺点。因此，莜面不能吃得太饱，"莜面吃个半饱饱，喝碗滚水正好好"。也正因为莜面不易消化，所以吃了很耐饥。

当地吃莜面很讲究，一年四季的吃法各不相同，且各有风味。进入初春将腌酸菜浸泡后，切碎同猪肉、粉条、山药、豆腐等烩出一锅菜，把蒸熟的莜面鱼鱼、莜面窝窝、莜面栲栳放进烩酸菜碗内，再放一些油辣椒调拌着吃。进入夏季，将蒸熟的莜面鱼鱼、莜面窝窝、莜面栲栳与黄瓜片、水萝卜丝、韭菜末、蒜末、香菜段冷调吃。到了秋季，冷调和热调莜面都可以吃。而到了数九寒冬后，用加土豆的羊肉汤或猪肉汤调莜面，再加上一些油炸辣椒末，准叫人吃得大汗淋漓。莜面有五大系列，蒸、炸、余、烙、炒，共有数十个品种，其中蒸莜面常见的就有近二十种特色做法。在清水河当地，莜面之所以是一种受欢迎的食品还有一个重要原因，就在于它四季皆宜和繁简皆宜，且可冷可热，做法多多。食用种类可谓五花八门，简单的，有口素盐汤相伴，就可以直接下肚；复杂的，可熬羊肉蘑菇汤、鸡蛋臊子汤、猪肉烩酸菜汤、豆芽山药丝儿等等。蒸熟的莜面还可以炒着吃、余着吃。当然，当下人们吃莜面更多的是吃稀罕，因为它是换口味的重要食材，可以解日常鱼肉之腻。

四、油炸糕

油炸糕是由黄米加工制作而成。黄米主要盛产于县境中西部地区。清水河的黄米颗粒均匀饱满,米色清新(呈浅黄色),吃起来香甜黏软,润滑可口。把黄米加工成面粉就是黄米面,黄米面用水拌成颗粒状放在笼里上锅蒸熟,再放在盆里或面板上沾水摞。摞好的糕又软又筋,黄灿灿的,上面抹上一层素油会起很多油泡泡,这叫素糕。刚做好的素糕吃上一口甜甜的,米香味回味无穷。包上豆馅、菜馅或红糖放在油锅里一炸,金黄金黄的油炸糕就做好了。

油炸糕色泽金黄,外酥脆,而里既软又筋道,是当地居民很讲究的食品。凡过节、待客、红白喜事,油炸糕是必不可少的座上美食。蘸糖或者蘸肉汤、烩菜吃皆可口。羊肉汤蘸素糕,亦可口香美。

五、羊杂碎

羊杂碎是清水河县传统特色食品。其基本做法是,将羊头、蹄、心、肝、肺、肚、肠放入水锅中,加入盐、姜、葱等调料煮熟,切碎后加入土豆、豆腐、粉条,再加入红辣椒、醋等调味品,便成为油色红润、味道丰美的食品。清水河羊杂碎与牧区的纯羊杂碎做法不同,吃起来肥而不腻、鲜而不膻,独具地方特色。

羊杂碎看似简单易做,实际做起来很不简单,除了调味外,原料处理起来也非常讲究,要用新鲜的羊内脏来做,用冷冻的就差多了,但新鲜羊内脏处理起来极费事费力。

清水河当地人早、中、晚都有喝羊杂碎的习惯。相比其他早餐品种,羊杂碎的价格相对要贵一些。在西北,好吃的羊杂碎应该是在比较小的饭店或者早餐店里,可以泡着饼吃,也可以泡米饭吃,还可以用来煮面条吃,叫作羊杂面。

六、酸米饭

酸米饭是清水河县境居民的家常便饭,特别是居住在黄河沿岸的居民,一般家家户户都有个"浆米罐"(亦称酸罐子),内盛浆汤,用来浆米,置放于锅台或热炕头,使浆进去的米很快发酵沤酸。浆进的米一般多为当地产的糜米。酸米饭含有乳酸菌,生津止渴,消食健胃,清凉泻火,口感好。

人们常吃酸米饭可使皮肤细嫩、唇红齿白。制作酸饭的方法简单,只要将米放入预先准备好的酸米罐子里,倒上水,放上浆汤,经过发酵,然后煮好,即可食用。酸米饭的种类很多,有酸粥、酸捞饭、酸米汤、酸稀粥等。夏秋季节,喝一碗酸米汤,既可消暑解渴,又能祛乏解困,是一种难得的饮料。

七、长豆面

长豆面也是清水河人喜欢一种美食,豌豆同样是它的原料,而它的另一种原料则是蒿籽。蒿籽是清水河一种常见的野生植物种子,有淡淡的苦味和清香。先将蒿籽加水搅拌变成胶凝体,再与豌豆面一同揉捻,可以增加豆面的筋性。把豆面擀成薄薄的豆面皮,切成条状,下锅煮熟,浇上臊子慢慢品尝。其劲道爽滑,豆香浓郁,让人回味着浓浓的乡土乡情。

在清水河,人们吃长豆面时,通常在烧热的胡麻油锅里炝进去几颗扎蒙蒙花(清水河当地山上生长的一种野生植物),再搁适量盐,炝好后浇到刚出锅的豆面上,蒿籽独有的味道,加上扎蒙蒙花的清香,顿时香气四溢。

长豆面

清水河人吃豆面能吃出很多花样,比如豆面抿面,做法是用冷水将豆面搅和成软糕状的面丝,分成适当的块儿,放在抿面床子上,将面丝抿于汤锅中成短粉丝状的一种面食。吃时候,将抿面连汤带面捞于碗内,调以醋、酱、葱、咸菜等,具有香、软、滑、细的特点。

在清水河县,不同时节吃豆面代表不同的文化含义。其中,为老人祝寿时吃豆面为长寿面,意寓老人健康长寿;年轻人新婚第二天吃豆面叫喜面,意寓新人情意绵长;孩子出生百天(或满月)吃豆面为吉利面,意祝孩子长命百岁;正月初七吃豆面称"拉魂面",意寓幸福长久;宴请贵宾或朋友相聚时吃豆面为贵宾面;产妇坐月子吃豆面为养人面,等等。

八、清水河月饼

清水河的月饼有自身独特的制作技艺。主料是白面、胡油、食糖,按照民间传统配料比例"三油三糖"和制后,下剂子,再包上芝麻、果脯、玫瑰等各式馅料,上炉烘烤而成。清水河月饼的烙制过程需要经过近 10 道工序,每一个环节都是手工完成。月饼吃起来甜、香、酥、爽,而且特别耐贮存,是中秋节待客送礼佳品。

九、果丹皮

果丹皮是一种用海红子、大果子熬制晾干后制成的皮状食品。食之,酸甜适中,余味无穷,并可助消化、增食欲、治胃病、高血压病,是人们喜爱的一种食品。

清水河人民制作果丹皮的历史悠久,距今约有 300 年。制作果丹皮的最主要的原料是成熟的海红果。清水河境内的海红果约为 17 世纪以后从陕西府谷、神木和山西保德、偏关等地传入。人们在种植海红果的过程中,将山楂制作技艺进行了拓展运用,创造性地发明了以海红果为原料的果丹皮制作技术。

清水河果丹皮作为日常生活食品,色泽鲜美,口感酸甜,具有壮骨、补脑、补血、健胃、养颜活血等功效,特别对婴幼儿及老年缺钙症具有很好的食疗作用。

第七节 清水河县传统农业系统特征与价值评估

清水河县地处农业文明与游牧文明的汇融和过渡区,畜牧业有着悠久的历史和浓重的本土风情。历史上,晋、陕、宁、甘、内蒙古的长城沿线农牧交错带,由于文明的推拉和交融,作为长城沿线的农牧区,农业和畜牧业往往被互相吸收、互为影响。清水河县的农业有其独特的农业复合系统,县域内农业文化遗产要素丰富多样,传统农业生产系统较大程度上得以保留。因此,在今后农业文化遗产挖掘、认定、保护过程中,清水河县值得重点关注。

课题组经过前期的准备和一周的实地调查后,在深入调查和科学识别的基础上,根据中国重要农业文化遗产认定标准,对清水河县典型农业生产系统进行了初步命名,主要包括:(1)清水河长城沿线复合农牧系统;(2)清水河坝地小香米栽培体系;(3)清水河莜麦栽种体系与莜面文化;(4)清水河黄芩栽培体系与山茶文化;(5)清水河沙棘种植体系;(6)清水河坡底胡麻栽培体系;(7)清水河石墙梯田旱作农业复合系统;(8)清水河黑驴养殖系统。

一、清水河长城沿线复合农牧系统

(一)起源与演变历史

长城沿线农牧交错带泛指西起甘肃省白银市、东至内蒙古和林格尔沿长城两侧分布的狭长地带,属黄土高原丘陵沟壑向内陆沙漠的过渡地带,也是农区向牧区的过渡带。

清水河县境内以山地、坡梁地形地貌为主,地处农业文明与游牧文明的汇融和过渡区。据有此地的古代王朝,通常选择沿着县域内山脉走势,修筑城墙关隘以抵御来自长城北方的威胁。国力强盛时,又以此地为军事前沿据点向外开拓。《史记·蒙恬传》载:"秦已并天下,乃使蒙恬将三十万众北逐戎狄,收河南,筑长城,因地形,用制险塞,起临洮,至辽东,延袤万余里。于是渡河,据阳山,逶蛇而北,暴师于外十余年,居上郡。是时蒙恬威震匈奴。"《史记·匈奴列传》载:"始皇帝使蒙恬将十万之众北击胡,悉收河南地。因河为塞,筑四十四县城临河,徙适戍以充之。"

清水河县内的长城最早可追溯到秦汉时期,当时长城建筑群多分布在黄河南岸,大致在县境内的自西南朝东北部沿线地区,当地多有遗址遗迹留存。秦代,清水河县境为桢陵县,属于云中郡。《汉书·地理志》载:"云中郡,秦置……县十一,桢陵,莽曰桢陆"。郡治所位于清水河县西北的托克托县城北古城,而县治所在今清水河县的喇嘛湾镇缘胡山东南,黄河东岸拐上村东山坡处。

清水河县在汉代划归定襄郡,《汉书·匈奴传》载:"建塞徼,起亭隧,筑外城,设屯戍以守之,然后边境得用少安。"汉王朝为抵御匈奴侵扰,修筑汉长城,其中内蒙古汉长城位于赤峰,这里是出击匈奴后修筑。清水河老牛湾有汉代的聚落遗址存在。秦汉以降,历代王朝多在此地屯兵驻扎,或设置防御州,或设置卫所,或以此地为进发点出讨草原部落。《隋书·炀帝纪》载:"大业三年七月,发丁男百余万筑长城。西距榆林,东至紫河,一旬而罢,死者十五六。"隋长城遗迹保存下的仍有多处烽火台(烽燧)。

清水河长城下的农田

清水河境内的长城保存最为完善的属于明代,现仍有不少军事设施保存下来,位于县内东南部,并以此作为县域的分界线。

现在清水河县境内长城分为内长城和外长城,有大边、二边、新二边,有紧边、急边等多种称呼。沿长城线可看到多处村名带有堡、墩等军事驻屯特点的村子。

世代以来,生活在清水河境内长城脚下的屯田兵士、军户、移民等人群,不断开垦和打理土地,开辟了规模壮观的梯田,世代种植谷子、胡麻、莜麦、大豆、土豆、玉米等作物,并放养山羊、绵羊、马、驴、骡等牲畜,形成了历史悠久、景观壮丽、内涵丰富的传统复合农牧系统,孕育了独特的农耕文化。

(二)农业特征

其一,独特的农副产品。清水河县多山地、多坡梁地,干旱缺水,再加上风蚀强烈、水蚀严重,生态环境十分脆弱。因此,长城沿线农业带有强烈军屯农业特征。长城沿线历来为守戍之地军屯之所,建立在重峦叠嶂等位置险要的地形,也因此会出现后朝的城墙压着前朝的城墙筑造。清水河境内山势层叠,背倚黄河,牢牢地扼守边关,迟滞北方草原民族的南侵。

站在清水河的山梁上,远远望去,山腰山麓地势较为平缓的坡地往往会修出梯田种植小香米、黄米、荞麦、豌豆、莜麦等小杂粮以及玉米、土豆;山顶则是长城烽燧的遗址遗迹。长城沿线不同海拔、不同土壤带除了旱作农作物外,还种植了本地的经济作物,如胡麻、亚麻、海红果、苦杏、个头较小的梨树,以及既可用于保护生态,也能带来经济效益的沙棘树等,为沿线周边地区提供了丰富多样的农产品。目前,小香米、黄米、胡油、米醋、海红果确认为国家农产品地理标志产品。

其二,独特的土地利用方式和农牧结合的生产方式。长城沿线的农耕区往往和长城重叠,年代较早的长城段过去山顶是军事设施,屯兵开垦平整的土地现在种满了庄稼,山腰山麓斜坡、缓坡、平缓地区开垦梯田,种植适宜的树木,山沟、山底多用以放牧。长城沿线林木覆盖,主要以小型灌木丛为主,人工种植的林木为辅。由于降水和灌溉条件限制,轮作套种技术的应用较广,这样有利于地力的保护。

清水河北边是丰饶的阴山脚下,过去是振武军榷场。那里一直水草肥美,拥有充盈的马匹羊驼、皮毛肉食,是一处上好的养马场。长城沿线附近,由于城墙区域和适宜耕种的土地多有重合,当地的人们在相对缓和的地势上种着谷物。但较多的地区更适合草被、低矮灌木的生长。因此,放牧在这片土地上仍然被延续着。对于祖祖辈辈靠天吃饭的老一辈农户而言,不管是算经济账,还是在情感上,马、驴、骡子以及单峰驼等畜力,都很难被现代化的农业机械完全取代。

清水河长城脚下的羊群

文化根植于人们的生活,又结合了彼时的客观条件而产生。在清水河县的大地上,羊群在天然生长的灌木丛和苜蓿草丛中,采啃着天然有机饲料;驴、骡、马在乡间行走。这种特色鲜明的农牧生计模式、农业景观和生态系统,是清水河人民在长期与生态环境和谐相伴的过程中形成的,从古至今,绵延相承,与当地人们的生存和生计相适应,也被当地的人们世代依赖。

(三)生态特征

清水河县境内的长城沿线生态保持良好,有野鸡、狐狸、兔子等野生动物。由于矿产较少、交通不便捷,以及政策硬性规定等原因,县境中工业污染几近于无,生态环境保护效果很显著。再加上独有的自然条件影响,许多传统农作物品种资源得以保存和优化。

长城沿线农业物种多样性丰富,尽管受限于较为恶劣的自然条件,仍有较为丰富的农业物种。当地除了种植粮食,还种植水果、油料作物、药用植物、香料植物、花卉植物等经济作物。

本地的小杂粮系列如小香米(稷)、黄米(黍,包括粳黄米和糯黄米)、荞麦、莜麦、豌豆之外,还出产土豆、玉米、大葱、海红果、本地梨、山果、黄芩、蛰蒙、胡麻、亚麻以及菊花等。此外,还养殖猪、山羊、黑驴、骡子、骆驼、蒙古矮种马,由于毗邻黄河,开河的时候还出产黄河虾和黄河鱼。野鸡、野兔及鸟类动物得以繁衍壮大,狐狸、狍子、野猪等野生动物在林间经常出没。

(四)景观特征

在崇山峻岭之间,清水河人民长年累月在为生态保护做努力。恶劣的自然条件,以及历史时期数百上千年对林木不加保护的砍伐,使得清水河人对于生态和水土保护更加重视。山地进行梯田耕种,风大和缺少足够遮拦的,利用附近石块形成石墙保护。土层薄、海拔高的山地,多种植灌木保护水土,或种植油松、沙棘等经济林,以实现水土保持和增加经济收益的双重目标。当前,清水河境内层叠的梯田群落,形成耕地套嵌于山地之间、蓝天与黄土绿地相接的蔚为壮观的生态景观和壮美图画。

沿着阴山余脉山体的走势和状貌,顺势形成的农业复合系统,勾勒出层次分明的旱作梯田景观和成片的绿色林区。清水河县地处中温带,属典型的温带大陆性季风气候,四季分明。冬季寒冷少雪,春季温暖干燥多风沙,夏季受海洋性季风影响,炎热而雨量集中,秋季凉爽而短促。气温年较差大,光照充足,热量丰富,是当地独特农业景观形成的重要自然条件。

清水河长城脚下的旱作梯田夏日景观

壮美的旱作梯田、成群结队的羊儿、勤劳朴实的农民、错落散布的传统村落(以窑洞为主要特色)等,在清水河境内的长城脚下汇聚,形成了一幅幅绚丽多彩的农业景观和生态景观,向世界诉说着这里的民族融合、农牧结合、文化交融的悠久历史和勃勃生机的景象。

(五)传统知识与技术体系

其一,作物合理布局。清水河县地处农耕文化和游牧文化的交错带,有长期的农耕生产和牧养传统。境内既适合北方传统旱作物种的种植,又适宜畜牧业的发展。但不同的农业物种适宜不同的土地,清水河人民在长期的农耕生产实践中,充分将农业物种和不同的土地进行有机结合,形成了错落有致、科学合理的作物布局。其中,燕麦或莜麦多种植在向阳的坡梁地上,山脚的梯田中多种植土豆、玉米、黑豆、谷子、糜子等作物;坡度较陡、不适应小型机械的坡梁地,往往选择种植蔓茎类作物;较平坦或坡度平缓的田块,通常种植荞麦、莜麦、大豆、小豆等杂粮。并且,当地人民熟悉如何有效利用土地,并实现单位土地面积的最大化产出,从而十分熟悉间作套种、休耕、倒茬、轮作等传统农耕技术和知识的运用。

其二,设计合理、人与自然和谐的养分循环系统。长城沿线较为干旱,水土流失较为严重,清水河人民深刻理解植树保持水土和维护青山绿水的重要性,对树木有着近乎神圣化的重视。因此,当地有句谚语"无灾人养树,有灾树养人"。但因山顶缺水,时令少雨树苗难以存活,当地人民因地制宜结合实际情况种植草木,保持水土避免水土进一步恶化。多在空地上、田埂上栽种包括特色果树在内的各种林木,既起到增加农业收益的作用,同时也能防止水土流失。

其三,保护与利用水土资源的传统知识。由于山地生态环境的限制,清水河县农民往往选择避开土层浅的山顶、避开直对风口的地方,耕地周围会有高出一截的土堆进行保护。对土地的套种也会适当进行,避免地力损耗。由于当地雨水的影响远大过于肥料,因此传统的农耕技术依然发挥着很大的作用。

其四,传统驴耕技术体系。长城脚下的梯田不适合大规模机械化作业,现代化的动力机械很难在梯田上运行。并且,疏松的土壤也不需要牛和马作为畜力进行耕作。因此,长久以来,生活在长城脚下的人们习惯了驴耕,并形成了成熟的驴耕技术体系。在清水河县,乡村中生活的农民几乎家家户户都饲养耕驴,人们对耕驴有着特殊的情感。

清水河长城脚下的驴耕农业

(六)文化特征与人文风情

其一,屯田文化。为了解决戍边军士的吃饭问题,缓解国家公共财政的压力,西汉时期开启了军事屯田。随后,各代都推行过边防屯田。明代继承元代的军户制度,军户子孙世代为兵,作战而外,平时屯种。清水河濒临黄河,坐落于阴山余脉,向北几十公里就是"天似苍穹地似炉盖"的敕勒川,境内又以层叠山峦存在,地理位置险要,历朝历代多为守戍之地、军屯之所。清水河长城脚下的农民,很多都是明代军户的后代,他们世代在长城脚下的梯田中耕种,沿承了历史悠久的军屯文化。

其二,走商文化。历史时期,由于中原王朝掌握着更为精良器皿、铁质工具乃至于武械,以及日常的布帛、盐粮、茶叶等等,草原部落往往会将其作为赏赐以求得互市的机会来换取必需的生存生活物资;当中原王朝失去产马地时,互市又成为获取战马来源的重要方式。清水河县南临近黄河水域,先民们往往又依托黄河走船跑船进行商贸、渔业等活动,长城关隘为商队往来进出草原的必经之所,茶马互市成为蒙汉之间最主要的交易方式。老牛湾黄河岸边能够清晰地看到明朝长城望楼的存在。

明朝时期,山西偏关县水泉营为明政府对蒙古草原"通贡互市"建立的互市地点,水泉营与清水河县北堡乡毗邻。而到了清朝,清水河县境内的明长城段,商贾车队、军队往来于峡谷关隘之间,口子哨就是其中交易往来的必经关口和交通道口。在交易过程中,口内以茶叶、粮油等为主要大宗商品,口外以骡马、毛皮等为主要大宗商品。清水河县内至今仍有大量的牲畜如矮种马、本地黑驴、骡子存在,这些基本上是历史时期作为转运物资的畜力遗留的结果。

清水河农民打场场景

其三,民族融合和多元文化。清水河属于汉蒙杂居的县域,既保留了较多的蒙元文化要素,又有浓厚的黄河流域农耕文化要素。生活在内蒙古清水河县山区农村,你就会感受到最热闹的场面莫过于男娶女聘。山里人把这庄重而热烈的场面俗称为"红事宴"。由于地处黄河流域,其风俗习惯受黄河文化的熏陶,渗透了很多黄土高原、黄河文化的底蕴,方圆几百公里的婆聘乡俗都大同小异,但最大共同点就是山里人对娶聘十分讲究,"红事宴"要办得热热闹闹高高兴兴,让参加者回味无穷,幸福洋溢。用骡驮轿娶亲的风俗,就是民族融合与多元文化的一个反映。

(七) 独特性与创造性

清水河人民在长城脚下的梯田中,世代从事农耕,在利用梯田生产小杂粮的同时,也种植玉米、红薯、土豆、胡麻、亚麻等作物;在进行农业生产的同时,也放养牛羊驴,利用农业生产的各种副产品喂养猪、羊等牲畜,从而形成了独特的长城沿线复合农牧系统。

从环境生态系统来说,长城沿线属于旱作农业,需要面对干旱少雨,风沙侵蚀等自然条件威胁;又要面对交通不便利,个别地段仍需人力和畜力进行农业生产的状况。而南方稻田梯田多以山水林木构成绝佳的绿色生态景观,山水交融、风水聚会,农业景观精致。与之相比,长城沿线复合农牧系统既要考虑到过去军屯人员的住处、训练、御敌,又要兼顾到农牧民日常的农作物生产、牲畜的放牧喂养等事项。这种静态的劳作与动态的放牧相结合的农业景观,在南方梯田系统中是绝难以见到的。

清水河长城脚下的传统村落

农耕文明所种植的谷物具备周期性,按季节收获粮食。农业经验的总结源于四时,归于土地,由此形成农耕文明独有的内敛和对经验的总结与传承。游牧文明移水草而居,充满着活性,顺从着自然,性格上更贴近于自然的豪爽和张扬。长城沿线地处农耕文明与游牧文明的交错带,由此形成的农业文明兼具两者的特点。这是南方稻作系统或北方单独的旱作农耕体系所不具备的。

二、清水河坝地小香米栽培体系

清水河县是一个以杂粮种植为主的旱作农业县,粟作文化历史悠久。小米是清水河县主要粮食作物之一。光绪年间《清水河县志》就曾有明确记载:"黍,苗穗似稷而大,实圆重,有黄白赤黑四种,米皆黄,俗称黄米。"

20世纪50年代,清水河本地种植户中就开始有人以"清水河小香米"的商品名称对外销售自己的产品,以区别周边地区产的小米,价格也比其他小米高出一筹。

20世纪90年代,清水河县引进了新的谷子品种,经过试验和改良,形成了适宜当地种植的优质清水河小香米,推动了清水河谷子产量和质量的双重提升。当前,清水河县宏河镇高茂泉村是远近闻名的小香米之乡。目前县内推广应用的谷子品种主要有繁寺黄、辽东黄、大红谷、小香谷等。清水河小香米所含的17种氨基酸和钙、铁、锌、硒等多种微量元素和各种维生素,以及生物退黑素等人体必需的营养物质。

课题组在清水河老牛湾镇狮子梁坝地小香米基地

近年来,清水河在朝天壕、高茂泉、海子沟、安子梁等村,建立了数十个标准示范园区,种植地膜覆盖小香米谷达到400公顷。清水河县"小香米"谷子种植面积已稳定在2667公顷以上,种植效益达3600万元以上,综合收益上亿元,仅此一项户均收入达到8000多元。

用小香米酿造的米醋,酸味纯正、香味浓郁、色泽鲜明,是清水河农副产品中一张靓丽的名片。在播种谷子的过程中,清水河人民充分利用当地的坝地,从而形成了独特的坝地小香米种植系统。其中,位于老牛湾镇狮子梁的1000亩坝地小香米,就具有典型性和代表性。

清水河坝地小香米栽培体系主要包括"轮作倒茬→精细整地→施肥→选种

→种子处理→播种→田间管理→收获贮藏→包装运输"等流程。

（1）每年4月底到5月初，采用驴耕的方式松土，将上一年播种豆、马铃薯、荞麦、玉米等作物的土地整治成松软和易于播种的状态。深耕一般20厘米。

（2）在播种前结合深耕整地一次施入基肥。基肥一般以农家肥为主。

（3）在播种前进行种子处理，处理的方法有晒种、药剂拌种和种子包衣等。

（4）用传统的耧播方式，将上一年选留或购买的小香米种子进行播种。播种方式有沟播、平作、垄作。

（5）中耕管理，主要包括中耕除草、病虫害防治等。

（6）9月中期左右，采用传统方式收割，并进行收获贮藏和包装运输。

三、清水河莜麦栽种体系与莜面文化

莜麦是原产中国的燕麦品种。莜麦亦称裸燕麦，是燕麦的一种，属禾本科燕麦属，是一年生草本作物。莜麦籽粒瘦长，有腹沟，表面生有茸毛，尤以顶部显著。莜麦是世界公认的营养价值很高的粮种之一，其营养价值居谷类粮食之首。

莜麦在中国有着十分悠久的种植历史，早在汉代时，《尔雅》一书中就对莜麦有了记载。民国《集宁县志》曰："油麦，即《尔雅》所谓'雀麦'也，一名燕麦俗名莜麦，即油字之，为其性寒夏种宜边地。"这说明莜麦还具有一定的抗旱、耐寒、耐脊的特点，适宜种植在干旱贫瘠的边地。光绪年间《清水河县志》在《物产卷》中，对莜麦的种植有明确记载："油麦，叶似小麦而弱，粒细而长，性耐寒，不畏霜，播之寒土则易熟。故百亩之田，种者十八九，不独清水一郡为然，口外各属亦无不然，即关北各州县亦种之最多也。且谓食有力而易饱耐饥。"这说明莜麦在清水河县广泛种植，且在满足人们食物供给、充饥方面发挥着重要作用。

在当代，莜麦由于具有"药食两用"等特点，越来越受到广大消费者，特别是城市各类消费群体的喜爱。莜麦还是一种营养价值极高的饲料作物，其籽实是很好的精饲料。莜麦籽粒中含有较丰富的蛋白质，其脂肪含量大于4.5%，比大麦和小麦高2倍以上。但籽粒粗纤维含量高、能量少、营养价值低于玉米，适合于喂马、牛，不常作猪、禽的饲料。

在居民粮食消费结构中，消费的粮食中精米、精面比例太大。由于食物过于精细、单调，再加上食用动物脂肪增多等原因，我国高血压、心血管病、糖尿病等疾病的发病率不断上升。消费者渴求营养丰富、美味可口、用多种粮食制作的食品。而莜麦等多种杂粮中富含蛋白质、膳食纤维、不饱和脂肪酸、多种维生素和矿质元素，不仅营养丰富而且还有很好的保健功能，对很多疾病均有很好的防治作用。随着科学知识的普及和人们饮食健康理念的形成，莜麦发展有很大

的市场空间。

莜面具有较强的食疗营养功能,可以有效地降低人体中的胆固醇,经常食用,可对中老年人的主要疾病威胁——心脑血管病,起到较强的预防作用。科学证明,莜面富含8种氨基酸、多种微量元素、丰富的亚油酸、高膳食纤维等,其营养价值为五谷之首。

受限于自然条件,清水河县不宜种植小麦、水稻。但是,对于喜寒凉、耐干旱的莜麦而言,却十分适宜在清水河县境内生长。并且,清水河县日照时间长、昼夜温差大,有利于莜麦积聚更多的营养元素。正是得益于独特的自然条件,包括莜麦在内的清水河小杂粮,在内蒙古地区乃至全国都广受好评。

莜面的制作和食用方法很多,搓、压、推、搅、捏、揉等技巧是莜面的主要制作技艺。莜面的制作和食用方法是一项极为珍贵的民间传统手工技艺,也是我国古代劳动人民千百年来逐渐积累的智慧结晶。

四、清水河黄芩栽培体系与山茶文化

清水河当地有一种茶,本地的人多称呼为山茶。山茶的学名为黄芩,根部可入药,具有味苦、性寒、清热燥湿、泻火解毒等作用。夏末秋初采其茎叶,经泡制后可饮用。其色青绿、味清香,有开胃提神、生津止渴之功效,是当地传统茶饮之一。

清水河是黄芩的重要栽培地。据现有方志资料记载,在清光绪年间内蒙古地区就广泛种植黄芩。该地区黄芩还广泛销往我国内地及俄国。光绪《蒙古志》载:"黄芩……为蒙古物产大宗,所在有之。多运入内地,亦有运往俄属西比里者。"光绪年间的《清水河县志》在其物产的药属一类中,也明确记载了黄芩。《蒙药正典》中记载,黄芩生于土质松软的地方,叶茎状如紫茉莉,开黄色小花,根中空,黄色,味极苦,"黄芩如黄柏""黄色,状如切开的胡萝卜般黄"。《中国医学百科全书·蒙医学》中收载为:"黄花黄芩蒙古名希拉浑钦、希拉巴布、希拉巴特尔,为唇形科植物。粘毛黄芩的干燥根,春、秋两季采挖,除去地上部分及须根,洗净,晒至半干刮去粗皮,阴干;味苦、性寒、钝、轻;有清热解毒之功效。"

黄芩茶在北方出现和大规模推广,与历史上的两次"茶禁"息息相关。第一次"茶禁"发生在五代时期。《旧五代史·刘守光传》曾记载:唐末卢龙战区节度使刘仁恭"又禁江表茶商,自撷山中草叶为茶,以邀厚利。"由此,花草山茶始成为商品。第二次"茶禁"发生于金代。《金史·食货志》载,金章宗泰和五年(1205)十一月,尚书省奏:"茶,饮食之余,非必用之物。比岁下上竞啜,农民尤甚,市井茶肆相属。商旅多以丝绢易茶,岁费不下百万,是以有用之物而易无用之物也。"随后,金章宗下发诏令,规定七品以上官员方许食茶,"犯者,徒五年"。据此可以推测,正是受制于官方出台的茶禁政策,生活在北方的普通人在没有茶叶可供饮用时,便寻找能够饮用的代用茶。身为黄芩主要产区的清水河县老百姓,很可能因为茶禁政策和高昂的茶叶价格,不得不采摘黄芩的地上部分泡制饮用。

数百年来,清水河人民一直以黄芩地上部分作为茶叶饮用。他们通常会在夏天暑热季节,将黄芩的枝叶采集回来,剪成小段,直接晒干备用;或把刚采回的小段枝叶放进蒸笼中蒸、晾 3~4 次后,再将其放入密封的容器中保存。时至今日,清水河县境内仍广为流传着"黄芩茶,七蒸晒,祛草味,茶不坏"的谚语。

黄芩野生于山顶、山坡、林缘、路旁等向阳较干燥的地方,是山区的独特草本植物,人们又将其作为茶叶饮用,黄芩茶因而也被称为山茶。制作山茶通常耗费较长时间,因为黄芩极不易晒干,自然晾晒时间通常长达 30~40 天,且晾晒过程中不能受潮,否则就会影响到山茶的品质。

黄芩的花期为 7~10 月,果期为 8~10 月。黄芩喜温暖、耐严寒,成年植株地下部分在−35℃低温下仍能安全越冬,35℃高温不致枯死,但不能经受 40℃以上连续高温天气。黄芩虽然耐旱,但却怕涝,地内积水或雨水过多,可造成生长不良,重者烂根死亡。故排水不良的土地不宜种植。土壤以壤土和沙质壤土,酸碱度以中性和微碱性为好,忌连作。

清水河县的老百姓用其茎、叶经过蒸制等传统工序加工成黄芩茶饮用,已有几百年的历史,黄芩茶成为当地人民消暑、待客的主要饮品。采用野生和人工种植的黄芩茎叶花为主要原料,经过采摘、精选、粉碎、清洗、蒸制、干燥、配料、包装等多道工序加工而成。黄芩茶口味清香,汤色橙黄,内含丰富的黄芩素、黄芩甙等多种有效成分。黄芩茶冷、热均可饮用,常饮可清热燥湿,泻火解毒,消炎抑菌,降血压、促消化,是理想的绿色饮品。

与传统的茶科茶属茶叶相比较,黄芩茶具有自身的特点,如黄芩茶不含有咖啡因等中枢兴奋性物质,不必担心饮用后对睡眠的影响。黄芩茶冲泡后色泽金黄、口感平淡,易被各类人群接纳,所以又叫黄金茶。特别是在降火、抗菌消炎方面比茶叶有更好的效果。

受农牧文化的影响,清水河人民饮食多接近于蒙古,食肉较多,由黄芩制作的山茶正是解腻的好配饮。并且,在明朝中期至民国初年的"走西口"移民期间,受各地饮食文化交流的影响,山茶在清水河当地人民日常生活中的地位尤为重要。

在传统农业时代,黄芩茶呈现的多是当地民众自采自用的形式,只有少量的拿到集市上进行交易。近年来,清水河县为了综合开发黄芩资源,成立了大面积种植黄芩的基地和专业化的经营公司,形成了各种等级的商品,如散装山茶、袋装山茶、袋泡山茶、山茶饼等,不断丰富着地域特色鲜明的黄芩茶文化。

五、清水河沙棘栽培体系

沙棘,又名醋柳,是胡颓子科、沙棘属植物的总称,系落叶灌木和小乔木。其根系发达、有根瘤,生长迅速,抗干旱风沙、耐盐碱瘠薄、耐土壤贫瘠、御严寒酷暑,具有保持水土、防风固沙、改良土壤和适应性强等作用与特点。

沙棘享有"世界植物之奇""维生素宝库"之称,其根、叶、花、果实均可入药。沙棘果实中含有丰富的营养物质和生物活性物质,具有良好的医疗保健功用。我国具有悠久的沙棘药用历史,是世界上沙棘医用记载最早的国家。

沙棘被广泛用于日常治病疗疾。我国不少医学著作均对沙棘的药用做了详细记载。例如,《四部医典》谓:"沙棘利肺化瘀""消除培根之热""治疗紫症""止剧痛""治痰涎""固心水""泻余痞""除时疫""治大痨水臌""涸脓""消肿""润声""开胃""止咳""解毒""止泻""保肝""养胃""除食积肝萎"。《晶珠本草》曰:"沙棘膏治肺病、破穿培根、和血、转化一切痞瘤",沙棘果"除肺肿瘤、化瘀、治病培根""对咽喉疾"。《甘露本草明镜》记载,沙棘果实"主治肺病,消除黏痰,改善血液黏稠,促进循环"。《兰琉璃》谓:"沙棘性温味未甘,大补元气,增进食欲,流通气血,增强体质。"

沙棘的果、汁、油、叶及树皮、树根含有近 200 多种生化成分,干物质中不仅有糖类,脂类,蛋白质三大营养成分,而且还有多种维生素、微量元素、多种氨基酸,以及黄酮类等活性物质。这些活性物质对治疗心血管病和消化系统疾病具有明显功效。同时,在增强人体免疫系统和抵御人体衰老等方面,沙棘同样有良好的保健作用。

沙棘树具有水土保持、防风固沙、生态修复的作用,同时也是北方干旱半干旱区绿化、美化环境的先锋树种。其自身的饲料价值高于牧草紫花苜蓿和白花草木樨。沙棘加工的果渣和籽粕仍含有一定量的脂肪、维生素和丰富的蛋白质及其他多种活性物质,是极好的饲料添加剂。此外,沙棘作为能源树种具有产薪量多、热值高、抗旱能力强、耐平茬等优点,是良好的薪材。沙棘饲料及燃料资源的开发利用为农民带来了直接和间接的经济收入。

清水河县内的沙棘存在已久,由于沙棘多生在山坡,因此长城脚下往往长着茂盛的沙棘丛。过去,这里的人们往往会在沙棘成熟的时候采摘一些,作为天然的零食。据《清水河县志》记载,1986 年根据沙棘造林发展需要,在五良太乡建成一处沙棘种植园,面积 69 公顷,专门培育优质沙棘苗;2000 年因水土治理需求,开始人工栽植沙棘林;随着沙棘的经济效应逐渐增加,2017年清水河县大量推广种植沙棘,沙棘林面积由最初的4.2万亩增加到2019年的35.8万亩。主要品种有中国沙棘、蒙古沙棘、中亚沙棘等品种。截至目前,全县经济林保有量共有63.7万亩,其中沙棘林面积达35.8万亩,占全县经济林总面积的55%,其中原有野生沙棘17.5万亩,通过扶贫林果产业新栽植18.3万亩,主要分布在城关镇、北堡乡、韭菜庄乡、五良太乡,沙棘挂果可采收面积10万亩左右,沙棘资源储量在2000吨左右。

　　清水河县属于内陆干旱区,地处黄河中上游,县域内多坡梁沟壑,水土流失、土地荒漠化、草原"三化"现象严重,生态环境十分脆弱。在这样的地形条件下,充分利用沙棘枝干多、树叶茂盛、根系发达、适应能力强,以及抗旱、抗寒、抗痔、抗盐碱、抗风沙等特性,大面积推广种植沙棘,具有重要意义。并且,种植沙棘可以带来生态效益,这种效益也是社会性的,是由社会所共享的。此外,推动沙棘产业发展,对于清水河县生态文明建设和经济社会高质量发展,同样意义重大。

清水河沙棘

　　栽植沙棘投入成本较大,而且越是经济性状好的品种对管理要求越高,需要更大的投入和更细心的管理,特别是前三年的投入和管理最为关键。由于前期林地无效益,栽植户普遍管理不到位,特别是杂草和除草剂严重影响沙棘幼苗生长,这是导致沙棘不成林、产量没有明显增长的直接原因之一。此外,沙棘刺多,采叶果较困难,大部分都利用手工采收法进行采摘,沙棘采摘难度大,效率极低,还会导致农户在采摘过程中受伤。近年来,清水河县通过实施土地流转措施,扶持了一批规模化沙棘种植大户或家庭农场,并与内蒙古宇航人高技术产业有限责任公司建立战略合作关系,为宇航人公司生产的、以沙棘为原料的化妆品、饮料和保健药品等提供原料。深化沙棘产业链条,进一步推动了清水河县沙棘种植面积的扩大和种植户收益的增长。

六、清水河坡底胡麻栽培体系

胡麻生性喜凉耐寒,适宜生长在高寒干旱地区。胡麻最适宜生长在地理坐标为北纬40°、海拔1500米左右的地区,产出的胡麻油籽为上品。

清水河县属温带大陆性气候,冬寒夏热,雨热同季,温差大,光照足,气候条件完全能满足胡麻的生长需求。而清水河县适宜胡麻生长的地段,耕地大多数为坡梁旱地,其中县境东部地区韭菜庄、北堡等乡平均海拔1600多米,而东南部地区海拔最高。这些地区最明显的气候特征是昼热夜凉、光照充足,这种气候条件十分适宜胡麻的生长发育,是全县胡麻种植的主要地区。这种独特的地理特征和气候条件,赋予了清水河县独特优质的胡麻,从而造就了独特优质的清水河胡油。

课题组在清水河优质胡麻生产基地

在清水河,胡麻往往选择在坡底种植,主要是为了防止水土流失和风沙危害,利用周边的环境保护胡麻的种植。当地种植胡麻往往也会利用间种技术,以防止大片种植胡麻后形成病虫害造成损失。

当地农户种植胡麻通常不会施用化肥农药,一方面是成本,一方面是受雨水限制。化肥农药对胡麻产出的促进效果较低,即使通过施用化肥能够多产些胡麻,但施用化肥后压榨出的胡油口感明显变差。上佳的胡麻由于其对纬度、海拔高度、降雨分布、昼夜温差等生存条件的要求极其苛刻,导致内蒙古地区胡麻适合生长的区域极少。受特定的自然环境等多种因素的制约,清水河县的胡麻在较为传统的有机生态种植模式下,反而保证了高品质的胡麻油。

清水河县适宜种植胡麻,当地有着同样久远的胡油食用压榨历史,至今仍采用传统的压榨工艺以保证胡油的高品质。

七、清水河石墙梯田旱作农业系统

清水河县地处内蒙古高原和黄土高原交接地带,境内黄土层较厚,为农业生产提供了便利条件。但在地质构造方面,属于山西台背斜与内蒙古地轴相接的过渡带,境内土石相间地带较为普遍,尤其是黄河岸边的土地,经过长久的雨水冲刷和自然力的破坏,黄土层不断流失到黄河中。生活在黄河岸边的人们为了扭转这一局面,因地制宜就地取材,在坡梁底开垦梯田,在田地旁筑垒石墙,梯田中种植小香米、玉米、土豆、杂豆等作物,形成了独特的石墙梯田旱作农业系统。

清水河石墙梯田旱作农业系统以老牛湾镇扑油塔村最为典型。扑油塔村是一个移民村,明清时期随山西移民在清水河境内开垦荒地而产生。目前,村庄有47户人家,户籍人口将近200人,但常住人口仅有40余人,且均为50岁以上的中老年人。

在村庄靠近黄河边的方位,坐落着一套古石窑洞院落。这座古石窑洞院落大约是道光年间孙姓秀才给后代留下的,至今其后人仍居住其中。这套古院落,向世人诉说着扑油塔村悠久的历史、移民文化和传统农业生产模式。时至今日,生活在扑油塔村的人们仍然在世代开垦出的石墙梯田中从事农业生产,维持着清贫但祥和的生活。

石墙梯田与黄土高原的土坡梯田相比,最明显的区别就是田埂是用当地产的石块堆砌起来,将黄土和雨水截留在田块内,以便于种植谷子、糜子、绿豆、大豆、马铃薯等粮食作物,以及西红柿、小青菜、黄瓜、豇豆等蔬菜。通常,石墙梯田的地块较小,梯田的田埂周边栽种了梨树、枣树、海红果树,起到加固石墙的作用。

石墙梯田旱作农业系统在清水河县存在的历史较为久远,至少在明清时期已经被生活在黄河岸边的清水河人民采用,是人们维持生计和从事农业耕作的一种土地利用方式。

八、清水河黑驴养殖系统

受独特的地理环境的影响,黑驴在清水河农业生产中的地位要远远高于黄牛和马匹。因为本地的黑驴具有好养活、用途广、耐力强等特点,更适合粗养,更加适应在山地、坡底间走路、拉货。因此,自古以来,驴耕就是清水河农业耕作的基本方式,驴子是当地最重要的大型牲畜,是农户家庭日常不可缺少的牲畜。

在清水河,养殖的驴子主要是黑驴。当地的黑驴有两个类型:肉用驴和役用驴。其中,肉用驴以德州黑驴为主,役用驴则是本地的小毛驴。

驴子的用途不同,养殖方式通常也不同。肉用驴通常是大规模集中养殖,驴子生活在特定的驴圈中,喂食的是科学配比的饲料。这种驴子通常生命周期较短,基本上在 8 ～ 10 个月出栏。役用驴通常是由农户散养,驴子在村庄周围的山坡上或房前屋后采集食物。冬季乏食之际,则由农户喂食夏秋之际采割的青草或者胡麻油饼、玉米粒等。清水河本地的役用黑驴,寿命通常为 20 年。

清水河长城脚下散养的黑驴

时至今日,尽管机械动力已基本取代传统的畜力,但在清水河这样的北方县份内,驴子仍有多种多样的用途。尤其是在坡地和梯田中,驴子仍是主要的动力来源。但近年来随着黑驴肉用市场前景较好,清水河县本地黑驴越来越被出肉率高的德州黑驴取代,本地黑驴的占有率比十多年前显著降低。

九、清水河县传统农业系统评估意见

在系统调研的基础上,课题组专家根据《中国重要农业文化遗产认定标准》

和具有潜在保护价值的传统农业系统评估体系,对清水河县传统农业系统进行了初步评价,评估意见如下:

(一)清水河长城沿线复合农牧系统

清水河地处中国北方游牧文化和农耕文化的交错地带,自古以来就具有农牧文化的复合特征。生活在清水河长城沿线的人们,世世代代通过耕种和放牧,维系着古老传统的生计方式。

在成百上千年的农业生产实践和游牧生活中,清水河人民在长城脚下开辟了大片梯田,种植谷子、黑豆、玉米、土豆等作物,放养羊、驴、骡等牲畜,形成了独特的旱作农业系统和牲畜养殖体系,丰富了中华农业文明的内涵。时至今日,大片大片错落有致的梯田,成群的羊、驴,以石窑洞为代表的传统民居和村落,淳朴忠厚的村民、绵延起伏的长城和散布的烽火台,共同构成了一幅幅壮美且生机勃勃的农牧画卷,彰显了中华农耕文化的内敛和游牧文化的张力。

清水河长城沿线复合农牧系统是农耕文化、游牧文化、军屯文化、长城文化、移民文化、走商文化综合孕生的结果,不仅具有壮美的梯田农业景观和悠闲啃草的羊群,也孕育了丰富多彩的非物质文化遗产和独具的乡风民俗,是清水河人民乃至中华民族生产生活乃至精神文化的骄傲。

在科学合理评估的基础上,专家组对清水河长城沿线复合农牧系统进行了打分,分值为91分。专家组认为:清水河长城沿线复合农牧系统具有重要的保护价值和意义,将其纳入中国重要农业文化遗产,乃至全球重要农业文化遗产保护体系,具有重大潜力和价值,对于推动清水河县域社会经济和文化发展,具有重要意义。

(二)清水河坝地小香米栽培体系

清水河具有悠久的旱作农业传统,粟、黍一直以来是当地主要的粮食作物,小米和大黄米是当地人民碗中的主食。在长期的粟作农业发展历程中,清水河人民引进和培育了多种粟、黍品种。其中,清水河小香米就是一个响亮的品种。在短短的20余年的时间内,清水河小香米已经成为当地主要种植的谷子品种,并入选了国家地理标志农产品。

在播种小香米的过程中,清水河人民因地制宜,在梯田、坝地、川地等田地中进行播种,形成了格局不同的农业景观,丰富了北方粟作农业的内涵。其中,在坝地中播种小香米,更具独特性。

清水河坝地小香米栽培体系

清水河小香米不仅推动了我国北方粟作农业文化的沿承和发展,更是成为当地人民的骄傲,得到了当地人民普遍的认同,并将当地的粟米饮食文化推向了新的高度。不过,从重要农业文化遗产认定的角度而言,清水河坝地小香米栽培体系在一些方面难以有效支撑,比如,小香米这个粟米品种并不是当地的本土品种,而是 20 世纪 90 年代从陕西引种而来,并且,清水河的坝地利用系统因缺乏坚实的资料印证,难以界定为当地传统的土地利用系统。

在科学合理评估的基础上,专家组对清水河坝地小香米栽培体系进行了打分,分值为 66 分。专家组认为:清水河坝地小香米栽培体系虽然是当前清水河县特色的农业系统,但并非传统农业系统,在当前的社会经济背景下,清水河小香米是该县主推的粮食作物品种,濒危性并不明显,保护的必要性并不突出。将清水河坝地小香米栽培体系列入中国重要农业文化遗产进行保护,并非必需。

(三)清水河莜麦种植体系与莜面文化

莜麦是原产于我国北方的优质杂粮品种,具有耐干旱、抗盐碱、生长期短的优良特点。由莜麦制作的面食营养价值高、保健功能强。清水河县莜麦种植历史悠久,是我国莜麦的一个主要产区。在长期的栽培过程中,清水河人民掌握了莜麦的传统栽培技术和知识体系,在坡梁地发展出了独特的莜麦种植体系和农业景观。不仅如此,当地人民还掌握了多种多样的莜面制作技艺,经常食用莜麦面条、莜麦栲栳、莜麦鱼鱼、莜麦面包、莜麦花卷、莜麦饼、莜麦疙瘩汤等特色面食,丰富了当地的饮食文化。

在科学合理评估的基础上,专家组对清水河莜麦种植体系与莜面文化进行了打分,分值为75分。专家组认为:清水河种植莜麦历史悠久,食用莜面是当地人民长久以来的习惯,清水河人民不仅丰富了莜麦的种植体系,也推动着中国北方莜面文化的传承和发展。不过,清水河莜麦种植体系在北方地区较为常见,莜面制作技艺和莜面文化与山西北部、陕西北部、甘肃东部地区相似,在典型性、独特性和创造性方面不太明显。将清水河莜麦种植体系与莜面文化列入中国重要农业文化遗产加以保护,仍需进一步挖掘其文化内涵,梳理其典型性、独特性和创造性。建议对清水河莜麦种植体系与莜面文化加以培育。

(四)清水河黄芩栽培体系与山茶文化

黄芩是产于中国、俄罗斯、蒙古、朝鲜、韩国和日本等国家的多年生草本植物,中国人民将黄芩作为中药材进行开发利用的历史十分悠久。清水河是我国生产黄芩的县域,人们采集、种植和利用黄芩,已经成为传统农耕生活的重要内容之一。历史时期茶文化的传播、明清时期中原人民"走西口"等事件,均与清水河的黄芩种植和浓郁的山茶文化密不可分。清水河人民种植黄芩,丰富了当地的农耕文化和农业生产;清水河人民饮用山茶的习俗,拓展了中国茶文化的内涵。

在科学合理评估的基础上,专家组对清水河黄芩栽培体系与山茶文化进行了打分,分值为69分。专家组认为:清水河人民采集、栽培和利用黄芩的历史久远,当地人民掌握了黄芩的生长习性、栽培技术和传统的加工工艺,有意识地进行了规模化栽培。在长期与黄芩相伴的历史中,清水河人民充分了解和有效挖掘了黄芩的药用价值和饮用价值,饮用黄芩制作的山茶,是当地人民的一个传统生活习惯。正因为此,当地发展出了独特的山茶文化。但是,清水河不是黄芩的优势主产区,黄芩被社会认可的程度远比不上内蒙古赤峰,山西绛县、夏县、新绛县,陕西商洛商州区、渭南临渭区,甘肃陇西、渭源和山东沂蒙山区等地。换而言之,清水河黄芩栽培体系与山茶文化的代表性、典型性和独特性不太明显,如果要将清水河黄芩栽培体系与山茶文化纳入中国重要农业文化遗产中加以保护,仍需要对其进行培育和强化。

(五)清水河沙棘栽培体系

沙棘是黄土高原常见的耐旱、抗风沙落叶灌木。沙棘果富含维生素C,具有显著的药用价值、食疗价值、美容价值和生态绿化功能,在荒漠治理过程中属于先锋植物品种。清水河地处黄土高原的过渡地带,是沙棘的重要产地和优质适生区。历史时期,清水河人民就有采集和食用沙棘果的习惯,并用沙棘喂养牲畜,取得了较大的社会效益和经济效益。自改革开放以来,清水河人民在市场经济体制下,越发感受到了沙棘巨大的经济效益和生态价值,逐渐大规模栽培沙棘。

在科学合理评估的基础上,专家组对清水河沙棘栽培体系进行了打分,分值为55分。专家组认为:清水河人民有意识地采集和利用沙棘历史较为久远,了解和掌握了沙棘的生长习性和栽培技术,近年来有意识地加大了沙棘的规模化种植和深加工利用。但清水河不是沙棘的优势主产区,清水河人民主动栽培沙棘进行荒漠化治理,充分挖掘沙棘果的药用、食疗、美容和生态绿化价值时间并不久远。沙棘树和沙棘果在当地人们的日常生产生活中的地位并不突出,沙棘融入当地农耕文化的程度尚浅。沙棘在清水河越来越受到重视,其濒危性并不存在。因此,不建议将清水河沙棘栽培体系纳入中国重要农业文化遗产进行保护。

(六)清水河坡底胡麻栽培体系

中国北方地区的胡麻指的是原产于近东、地中海沿岸的油用亚麻,是一种喜凉爽、怕高温、耐寒的作物。胡麻适合栽种于土层深厚、疏松肥沃、排水良好的微酸性或中性土壤。清水河县境内的耕地95%为坡梁地,十分适宜胡麻的栽培。清末民初以来,清水河人民在引种胡麻后,将其播种在坡梁地上,通过传统的耕作技术和中耕管理经验,形成了特色鲜明的坡地胡麻栽培体系。并通过传统的碾压和压榨技术,为社会提供了优质的胡麻油。时至今日,传统的胡麻种植技术体系和胡麻油压榨技术,仍在清水河境内延续着。胡麻油炸出的黄米糕,用胡麻油凉拌的黄豆芽等凉菜,一直滋润着当地人们的生活,并成为他们挥之不去的乡愁。所有这些,也在不断丰富着当地的农耕文化和传统乡风民俗。

在科学合理评估的基础上,专家组对清水河坡底胡麻栽培体系进行了打分,分值为53分。专家组认为:清水河人民将传统的旱作农业技术体系运用到胡麻的栽培过程,将独特的坡梁地利用系统运用到胡麻的栽培,将传统的榨油技术运用到胡麻油的压榨,孕育出了独特的坡底胡麻栽培体系和胡麻油饮食文化。但从中国重要农业文化遗产挖掘保护的视角而言,胡麻是一种外来物种,目前中国种植胡麻最早的记载发生在1906年的东北地区,胡麻在清水河的栽培历史较短,当地并没有胡麻的本土品种。因此,清水河坡底胡麻栽培体系的关键要素可能难以满足中国重要农业文化遗产的认定标准。并且,胡麻是目前我国常见的油料作物,清水河的胡麻并不具有显著的典型性和代表性,不建议将清水河坡底胡麻栽培体系纳入到中国重要农业文化遗产进行保护。

（七）清水河石墙梯田旱作农业系统

居住在黄河岸边一些传统村落中的清水河人民,出于生计考虑,充分利用当地丰富的石材和有限的土壤资源,通过筑造石墙梯田,并在梯田上播种谷子、高粱、玉米、土豆、黑豆、黄豆以及瓜果蔬菜等作物,在梯田边种植梨树、杏树、枣树等经济林木,持续维持着传统古朴的生计,创造了独特的石墙旱作梯田农业系统。从黄河岸边的山脚到山顶,一级级的石墙梯田彰显了清水河人民独特的生存智慧,它们与石窑洞为主体建筑的传统村落、散布在山野中成群的羊群和驴儿、朴实勤劳的村民、丰富的旱作作物一起,构成了美丽的石墙梯田旱作农业景观,也为我们留下了较为独特的农业文化遗产。

在科学合理评估的基础上,专家组对清水河石墙梯田旱作农业系统进行了打分,分值为73分。专家组认为:清水河境内的黄河岸边,人们世代开垦出的石墙梯田及其旱作农业系统,具有一定的独特性,彰显了当地人民较高的生存智慧。时至今日,这些田块仍在艰难地维系着一些人们的生计安全。但随着越来越多的年轻村民移居城市,这些梯田不断遭受着风沙侵蚀、人为撂荒,濒危性十分显著。因此,在乡村振兴战略和保护传统优秀农耕文化的背景下,对清水河石墙梯田旱作农业系统及其周边的传统村落进行保护,具有一定的价值和意义。但清水河境内黄河岸边的石墙梯田规模相对较小,破坏较为严重,梯田分散性较大,农业景观没有长城脚下的旱作梯田壮观,也赶不上当前已经被列入全球重要农业文化遗产和中国重要农业文化遗产的古梯田,从而一定程度上降低了其保护价值和意义。

与韩国济州岛的石墙农业系统相比,清水河县的石墙梯田具有一定的相似性,同样彰显了生活在黄河岸边的清水河人民高超的生存智慧,以及他们对防治水土流失、风沙侵蚀的独特技艺。但因规模有限和田块分散,在农业景观方面略逊一等。

（八）清水河黑驴养殖系统

清水河是我国黑驴的生产大县。黑驴与清水河农业发展息息相关,千百年来,清水河农民运用传统的铁犁驴耕方式,在坡梁地上播种旱作粮食作物,产生了厚重的驴耕文化。与其他地区发达的牛耕文化和强劲的现代化农耕相比,铁犁驴耕就像在清水河绵延150公里、目前保存最好和最有历史价值的明长城那样,代表着清水河独特的历史文化。

在科学合理评估的基础上,专家组对清水河石墙梯田旱作农业系统进行了打分,分值为67分。专家组认为:清水河驴耕农业历史久远,黑驴与人们的日常生产生活密不可分,在长期与黑驴相伴的日子中,清水河人民掌握了黑驴的养殖技术,积累了丰富的黑驴养殖经验。时至今日,铁犁驴耕仍是清水河农民重要的乃至主要的耕作方式。清水河的驴耕文化与明长城相映成辉,反映了当地厚重且独特的农耕文化。近年来,外地优良肉驴品种逐渐在清水河繁育,并取得了较高的经济效益,传统畜力驴种因经济效益缓慢而受到较大挤压。从保护传统驴耕农业和土里利用系统的角度而言,清水河黑驴养殖系统具有一定的保护意义和价值。但驴耕农业在黄土高原的不发达地区仍较为普遍地存在,清水河也缺乏本地特有的驴种。从中国重要农业文化遗产挖掘保护的角度看,尚缺乏一些核心要素。

第六章　韩城市农业文化遗产识别评估

第一节　韩城市概况

一、总体概况

韩城市位于陕西东部,西与黄龙县毗邻,东隔黄河与山西省乡宁县、河津市、万荣县相望,北靠宜川县,南接合阳。

韩城市辖 2 个街道、6 个镇:新城街道、金城街道,龙门镇、桑树坪镇、芝川镇、西庄镇、芝阳镇、板桥镇。目前有 166 个行政村、39 个社区、243 个村民委员会、1250 个村民小组。2020 初,全市总户数 129 920 户,常住人口 39.46 万,户籍总人口 395 199 人,其中农业人口 117 756 人,城镇人口 277 443 人。户籍人口中女性 192 501 人,男性 20 598 人,男女性别比为 105.3:100。居民以汉族为主,还有蒙、回、藏、维吾尔、苗、彝、壮、布依、朝鲜、满、土家、东乡、达斡尔、瑶、锡伯、俄罗斯等 16 个少数民族。

韩城处于暖温带半干旱区域,属大陆性季风气候,四季分明,气候温和,光照充足,雨量较多。年平均气温 13.5℃,≥10℃ 积温为 4626℃。平均年降水量 559.7 毫米,无霜期 208 天,日照 2436 小时,有利于发展农业生产。但雨量不均,多集中于 7~9 月份。春夏季易发生干旱,夏季阵雨多、强度大,水土流失严重。

地势西北高、东南低。西部深山多为梁状山岭,一般海拔 900 米以上。中部浅山区多为黄土丘陵,海拔 600~900 米。东部黄土台塬海拔 400~600 米。澽水河下游川道和黄河滩地,海拔多在 400 米以下。深山和浅山丘陵占总面积的 69%,有"七山一水二分"田之称。

二、历史沿革

韩城历史悠久,源远流长。早在公元前8万~公元前5万年的旧石器时代晚期,韩城就有了人类活动的足迹。大禹在治水时曾经来到过韩城,留下了许多美丽的传说。韩城二字见于经传者,始于先秦时期遗作《韩奕》"溥彼韩城"之句。夏商时期以"龙门"代称。公元前11世纪中叶,周武王的小儿子被周成王分封于此,称韩侯国。春秋时期为梁伯国和晋国韩原所在地,战国时入魏而为少梁。公元前327年,秦国占领少梁,更名夏阳,秦惠文王置夏阳县。秦统一后置郡县,始名曰夏阳县。西汉沿用夏阳县名,属左冯翊,新莽改县名曰"翼亭",后汉复旧,一直沿用至南北朝。

隋开皇十八年始名为韩城县,属冯翊郡,其后名称有多次变更。唐昭宗天佑二年,更名韩原县。后唐明宗天成元年(926)复名韩城县。金升为桢州,元至元六年废州复名韩城。明、清两代因之,仍属同州府管辖。1948年3月24日解放。1983年10月,经国务院批准撤县设市。

韩城市历史文化旅游资源丰富,各类文物保护单位208处,素有"天然历史博物馆"之美誉,1986年12月经国务院批准为中国历史文化名城。东部沿黄和滩涂资源带有禹凿龙门、鲤鱼跃龙门的神话;中部文物古迹资源和人文景观众多;西部为山区自然风光资源带。全市已形成以司马迁文化、民居民俗文化、黄河文化、城市文化为代表的一批知名景点。

三、生物多样性

韩城市农作物以麦、棉、粟、糜子为大宗,玉米次之。其他豆类、荞麦、芝麻、高粱,产量有限。栽培柿、栗、桃、杏、苹果、红果、枣、梨、核桃、石榴等果树品种。种植菜瓜、香瓜、西瓜、南瓜、王瓜。菜有木耳、乾葱、莴苣、芹菜、茄、蒜、韭、萝卜、菠菜、苜蓿、芫荽、甘薯、白菜。所产中药材主要有麻黄、五倍子、黄芩、知母、远志、地骨皮、牵牛、牙皂、茵陈、防风、车前子、苍术等。树木有松、柏、楸、槐、桐、榆、柳、杨、桑、椿等。

野兽有虎、豹(金钱豹、土豹)、豺、狐、狼、狐狸、黄鼬(黄鼠狼)、野兔、野猪、狍子(野羊、黄羊)、獾、猿、猴、岩松鼠、花鼠(五道眉、花格狸)、达乌尔黄鼠(黄鼠、大眼贼)、大仓鼠(田鼠)、中华鼢鼠(地老鼠、瞎老鼠)、小家鼠、褐老鼠(大老鼠)、大灵猫(野猫、偷鸡豹)、黑线姬鼠、黑线仓鼠、长尾仓鼠、翼手目蝙蝠等;家畜有马、牛、羊、犬、猫、骡、驴、猪。

野禽有鹰、鹊、鹑、雀、鸽、鸢、鸥鹇、鹗、苍鹭、豆雁（大雁）、赤麻鸭、绿翅鸭、石鸡、金鸡、雉鸡、灰斑鸠、杜鹃、夜莺、猫头鹰、家燕、黄莺、画眉、山雀、白鹭、松鸭、岩鸽、百灵、戴胜、青燕子等；家禽有鸡、鸭、鹅。

河流溪涧有蟹、鲤鱼、鲫鱼、黄鳝、蛇鱼、鲇鱼、中华鳖、蛙、水獭等。蛇虫类有黄脊游蛇、虎斑游蛇、黑眉锦蛇、乌梢蛇、野鸡红蛇（水蛇），还有壁虎、黄蜂、土蜜蜂、蝴蝶、蚯蚓、蝎子、蜈蚣（蚰蜒）、土元（簸箕虫）、蝉等。

四、农业生产概况

2019年全年农林牧渔业实现总产值456 675万元，按可比价格计算，较上年增长4.3%。其中，农业产值363 737万元，增长4.3%；林业产值11 389万元，增长24.3%；牧业产值44 263万元，下降1.3%；渔业产值1601万元，增长8.7%；农林牧渔服务业产值35 685万元，增长4.8%。

全年粮食产量4.9万吨，比上年增长1.6%。其中夏粮产量2.2万吨，下降5.3%；秋粮产量2.7万吨，增长7.6%。水果产量7.9万吨，增长8.9%。蔬菜产量15.0万吨，增长6.5%。花椒总产量为2.6万吨。

年末全市森林面积达111.74万亩，森林覆盖率46.36%。全年造林7.9万亩，其中人工造林1.6万亩。育苗0.81万亩、6422万株，零星（四旁）植树66.9万株，封山育林2.3万亩，森林抚育2.0万亩。

肉类总产量达5817吨，较上年下降0.8%。禽蛋产量2533吨，较上年增长1.1%。奶类产量2725吨，增长16.8%。全年出栏生猪48 976头，下降5.2%；出栏牛3281头，增长2.5%；出栏羊34 355只，增长6.0%；出栏家禽101.8万只，增长148.3%。

第二节 韩城市传统农业生产系统要素信息采集分布

一、西庄镇

西庄镇位于市区正北，距市区10公里，属于国家级龙门生态工业园区重要组成部分之一。面积241.5平方公里，下辖48个村委会。乡镇企业以商贸、煤炭、建筑和饮食服务业为主，农业主产小麦、玉米、棉花，盛产大红袍花椒。

耕地面积7.9万亩，林地面积15.1万亩。西部山区森林茂密、植被丰富、景色宜人，有"天然氧吧"之称，优质大红袍花椒生产享誉全国。中东部平原土地肥沃,农业以"椒、果、菜、畜"为四大主导产业。辖区工业发达,是设施先进的全国循环经济示范工业园区,省级经济技术开发区也正在建设中。

全镇区域旅游资源丰富,既有"民居瑰宝"党家村、普照寺、梁带村两周墓葬群、法王庙等文物古迹旅游资源,又有柳村古寨、郭庄寨、柳枝村、郭庄村等一批古传统村落及美丽乡村,年接待游客累计70余万人。

镇区交通便捷,经济活跃,108国道、京昆高速、京韩铁路穿镇而过,区位优势明显,是韩城市的农业大镇、工业强镇、旅游名镇。截至2017年底,全镇工农业总值110亿元,农民人均收入与城镇居民收入分别达到13240元、35800元。2016年被省上评为"省级旅游特色小镇"。2017年通过国家爱卫会的考核被评为全国卫生城镇,2017年获得陕西省省级跟踪指导考核市级重点镇。

课题组实地调查西庄镇,主要目的在于考察当地椒果种植情况,收集当地独特的农业物种、传统种植制度和知识、传统农业民俗信息,采集传统村落、文保单位、非遗等文字图片信息。

二、芝阳镇

芝阳镇位于韩城市以南17公里处,是韩城市最大的农业乡镇。全镇总面积173平方公里,海拔高度在450～1100米之间,地理状况较为复杂,有"一川二水六片塬"之称,是大红袍花椒和苹果的优生带。全镇共辖44个行政村,151个自然村,171个村民小组,29 174人。土地面积69 560亩,其中耕地面积47 219亩,主导产业是花椒、苹果及养殖业。

近年来,芝阳镇强力打造"一区三园建设",大力发展"一村一品"经济,形成了"上片椒树、塬片果桃、川道养殖"的发展格局。全镇共栽花椒420万株,年产量350万公斤,产值1.6亿元,年销售量1600万公斤,占全市花椒销售总量的60%。苹果面积14 000亩,占全市的35%,年产量1070万公斤,年收入超过1万元的有1400户。全镇花椒销售大户60户,苹果销售大户40户。建成了北寿寺国家级苹果"四大技术"示范基地、芝阳镇万亩花椒示范基地、寿寺设施农业示范基地、露沉雪里红桃示范基地、乔子玄千亩核桃示范基地、张庄省级苹果明星示范园;创建芝阳、迪庄、孟一沟3个专业养殖村和露沉专业养殖小区,以及东英、桥头、东弋家塬3个"一村一品"示范村。发展养猪大户40户,年出栏15 500头;发展养鸡大户42户,年存栏10万只以上,年产蛋量150万公斤。

课题组实地调查了万亩花椒示范基地、北寿寺国家级苹果"四大技术"示范基地,向农户询问了花椒、苹果相关种植技术与经验、传统耕作制度等。并前往国家级传统村落清水村及北寿寺村、马村、王村等15个村庄,采集文物遗址遗迹、传统农业民俗等信息。

三、板桥镇

板桥镇地处韩城市西部山区,距市区以西 7 公里,地理地貌"两梁一川",面积 267.1 平方公里。全镇辖 14 个行政村,153 个村民小组,人口 11 050 人。耕地面积 42 345.9 亩。各类养殖户 1620 余户,年产值达 2500 多万元。共有农业养殖种植专业合作社 23 个。

板桥镇文化旅游蓬勃兴起,境内 17 万亩原始森林和 15 万亩灌木林,为世界珍禽褐马鸡提供了良好的生存环境;自然人文景观有"横山观""高龙山宋辽战场迹址""清凉寺""板桥索道桥""桢洲水色""牛心瀑布""猴山胜景""香山红叶"等 80 多处。人文故事传说有桢州府地、香山居士(白居易)、禹山降香(汉武帝)、清官赵濂、沙浪隐窟(吴沙浪)等 28 个。板桥山清水秀、人杰地灵、旅游资源得天独厚,是休闲度假的"天然氧吧",被誉为韩城西部的"后花园"。板桥镇猴山开发项目位于板桥镇峰川村,距离镇政府 25 公里。

课题组实地调研板桥镇主要去了解板桥镇传统村落及文化遗址遗迹、实地考察王村古核桃园。

四、龙门镇

龙门镇位于韩城市东北 23 公里,是韩城 50 万人口中等城市规划建设中的副中心,也是韩城市大部分重工业布局的所在地。龙门镇东临黄河,西依梁山,自古是大西北通往华北的要冲,素有"华北入陕第一镇"之称,是"大禹凿山导河,鲤鱼竞跃龙门"传说发生地。

龙门镇辖 7 个居委会和 19 个村委会,总面积 68 平方公里。龙门镇地处"渭北黑腰带"东缘,煤炭资源十分丰富,开采历史极为悠久,经过多年的努力发展,形成了以钢铁冶炼、煤炭采选、煤化工、电力为核心产业的基础工业格局。得益于发达的工业基础,龙门镇于 2012 年成为陕西经济第一强镇,全年地区生产总值突破 120 亿元。2019 年 10 月,龙门镇入选"2019 年度全国综合实力千强镇"。

龙门镇境内西塬村有玉皇后庙建筑群、北部黄河西岸有龙门自然风景区,景区内有龙门古渡、龙门峡谷,是韩城市旅游强市发展战略中的一个重要板块。

课题组前往调研龙门镇的主要目的是去实地考察传统村落、文化遗址遗迹以及当地传统民俗文化、饮食文化等。

五、桑树坪镇

桑树坪镇位于韩城市域北部,距中心城区约 35 公里处。镇域北起独泉乡,南至龙门镇,西连王峰乡,东至黄河西岸与山西相隔。辖 1 个居委会、45 个村委会。

桑树坪镇大部分用地属于黄土残塬沟壑区,海拔 400~1000 米之间,地形破碎,起伏较大,梁沟高差 100~300 米之间。全镇农用地约 15 000 公顷,占土地总面积的 73.26%,耕地 110.46 公顷,占农用地面积的 0.74%。

课题组前往桑树坪镇的主要目的是实地考察王峰村等传统村落、文化遗址遗迹以及当地传统民俗文化、饮食文化。

六、芝川镇

芝川镇为韩城古镇,自古就有"韩城首镇"之称,距市中心 10 公里,东濒黄河,西接卫东、芝阳两乡,南连龙亭原,北接金城区。因地处芝水川道而得名。镇东古渡与山西荣河相望,自古为兵防要地。战国时,秦晋、秦魏多次争战于此。秦末,韩信以木罂从此渡军破魏,擒魏王豹。民国二十六年(1937),八路军朱德总司令率大军从此东渡抗日。芝川镇总面积 182 平方公里,共辖 52 个行政村,总人口 50 423 人。设有 29 个党支部。

芝川镇大部分用地属河谷川道区,海拔在 300~450 米之间,主要为河川阶地和黄河滩地部分。川道为澽水河川道,地势平坦,土质肥沃,渠灌和井灌方便,自然条件优越,是粮棉蔬菜的集中种植基地。

芝川镇旅游资源十分丰富,辖区东南部的芝源村,有司马迁祠墓风景区、八路军东渡黄河纪念地和魏长城遗址等。司马迁祠墓和魏长城遗址已列为国家级重点文物保护单位。

2013 年 12 月,芝川镇被确定为省级重点示范镇,2014 年 9 月被列为全国重点镇。全镇共有耕地面积 22 679 亩,主要以种植粮食作物为主,经济作物有花椒 1010 亩,苹果 1200 余亩,蔬菜面积 4000 多亩,温室大棚蔬菜 50 多座。近年来共发展酸果基地 500 亩,雪晶梨基地 120 亩,莲菜基地 500 亩,柿子示范园 50 亩,大葱基地 1000 亩,甘蓝生产基地 2000 亩。镇区水利基础设施较好,农业机械较为普及。

课题组前往芝川镇,主要实地采集司马迁祠、司马迁后裔故里徐村等文化遗址遗迹、传统村落的信息,以及本镇土地利用结构和主要农作物分布。

七、市直属机构

市农业农村局。了解韩城市农业整体概况,搜集韩城市特色农业物种、农副产品、农业特色小镇、农业园区、独特农业景观等方面的信息。了解韩城市具有特色的农业产业园区、特色农产品的发展现状,并采集相关文字、图片资料。

市志办。搜集韩城市地方志资料,挖掘韩城市历史时期的农业物种、农耕生活、传统农业民俗、传统农业技术等资料。

市花椒管理局。了解韩城市花椒生长习性、品种、埝边种植、育苗、管理的技术和种植制度;搜集花椒产品研发及深加工等资料,采集花椒传统种植和管理技术等信息。

市自然资源和规划局。了解韩城市所有土地、矿产、森林、草原、湿地、水等自然资源情况,掌握韩城市地籍地政和耕地保护建设等方面的政策,了解韩城市独特的土地利用系统及其分布情况。

市林业局。了解韩城市特色林果、经济林木发展情况,着重采集韩城市古核桃园、古花椒园的分布信息,着重掌握韩城市的古核桃园中的古核桃树的历史、面积规模、管护和利用情况;了解古花椒园的历史、面积规模、管护和利用情况,实地调查古树园面临的问题。

市住建局。了解韩城市传统村落方面的情况,搜集韩城市传统村落的历史发展脉络、分布、传统建筑、各村落代表性民俗文化。

市文化和旅游局。了解韩城市非物质文化遗产、传统农业文化习俗等情况,采集韩城市非物质文化遗产文字、图片等资料,收集韩城市有关花椒文化的图片和文字资料。

市水利局。了解韩城市水资源和农田水利工程,尤其是历史时期农田水利工程遗址遗迹等方面信息和资料。

市畜牧兽医局。了解韩城市畜牧业整体概况,搜集韩城市传统畜牧物种信息和相关资料,掌握其传统养殖技术。

市统计局。采集韩城市当前农业生产概况如耕地面积、农作物种类、种植面积、产量等信息。

第三节　韩城市传统农业系统的核心要素

一、特色农副产品

（一）大红袍花椒

韩城是远古商周文明的发源地。古人尤重视宗庙祭祀，而花椒被视为珍稀供品，是原始宗教及图腾信仰的供奉神物，专用于酬神祭祖的盛典之上。原产于中国的花椒自古以来就与人们的生活关系密切。《诗经·周颂》有"有椒之馨，胡考之宁"的诗句，意思是常闻花椒香气可以使人长寿。这首诗歌出自《周颂》，而远古时代的周地即包括渭南韩城一带，这说明韩城是花椒的起源地之一。

明万历年间的《韩城县志》记载了韩城花椒的栽培历史、品种、生产区域及规模，并以外部感观特征对所产花椒予以"大红袍"冠名。"大"谓韩城花椒颗粒大，"红"表明韩城花椒颜色为鲜红色，"袍"即形象比喻了韩城花椒外形酷似衣袍。经过数百年的优胜劣汰，形成了韩城大红袍花椒现在的特质：粒大肉丰、色泽鲜艳、香气浓郁、麻味纯正。具体表现在粒大肉丰而均匀；色泽鲜红、紫红；浓郁持久，为郁香型；麻味纯正，辛麻感集中持久。在韩城市西庄镇就有一个盛产花椒而得名的"椒树圪崂"村。

目前，韩城市已经成为全国规模最大、最好的花椒生产基地。韩城大红袍花椒以其"皮厚肉丰，色泽蠕香气浓郁，麻味纯正"的卓越品性，享有"中华名椒"的美誉。韩城市也被国家林业局命名为"中国花椒之乡"和"中国花椒之都"。

花椒属浅根性植物，要求土壤质地疏松，保水保肥、透气良好。韩城地处黄土高原，土层深厚，耕地土壤质地较好，中壤为主，占总耕地面积的82%。土壤松紧度适宜，通透性好，保水保肥，土壤容重 1.4～1.6 克/立方厘米，土壤 pH 值 7.4～8.2，结构良好、中性偏碱特性，十分有利于花椒生长和色泽、香味的形成。

花椒是一种喜温喜光性植物，韩城年太阳总辐射量 121.2 千卡/平方厘米，年日照时数平均为 2336.9 小时。年平均气温 13.4℃，其中，春季 14.6℃，夏季 25℃，秋季 13.4℃，冬季 0.2℃。年平均降水量 560 毫米，且主要分布在秋季。适宜的光热资源以及较大的年昼夜温差，为花椒的各种养分积累创造了非常有利的条件。

花椒虽然适生范围较广，但海拔过低或平原生产的花椒色泽暗、品质差，各项理化指标也相对较低；海拔过高则不利于花椒的抗寒越冬。韩城花椒主产区域主要分布在西部浅山丘陵及台塬沟壑区，其海拔高度在 500～1000 米之间，为花椒生长优生区,生产的优质花椒因而被评为国家地理标志保护产品。

韩城桑树坪镇花椒园

韩城市花椒产量约占全国的 1/6。2018 年,全市花椒种植面积 55 万亩、4000 万株,花椒总产量达到 2700 万公斤,总产值达 27 亿元,全市人均花椒收入 8800 余元。全市有 15 万农民从事花椒产业,人均花椒收入 14 000 元,有 14.63 万人依靠花椒产业脱贫致富。

目前韩城有花椒加工企业 30 多家,年加工花椒 500 万公斤,开发出花椒精油、椒目仁油、花椒精油手工皂等 3 大系列 60 多种深加工产品,如花椒冰激凌、花椒冷泡茶、花椒啤酒、花椒精油手工皂、花椒足浴等花椒衍生产品,形成了"韩麻麻"等特色花椒品牌,获得 80 多项国家专利,成果转化率达到 85% 以上。

(二)韩城苹果

苹果最适于土层深厚、富含有机质、心土为通气排水良好的沙质土壤。由于韩城的地理地势、气候成因及土壤环境,造就了苹果生长的绝佳环境。韩城的苹果不仅果实大,而且多汁、香甜、清脆。

苹果是全市水果的主栽品种。品种以红富士为主,搭配秦冠、新红星、首红、金冠等。涌现出龙亭的大鹏、三甲村,巍东的北头、北阳,大池埝的西原等 13 个苹果千亩村。目前,全市苹果面积接近 7000 公顷。

全市建成市、乡、村三级优果工程示范园 34 个,面积 153.3 公顷。其中 8 个示范园 79.9 公顷,获省级优质苹果示范园称号。全市优果工程单产比对照大田增产 80%,优果率达到 60%。巍东、龙亭、芝阳和乔子玄 4 乡 7160 户镇果农种植的 2052.9 公顷苹果,成为全市绿色食品基地。2016 年,全市苹果产量 97 000

吨,占全市水果总产量的76%。

韩城苹果

(三)绵羊和山羊

羊品种有同羊、黑山羊、绒山羊、小尾寒羊。2016年,全市羊肉产量652吨,羊存栏7.17万只,出栏4.36万只,出栏率61%。其中,小尾寒羊和同羊约占30%,白绒山羊、黑山羊和奶山羊约占70%。

(四)早实核桃

核桃在韩城由来已久,万历《韩城县志》中已有记载。韩城市核桃主要分布在西部山区的桑树坪镇、芝阳镇和西庄镇西部、板桥镇西北部。近年来,韩城市政府根据本市林业产业布局,大力调整林业产业结构,其中发展核桃产业就是具体的调节措施之一。

韩城斌飞专业合作社所产红皮核桃

核桃主要种植在山顶坡度较大,不适宜改造为梯田的坡地。核桃不仅给当地带来较大的经济效益,还具有显著的涵养水源、保持水土的功能。此外,核桃已经融入韩城人民的日常生活,家家户户门前屋后也都有种植核桃。

早实核桃是核桃的一种,通常是指自然播种苗和嫁接苗结果速度较快的品种。一般早实品种播种苗2~3年开始结果、嫁接苗1~2年开始结果。早实核桃一般结果早、丰产快、产量高。但枝量大,易造成树冠内膛枝多、密度过大,不利于通风透光。

桑树坪镇林源地区是韩城市早实核桃主产区,这里是新老品种汇聚的核桃之乡,生长的核桃果大、色纯、皮薄、味正。早实核桃品种有香玲、辽核1号、辽核4号等优良品种。

(五)韩城香桃

韩城市是香桃的重要产区。桃品种有布目早生、砂子早生、太史蜜、秦王桃、川中岛等品种,主要分布在新城办的河渎村、相里堡村,芝阳镇寿寺村、北寿寺村,金城办涧南村等。1990年,全市桃园栽植面积仅14.9公顷,产量约85吨。到2005年,全市桃园面积发展到373.3公顷,产量达到4500吨,分别是1990年的25倍和53倍。

(六)中药材

韩城市曾也是我国药材的重要生产基地,种植品种有黄芩、柴胡、党参、黄姜、天麻、药枣、黄芪、芍药等。早在20世纪80年代中后期,由于部分药材市场价高货缺,本市农民开始人工栽培黄芩、柴胡等。1990年,全市药材种植面积为7.3公顷。1994年发展到153.2公顷,达到了历史的顶峰。但由于药材市场价格波动大,种植药材风险高,20世纪90年代后药材种植开始下滑。2000年种植面积为78公顷,2005年全市药材种植面积46公顷。2008年后,全市药材种植中断,无具体统计数字。

(七)韩城蜂蜜

韩城市独特的地理位置和自然环境,成就了其优质蜂蜜。1990年,全市养1371箱蜂,蜂蜜产量31 665公斤。1996年达到2683箱,蜂蜜产量41 655公斤。但随着全市农业结构的调整,以花椒种植为主导的发展策略无形中挤压了其他农作物的种植和农副产业的发展。至2016年,全市蜂蜜产量减至30 950公斤。

（八）肉兔

韩城市在农业产业结构调整的过程中,曾以肉兔养殖为重要突破口,以推动当地农村经济发展和农民增收。20 世纪 80 年代,韩城市农村以养殖西德长毛兔和北京长毛兔为主。1990 年,以肉兔、獭兔饲养为主,品种有哈白兔、日本大耳兔、加利福尼亚兔、青紫蓝兔。当年全市肉兔存栏 0.4 万只,1995 年兔存栏达到 1.78 万只,产兔肉 8 吨。1997 年,受市场供求影响,养兔存栏衰减为 0.15 万只,年产兔肉 2 吨;2005 年,全市养兔 1.18 万只;2016 年末,养兔 1 万只,年产兔肉约 10 吨。

二、古树园或古树群

2016 年 9 月开始,韩城市对全市的古树进行全面系统普查。经陕西省绿化委员会审查认定,韩城市现存百年以上古树 172 株,特级古树 11 株,一级古树 31 株,二级古树 54 株,三级古树 76 株,除常见的柏树、核桃、中槐外,还有比较少见的皂荚、栓皮栎、小叶青冈、合欢等。目前,这些古树名木和古树群都已挂牌建档。

板桥镇王村,背靠上景峰生态园,自然条件得天独厚,山涧峡谷众多,山水如画,野草丛生,有自然形成的瀑布群,绿山环绕,奇石怪树,有上百种珍稀植物,是韩城人的后花园,外地人眼中的九寨沟。村中拥有核桃园,其中有一些古核桃树,包括 1 株 400 年左右树龄的古核桃树和 1 棵 1500 年以上的古核桃树。此村曾是《初婚》《凤凰屏》等影视作品的拍摄地,古核桃树也因此出名,吸引了大批游客前来游览观光。古老的核桃树在村中生长了上千年,庇佑着王村世世代代的村民,逐渐成为了村民心中的神树,每逢初一、十五,村民便会来到核桃树下祈福,将象征着吉祥平安的红布挂上核桃树,祈求一年风调雨顺,健健康康。

目前,古树年龄大、树势衰弱、抵抗病虫能力差,并且树冠大,人工防治难度大,需要通过综合采取各种措施,确保古树健康生长。

三、独特的土地利用方式

（一）旱作梯田

梯田是在丘陵山坡地上沿等高线方向修筑的条状阶台式或波浪式断面的田地,是治理坡耕地水土流失的有效措施,蓄水、保土、增产作用十分显著。梯田的通风透光条件较好,有利于作物生长和营养物质的积累。

韩城素有"七山一水二分田"之说,境内多山地、坡地。在开发和利用山地的过程中,本地农民多采用修建梯田的形式,从而形成了独特的旱作梯田农业景观。从土地整理方式看,韩城的梯田多为水平阶整地后,坡面外高内低的反坡梯田。田面宽 1.5～3 米。长度视地形被碎程度而定。反坡梯田能改善立地条件,蓄水保土,适用于干旱及水土冲刷较重而坡行平整的山坡地及黄土高原,但修筑较费工。

从种植利用上看,本地为旱作梯田和果树梯田结合型。将坡地改造为一层一层的反坡梯田,以此作为当地重要的耕地资源,用以发展种植业。反坡梯田保土保水,保证了梯田作物的产量,能够做到"土不下山"。

韩城市旱作梯田

(二)淤地坝

淤地坝,是指在水土流失地区各级沟道内修筑的以滞洪拦泥、淤地造田为目的的一项行之有效的水土保持措施,更是一种向洪水借田、因地制宜的土地利用方式。而用于淤地生产的坝叫淤地坝或生产坝,当地人称其拦泥淤成的地叫坝地,以区别于其他类型的土地。

由于韩城市东临黄河,会面临汛期黄河水泛滥成灾的风险,打坝堵沟、拦洪淤地,成为山间河谷地带农民造田的主要形式。由于流沙沉积时,留下大量的腐殖质和有机质,淤地坝的土壤肥力通常比较高。种植玉米等作物,多可丰产。坝上的坡地上,又可种植豆类、花椒等耐瘠作物。

四、传统耕种制度与技术

(一) 轮作

韩城市多山地,地块干旱瘠薄,长期种植作物容易造成水土流失、土壤肥力减退和单产降低。农民在长期的耕作经验中逐渐将小麦与豆科、绿肥等作物实行轮作,把用地和养地结合起来,由掠夺式经营向良性循环转变。这样不仅有利于均衡利用土壤养分和防治病、虫、草害,还能有效地改善土壤的理化性状,调节土壤肥力,最终达到增产增收的目的。据调查,较好的轮作方式有:

其一,薯粮轮作制。"马铃薯—小麦(3年)—荞麦—玉米"轮作。改变重迎茬,减轻土传病虫害,改善土壤物理和养分结构。

其二,豆粮轮作制。通常是"豆类—小麦(3年)—荞麦—糜谷"轮作。种植禾谷类作物对氮和硅的吸收量较多,而对钙的吸收量较少;豆科作物吸收大量的钙,而吸收硅的数量极少。玉米大豆轮作可保证土壤养分的均衡利用,避免其片面消耗。而且种植玉米和种植大豆的效益相当,玉米价格下滑,可以用大豆来弥补损失。豆粮轮作,既起到肥田增产的效用又可满足多元化消费需求。

其三,粮草轮作制。一般是"苜蓿(4年)—糜子—小麦(3年)—小麦、糜子—玉米"轮作。粮草轮作制不仅保证了粮食生产,同时还保障了畜牧业的有序进行,实现了用地、养地和肥田的综合效果。

(二) 间作套种

花椒和果树间种。利用花椒和其他果树成熟期的时间差,在果园边种上花椒树。

花椒和草、药套种。草地能起到良好的保墒作用,在花椒树下种上特殊的青草,能保持水土、涵养水源。花椒树叶小而稀疏,树下种植药材,不会影响其生长,反而增加经济效益和生态效益。

(三) 畜力耕地

由于韩城市耕地多为山地开垦而来,不太适宜大规模机械化作业。传统上耕地以人力、畜力耕地为主。通常,一劳一畜一犁,一天可耕地2亩左右。

(四) 耧播

耧播是最主要的播种方式,除薯类、豆类、玉米、荞麦等大粒种子外,其余均用耧播。

（五）点播

一些较大颗粒作物以及蔬菜、瓜类作物则须挖穴扒开砂土层,点种后进行覆盖。播量可少于一般农田。点播分跟犁点种和掏钵点种两种,跟犁点种是主要的。掏钵点种多用于高产田块和小块地。

（六）施肥

目前,韩城市的农业生产中,还保留着传统施肥的技术。施肥的主要依据是土壤肥力水平、作物类型、目标产量、气候环境以及肥料特点,从而选择合适的肥料,估算所需要肥料用量,并确定施肥时间和施肥模式。依据施肥时间的不同,可分为基肥和追肥;依据施肥模式的不同可分为撒施、冲施、穴施、条施等。撒施和冲施有利于养分的扩散,施用方便,但养分损失大,利用率较低;穴施和条施养分损失少,利用率高,但要消耗一定的机械能。如花椒树、果树等,多在树干旁一米处挖一坑来施肥。而玉米、小麦等粮食作物,则在根部附近施肥。

（七）保墒

保墒,在古代文献中也称为"务泽",就是"经营水分"。所谓"经营",就是通过深耕、细耙、勤锄等手段来尽量减少土壤水分的无效蒸发,使尽可能多的水分来满足作物蒸腾。保墒是韩城市旱作农业生产中的主要措施,近年来越来越多使用地膜进行保墒。

五、特色农业产业园

（一）芝川镇万亩花椒产业园

2014 年 12 月,韩城市高标准规划建设了花椒产业园区,致力于打造全国花椒标准化检测、批发交易、价格形成、信息发布、科技研发和产业会展"六大中心"。2016 年 11 月,国家林业局下发了《关于认定命名陕西省韩城市花椒产业园区为国家花椒产业示范园区的函》(林改发〔2016〕161 号),韩城市成为全国首家也是目前唯一的国家花椒产业示范园区。园区总投资 40 亿元、占地 1200 余亩。

芝阳镇万亩示范基地,位于韩城市南部台塬区,海拔 600～800 米,属韩城市花椒优生区。共栽植花椒 18 000 余亩,其中智能种植核心区 300 亩。智能种植基地通过精确、科学的数字化控制手段,对花椒生产进行精准化管理,最大程度降低了花椒生产过程中水、肥、药等能耗成本,提升了韩城花椒的品质。2017年,芝阳镇花椒总产量达 2000 多万公斤,产值约 1.6 亿元,人均花椒收入 14 000 元。

韩城国家花椒产业园区

智慧花椒示范园是芝阳镇万亩示范基地的核心组成部分,项目按照"生产问题导向,技术集成创新,高端农业示范"的原则进行建设,旨在推动大数据、云计算、物联网等现代信息技术在花椒生产中的应用。智能系统分为智能农事采控分析系统、可视化农场系统、智能生产过程管理系统和可追溯花椒作物链系统 4 个板块,实现了基地智能水肥管理、花椒产品安全溯源、花椒生产管理精准化、远程化等技术应用功能。

(二)黄龙山蜜蜂养殖产业园

韩城市黄龙山蜜蜂养殖产业园,依托韩城市杜氏蜂业专业合作社建成,于2011 年 8 月经韩城市工商局审核登记注册成立,现有会员 40 余人。合作社董事长为四代养蜂人的传人,拥有韩城市养蜂行业最早、规模最大的养蜂场及蜂蜜制品厂。目前,全场职工 20 余人,年加工销售蜂蜜 500 余吨。所有蜂蜜均产自韩城西部山区,该地自然环境优雅,为无公害绿色蜂蜜提供了良好的生产条件。

2003 年,杜氏蜂蜜制品厂引进国内先进的设备,先后研制生产了多款蜂产品,并注册了"杜胜"商标。2004 年以来,该厂蜂产品网点连年被韩城市消费者协会评为"诚信店"。2007 年,"杜胜"品牌被韩城市评为 3·15 诚信品牌。随后,杜氏蜂蜜制品厂联合蜂场 28 家,新建了现代化厂房 1300 余平方米,更新了全套生产工艺,生产实行了流水化。此外,"杜胜"牌蜂蜜顺利通过了国家 QS 认证。近年来,杜氏蜂蜜制品厂产品热销于韩城各大超市及周边县市,并远销山西、四川、上海、天津等地。

第四节　韩城市传统村落与主要遗址遗迹

一、传统村落

作为历史文化名城,韩城市拥有众多的传统村落。其中,西庄镇党家村入选首批中国传统村落名录,芝阳镇清水村入选第二批中国传统村落名录,新城办相里堡村、桑树坪镇王峰村、西庄镇柳枝村、西庄镇郭庄砦村、西庄镇柳村、西庄镇薛村、西庄镇张代村为第四批中国传统村落,新城街道周原村入选第五批中国传统村落名录。

（一）党家村

党家村位于陕西省韩城市东北方向,距韩城市城区 9 公里,西距 108 国道 2 公里,东距黄河 3 公里,所处地段呈葫芦形状,地势较低,俗称“党圪崂”。党家村由下村、上寨及北塬新村组成,其中传统村落由下村和上寨组成。村占地面积为 3.5 平方公里,有 5 个村民小组,430 户人家,1600 余人。村民主要分为党姓和贾姓。

党家村始建于元至顺二年(1331)。建村之初,被称为“东阳湾”。元至正二十四年(1364),更名为党家湾,后称党家村,至今已有 600 余年历史。韩城在乾隆年间曾经被称为陕西的“小北京”,而党家村因农商并重、经济发达则又被称为“小韩城”,由此可见当年之盛况。

韩城市党家村

党家村选址合理,符合风水,建筑布局遵循"礼制",下村上寨,村寨相连,整个建筑融文化、道德、民俗、信仰融为一体。党家村古民居四合院是山陕古民居的杰出代表,于2001年6月25日被列为国家重点文物保护单位(第五批),2003年入选中国历史文化名村(第一批),2006年被列入世界文化遗产预名录,2013年被列入全国六大重点保护利用古村落,2016年12月被评为国家4A级景区。党家村被国内外专家誉为"东方人类古代传统文明居住村寨的活化石""世界民居之瑰宝"。英国皇家建筑学会查理教授曾说道:"东方建筑文化在中国,中国民居建筑文化在韩城。"

党家村建筑紧凑,村寨相连,保护完整。至今保存有古塔、古暗道、古井、祠堂、私塾、哨门、看家楼(亦称望楼)、节孝碑、文星阁、泌阳堡寨墙、上寨下村的道路等18处公共设施。村内错落有致地坐落着123院元明清三朝四合院,保存古巷道20多条,14条河石铺就的巷道长短相济。有祠堂11座,哨门24座,13处私塾,11眼水井,涝池1座。党家村民居结构基本为三架梁,作法简洁,有廊者多一架。房屋形式以硬山为主,少量悬山。建筑装饰石雕、砖雕、木雕一应俱全。

2001年,陕西省古建设计研究所编制了《党家村古建筑群保护规划》;2014年,又科学合理地编制了《党家村文物保护工程总体方案》,明确了村内文物的保护原则、内容和范围,为党家村古建筑群的保护,提供了合理的方案。

党家村的产业主要以传统农业、种植业为主。非物质文化遗产包括行鼓、秧歌、古门楣题字、印花袄子、面花制作技艺、石子馍、秋千、馄饨、羊肉胡卜、手工制作门帘、剪纸、布艺制作、米醋。

(二)梁带村

梁带村位于韩城市东北部7公里处,东临黄河,北靠沟,南为壕,四周筑有城墙,现存南、西、北城墙和东、西砖门洞。一段明清土城墙穿村而过,村北一条宽约50米、深达40米的鸿沟向东延展300米入黄河。城内有元代建筑禹王庙及大量宋元明清古民居,可惜部分已经残破不堪。民间流传"西原涝池下干谷庙,梁带村台子四角翘",是对梁带村具体情形的概括。梁代村村委会下设5个村民小组,村民1200人,328户,80%为梁姓,其余为陈、王、卫、刘姓,全村以农为主,种植小米、玉米、花椒等。

梁带村西北高而东南低,依山傍水,东临黄河,西依梁山,北有汶水、盘河,南有泌水环抱。村西有占地十亩的大涝池,地形呈凤凰形态,有"喜凤衔水"之美称,曾有文人以"翔凤绕城落宝地,盘河泌水抢圣域;碧波惹得彩云飞,白杨翠柏绕古城"的诗句,描述梁带村。

梁带村芮国遗址博物馆

梁姓始祖梁惠(后人称武德将军)曾生活于此。三千年来,梁姓群居保存相对完整。老村整体风貌按照明清时期建筑风格设计,目前保存相对较好。这里曾出土轰动华夏的梁带村芮国遗址,文化内涵丰富。

梁带村依山傍水,错落有致,传统建筑有唐代看家楼、四合院及建筑群,元代大禹庙及建筑群、戏楼,明代梁元府及祖祠、城墙,清代的卫学诗府第,等等。

(三)徐村

徐村位于韩城市西南嵬山脚下,属嵬东镇管辖的一个村庄,这里聚集着司马迁的后代子孙。徐村原名续村,只因徐续两字谐音,定徐立名。先祖为了后人能安居乐业,司改同姓加一竖,马添两点是冯姓,隐居徐村勤劳作业。原徐村的古建筑群遍布全村,主要包括汉太史遗祠、九郎庙、文星阁、墨池、法王行宫、土地庙、关帝庙、千佛庙、功房等。

徐村东、南、北三面环沟,西临山梁,梁高坡陡,过去交通不便。为发展生产谋求生存,先辈在南沟修起一座通往外界的土桥,是村与外村唯一通道。在先祖司马迁蒙冤后撰写了《史记》,为了不使后人受到牵连,他的后辈们才从原籍龙门岩迁居此处,取名续村,后改名为徐村。现今土桥已不见,交通大有改变,公路绕村东而过,交通很便利。多少年来村庄布局没变,不少文物古迹已缺失,传统民俗建筑保留的也很少,只有几处重要的古建筑尚存,况且也不完整。民居现也变为现代建筑,村内新房林立,村民居住自然,布局未变。群众吃水困难,巷道还是20世纪70年代的状态,尚未硬化,土行纵横全村,模样与20世纪五六十年代并无二致。

二、主要文化遗址遗迹

韩城历史悠久、文化兴盛,保留下很多遗址、古建筑。据韩城市文化与旅游局文物科统计,全市共计 208 处文物保护单位。其中,国家级文物保护单位 15 项,省级文物保护单位 35 项,市级重点文物保护单位 93 项,市级一般文物保护单位 65 项。

(一)司马迁墓祠

司马迁墓祠位于市南 10 公里处的芝川镇东南高岗上,东临黄河,西枕梁山,南接魏长城,北带芝水。始建于西晋永嘉四年(310)。20 世纪 80 年代,将元代建筑大禹庙、三圣庙及宋代的河渎碑搬迁到此,壮大了司马迁墓祠的古建规模。为纪念八路军东渡而建的"八路军东渡黄河出师抗日纪念碑"为景区增添了亮点。景区东西长 555 米,南北宽 229 米,面积 127 095 平方米。1982 年列为全国重点文物保护单位。

司马迁墓冢形似穹庐,高 2.15 米,周长 13.19 米,四周有 16 幅砖雕的八卦图案和花卉图案,南北两面嵌有石碑 4 块。墓前有清乾隆四十年(1775)孟春,陕西巡抚兼都察院右副都御史毕沅题"汉太史公墓"石碑一通。自始筑后,经金大定十九年(1179)、元延祐元年(1314)、清康熙三十八年(1699)和嘉庆十九年(1814)四次修葺,至今完好。

寝殿建于北宋宣和七年(1125),其结构为 3 间,进深 5 架梁,平面长方形,面积 104 平方米。门额书"君子万年"四字。殿内陈列着宋、金、元、明、清、现代各代石碑 66 通。碑碣内容多为记述历史修缮、增建事,而名人名士吟诗颂唱太史公之功业者亦为不少。1958 年春,郭沫若题书的诗碑:"龙门有灵秀,钟毓人中龙。学殖空前富,文章旷代雄。怜才膺斧钺,吐气作霓虹。功业追尼父,千秋太史公。"

司马迁墓

　　过砖牌坊,上完99级台阶,是祠门,卷棚硬山顶,面阔三面,中心间高出两侧间,上书"太史祠"三字。从建筑风格看,当属清代建筑。祠门前有平台,边沿为砖砌墙。

　　迁入建筑——禹王庙献殿。原在市治东北10公里的昝村镇。建于元元统三年(1335),1957年被公布为陕西省重点文物保护单位,1979年移建于司马迁祠东南二级台地。

　　彰耀寺献殿。原在金城西集贤巷北侧,始建年代无考,属元代建筑,1980年迁建于司马迁祠东南三级台地。

　　三圣庙。原在市治东北昝村镇西南的薛村,始建于元至元十年(1273),1957年被公布为陕西省重点文物保护单位,1980年迁建于司马迁祠东南三级台地。迁建建筑主要有坊式庙门、献殿和正殿。

　　河渎碑。全名《敕修同州韩城县河渎灵源王庙碑》,原在市东墕黄河之畔河渎村灵源王庙内。1957年被公布为陕西省重点文物保护单位,1984年迁建于司马迁祠东南二级台地。

(二)韩城文庙

　　文庙位于市金城学巷东端,既是奉祀儒家始祖孔子及七十二贤之所,又是传授儒学、教授生徒的学馆。始建不详,明洪武四年(1371)进行重修扩建,占地面积13 575平方米。整个文庙由五组主体建筑和四个院落组成,是14世纪以来陕西省保存较完整、规模较大的一组古建筑群,在全国县(市)级文庙中亦属罕见。2001年6月25日被国务院公布为全国重点文物保护单位。

　　文庙门外有木牌坊两座,东牌坊上书"德配天地",西牌坊上书"道冠古今"。文庙东西各竖立"文武官员军民人等至此下马"的石碑。门内南建有长17米,高4.2米的琉璃五龙照壁,琉璃龙体生动,纹彩工艺精美,两侧配以"鲤鱼戏浪"浮雕,寓龙腾鱼跃,飞黄腾达,人才辈出之意。

韩城文庙

文庙四进院落,棂星门、戟门、大成殿、明伦堂、尊经阁主体建筑在中轴,祠、亭、宅、斋列东西,共有建筑 22 座。殿堂、祠、阁,主次分明,布局严谨,形成一组宏大的古建筑群。古柏 33 棵,古槐 7 棵。

棂星门是文庙的大门,木制牌坊上悬立匾书"文庙"两个大字,门两旁有四幅"龙凤相配图"琉璃浮雕。

韩城市博物馆设在文庙内,馆藏文物有石器、玉器、骨蚌器、陶器、瓷器、铜器、铁器、书法、绘画、古籍、古钱币等 22 大类 3 万多件,其中珍贵文物数百件。在第二院落设"韩城历史文物陈列""木雕木刻"等展室。"韩城历史文物陈"列展有旧石器时代、新石器时代、西周、春秋战国时期,秦汉、宋、元、金等各个时期的文物 88 件。其中汉代陶器为最多,有的品级极高,有的造型别致。"木雕木刻"展有韩城市文物分布图,有制作精美的清乾隆、嘉庆皇帝赐大学士王杰御书寿匾和御书诗匾,皆为馆藏牌匾之珍品,还有两副屏风以及"朱夫子治家格言"插屏一幅和明代根雕。根雕是由一个完整的核桃树根精雕而成,高 1.8 米,宽 1.76 米,重达 300 多公斤。整体为一山水图,其构图巧妙,中外游客叹为观止,被专家誉为"根雕之王""稀世珍宝"。

在第三院落设"石雕石刻""名人轶事展"。"石雕石刻"是以书法石刻、石造像、石柱础为主,展现出韩城浓郁的人文气息以及隋、唐、明、清时期石雕石刻精美工艺,具有很高的历史和艺术价值。"名人轶事展"展出的是韩城明清时代科举一览表,一代史圣、两朝状元、三朝宰相、四代世家、五子登科(一母三进士一举一贡生)、南北尚书、祖孙巡抚、父子御史,以及韩城现代军政(省级)领导干部简表。展室还陈列有在韩城昝村镇南潘庄村出土的象牙化石,长 3.49 米,是中国最大的象牙化石之一。

(三)龙门镇西原村玉皇后土庙

玉皇后土庙位于市北大池堤西原村北,坐北向南,山门无存。现存献殿、正殿、戏楼以及两殿之东的玄帝庙献殿和正殿,西面的三义庙无存。庙内现存清乾隆二十三年(1758)碑石一通,碑题为《补修玉皇后土庙并建玄帝庙及葺理山门、戏台碑记》,碑石载:"玉皇后土之庙,由来久矣。其创建之时无缘考据……天顺七年(1463)间重为之修焉。右有三义庙,系正(景)泰四年(1453)起建;左有玄帝庙,成化元年(1465)创立。"献殿梁下有清嘉庆二十三年(1818)重修题记,玄帝庙献殿有道光元年(1821)重修题记。

玉皇后土庙献殿和正殿的建筑形体高大而特殊,都是布甬瓦单檐悬山顶,抬梁式,4 椽栿。通面阔 18.3 米,面间明三暗六,各间大致相等。进深 4 椽,斗拱 4 铺作,出单昂,前檐柱头上为 1 根通长约 19 米的柱额,其长度甚为罕见。柱间施罩幕植。献殿前檐当心间饰以龙头雀替。正殿前檐每间两侧为砖刻楹联,中开四扇屏风门。两殿山墙之间有圆洞的砖墙连接,洞额有题字,东为"隐必见",西为"阳亦显"。献殿前为戏楼,单檐悬山顶,抬梁分心式,前檐柱额上斗拱5攒,并饰垂花,雕刻精致。前台上为5×2的藻井60格,台面中木刻"来仪楼",左右两侧出入门额分别木刻"声始""琴韵"。玄帝庙献殿、正殿,均为单檐硬山顶,面阔各3间。

1992年,玉皇后土庙被公布为陕西省重点文物保护单位。2006年5月,国务院公布玉皇后土庙为第六批全国重点文物保护单位。

(四)西庄镇法王庙

法王庙位于市北10公里西庄镇西南角,是一组雄伟壮观的古建筑。据记载,法王庙建于宋仁宗天圣二年(1024)。清同治年间,甘肃回民白虎彦率军至韩,将法王庙寝殿烧毁。光绪十五年(1889)九月重建。

法王庙南向,自南向北,现存"宋法之墓",为塔式,砖砌六角形圆顶,通高255米。南北分别嵌有"槐柏古迹"和"宋法王之墓"石刻。其字为乾隆年间诰授中宪大夫江苏淮徐海道社人师彦公所书。法王墓之北是宋王大殿,单檐悬山顶,面阔明三暗七,墙体收分大,上窄下宽,坚厚如城。原殿内供宋真宗、宋仁宗大型牌位,蓝底金字,绕以蟠龙浮雕华带,景象肃然。

西庄镇法王庙

献殿建在高1.5米的台基之上,总阔17米。琉璃瓦单檐悬山顶,面阔5间,进深4椽,是一座具元代建筑风格的建筑物。献殿两侧连墙东为"三圣庙",西为"娘娘庙"。总阔12.7米,各5间,硬山顶。原献殿前东西两端,各有高台戏楼

1座,两戏楼之间是一片长方形广场,为赛会期间耍神楼和看戏的场所。

寝殿即法王庙,建在1.8米的高台之上。单檐歇山顶,总阔14.95米,面阔3间,回廊式。有直径70厘米的明柱20根,斗拱双昂,补间铺作当心间连式三斗五昂,次间连式双斗五昂。上为象,当心间明柱饰雕龙头雀替,杭下饰海水朝阳,与龙头雀替构成二龙戏珠。屋四角檐牙翘起,下饰垂花。殿3间之上,均有木刻匾额,中为"法王宫",东为"昭宗代",西为"护韩原"。殿内有藻井,屋顶布琉璃甬瓦,屋脊为牡丹琉璃浮雕,龙形鸱吻,张口吞脊,正脊中竖有方形多级琉璃宝塔。整个屋面形色琉璃覆盖,在阳光照耀下,殿宇金光四射,彩霞夺目。寝殿两侧有耳房各3间。

2006年5月,国务院公布西庄法王庙为第六批全国重点文物保护单位。

(五)西庄镇普照寺

普照寺位于市东北10公里的昝村镇吴村寨,是保存较为完好的一处佛教文化遗址。据寺中大佛殿东端四橡袱下记载,寺创建于元延祐三年(1316)。普照寺建在10余米高的古寨堡之南端,寺区居高临下,颇有虎踞高山之势。普照寺原占地4453平方米,1992年征用寺前土地0.87公顷进行扩建。遂陆续迁本市境内现存的元代庙宇。1993年被公布为陕西重点文物保护单位,2001年6月被公布为全国重点文物保护单位。

大雄宝殿亦称大殿,是佛寺的正殿,为典型的元代建筑。大佛殿建于高台,有垂带踏道,雄伟壮观,古朴粗犷。单檐歇山琉璃筒瓦顶,整个屋面由一条正脊、四条垂脊、四条俄脊组成,称九脊顶。屋檐与墙体之间是用成串纵横交错层叠的斗拱托起屋檐。大殿为五开间,进深六橡,橡柱包在墙体之间,柱头稍露,特有生气。前檐当心间开门,次稍间均开窗口,安装直根格子窗,恰似蒙古包形。

西庄镇普照寺

殿内有钟形木作佛龛。龛上部为藻井,呈凹字形,每格藻井都有绘画,计130幅,其中人物画33幅,其余为花鸟虫鱼画。笔墨生动,情景逼真,形态各异,栩栩如生,具有极高的历史和艺术价值。

龛内有元泰定三年(1326)塑造的五尊彩色泥塑佛像。中间最大的一尊是佛教鼻祖释迦牟尼塑像,左右站立着释迦牟尼十大弟子中的阿难和迦叶两尊塑像,前两边的龛内是两尊菩萨塑像,左边是文殊,右边是普贤。文殊之座,上为"天、上、风、调、雨、顺",下为"福、禄、寿、三、星、道",束腰塑有青狮。普贤之座,上为"地、下、国、泰、民、安",下为"日、月、星、三、光、僧",束腰塑有白象。

大佛殿位于该寺最高处中心位置,前有砖砌碑楼两座,歇山顶,嵌碑记三通,其中一通为道光年间进士丽江府鹤庆州知州邑人吉修孝撰《重修普照寺大佛殿记》。其余为捐银布施碑记。殿左右配列"伽蓝庙"和"护法庙"。殿前东有"土地庙",西有"关公庙"。殿后有"观音洞"并禅院。

迁入建筑天圆寺献殿,原在市北龙门镇西原村,1999年迁建于普照寺中轴线上。据献殿石柱所刻题记和梁下墨书题记,此殿创建于金承安四年(1199),距今已有800年。

高神殿三殿,原建在市南苏村与北陈村之间突出的土丘之上,故名高神殿。1999年迁建于普照寺前之东。原西献殿和正殿迁建在最东边。献殿平面长方形,有典型的元代建筑特点,现为元代建筑图片展室。展出韩城的22组元代建筑图片,分为寺观、庙宇和建筑群。原东献殿与西殿并列,迁建时其位置更换。殿内两山墙,各嵌碑记一通,据碑文记载,高神殿建于元代。

紫云观三清殿,陕西省重点文物保护单位。原在古城西北约1.5公里处的象山脚下,韩城市象山中学校内,为元至元六年(1269)创建。2002年搬迁于普照寺以北。

第五节　韩城市非物质文化遗产与传统农业民俗

韩城地处关中平原之东北隅,东临黄河、西依梁山,属黄河文明最早发源地之一。非物质文化遗产品类繁多、异彩纷呈。韩城秧歌唱腔优美,韩城行鼓粗犷豪放,司马迁民间祭祀举世无双,极具特色。目前,全市有国家级非物质文化遗产保护项目3项,分别为:韩城行鼓、韩城秧歌和徐村司马迁祭祀。陕西省级非物质文化遗产保护项目12项,分别为:韩城行鼓、韩城秧歌、司马迁民间祭祀、东庄神楼、韩城古门楣题字、韩城"谏公"鼓吹乐、韩城黄河阵鼓、韩城围鼓、鲤鱼跃龙门传说、韩城羊肉饸饹制作技艺、丁家祖传中医疗法、韩城猪肉臊子、馄饨制作技艺。市级非物质文化遗产保护项目22项,县级非物质文化遗产保护项目67项。

一、韩城行鼓

在韩城的非物质文化遗产中,最为闪亮、最为独特和最能代表韩城文化的要数韩城锣鼓了。韩城素有"锣鼓之乡"的盛名,无论是逢年过节、还是求神祈雨,不论村落乡道、还是沟沟坎坎,总能听到激昂的韩城锣鼓声。上至七八十岁的老人、下到三四岁的孩童,人人都爱敲锣鼓,韩城人就是在锣鼓声中长大的。

韩城锣鼓的流派以南北塬为界,北塬是韩城行鼓,南塬是韩城阵鼓,而中部则是韩城围鼓。最具黄河地域风情的是被誉为"中华第一鼓"的韩城行鼓。

韩城行鼓,俗称"挎鼓子",在韩城传布极广,历史悠久,独具魅力。其起源可追溯到元代初期。元灭金后,蒙古骑兵为欢庆胜利,敲锣打鼓,而成为一种军鼓乐。后人将其继承下来,作为祭祀法王的鼓乐,现今的鼓阵、鼓谱、鼓手的着装都带有蒙古军鼓乐的特色。韩城群众沿袭模仿,成为民间鼓乐。因此,鼓手们身上又多了一件神圣的黄马褂。按艺人的说法,一敲锣鼓就像换了一个人:跛子不跛,聋子不聋,风湿腰再敲都不痛,真所谓神灵附体,人神合一,"神"气十足。随着时代的变迁,行鼓的传统祭祀用途已渐淡化,演变成为社火锣鼓的一种,热烈而喜庆,现多在逢年过节和举办庆典时表演。

韩城行鼓表演

流行至今的韩城行鼓鼓点有 20 余种,典型鼓谱有《老虎磨牙》《钉圪巴》《肚里痛》《上坡》《走坡》《呆锣子》《司鼓子》《摘豆角》《铁树开花》《大秧歌》《干砸》等十多种,有表现气势的,也有表现技巧的。《老虎磨牙》是鼓手用鼓槌旋击鼓边铁钉,发出酷似野兽饿急磨牙的声响,模拟逼真,技巧高超。《上坡》则是鼓队用以合击与鼓、铙分击的手法,其风格粗犷、豪放,声势浩大、宏伟,登峰造极。

传统的行鼓表演,极富粗犷、豪爽、彪悍之特色。鼓手都头戴战盔,腰束遮鞍战裙,击鼓时仰面朝天,成骑马蹲裆式,模拟蒙古骑士的神姿。即使在今天欣赏韩城行鼓的表演,你仍能感受到这种气氛:鼓阵排开,令旗挥舞,百鼓齐鸣,气势恢宏。酣畅淋漓的鼓姿,强劲刚烈的鼓点,似黄河咆哮,如万马飞奔。敲到得意处,鼓手们失去常态,如醉如痴,狂跳狂舞,醉鼓醉镲是韩城行鼓的最佳境界。

自 20 世纪末以来,随着韩城行鼓的外出表演与交流,其表演内容更趋丰富。花杆队的引入是韩城行鼓的又一亮点。鼓阵周围,衣着鲜艳的姑娘,手执彩绸束扎的花杆,在鼓手旁摇曳舞动。在青铜与皮革的原始撞击中,加入婀娜的舞姿和翻飞的花杆,阳刚与阴柔相济,力量与美丽并存,更给人以强烈的视觉、听觉之震撼。

目前,行鼓表演已渐趋成熟,产业化特色日益明显。表演队伍北塬几乎村村都有,数十支民间锣鼓队以其成熟的艺术、不同的流派,活跃在韩城的不同演出场合中。其中表现突出的有韩城市民间艺术团、东庄锣鼓队、下峪口女子锣鼓队等,每年演出不少于 20 场。从业人员从最初的不过几十人发展到现在每个表演队伍都有百人左右,数量逐年增加,年龄不断年轻化。优秀鼓队在全国各地受邀演出,多次在国内外大赛中获奖,广受赞誉。技艺杰出的鼓手、锣手、镲手层出不穷,还有的被民众授以“鼓王”“锣王”的美誉。目前,涌现出众多技艺高超的“鼓王”“镲王”“锣王”,出外传授行鼓技艺。韩城行鼓定期在韩城新农职中开展行鼓试点教学,建立 2 个行鼓培训基地,扩大民间艺术团规模,定期培训新生力量。

1997 年,韩城行鼓赴香港参加庆回归大型庆祝活动,为韩城人赢得了“中华第一鼓”的美誉。2009 年韩城市文化馆成立韩城市民间艺术团,打造以韩城行鼓为主的文化品牌,韩城行鼓逐步从地方走向全国,走向世界。2008 年,韩城行鼓被列入国家级非物质文化遗产保护名录。2011 年,文化部以韩城行鼓命名韩城市为“中国民间文化艺术之乡”。近年来,韩城行鼓应邀参加北京奥运会暖场表演,上海世博会演出,远赴英国爱丁堡、俄罗斯莫斯科和我国台湾新竹等地参加艺术节、国际军乐节。粗犷豪迈、如黄河咆哮一般的行鼓表演成了国际舞台上一支正在绽放的艺术之花。

二、韩城秧歌

韩城秧歌是一种融民歌、说唱、舞蹈为一体,并向戏曲衍化、具有戏曲雏形的说唱形式,俗称“对对戏”。

韩城秧歌历史悠久,渊源已难细考。但从其自身艺术特点看,却能发现从曲艺向戏曲发展的蛛丝马迹。据清代文学家吴锡麒在其《新年杂咏抄》中考据,秧歌是由宋代"村田乐"衍化而来。这种又歌又舞的艺术形式在向北传播中,因地域特色不同而形态各异。就陕西而言,在陕北是"扭秧歌",在长安是"跳秧歌",在韩城则是"唱秧歌"。韩城在元代是元军南进基地,现存的元建戏楼反映了元代民间戏曲的繁荣。而韩城秧歌正是民间艺人把元杂剧和民歌形态的秧歌"嫁接"而产生的曲艺形式,乡土化的特色并不能完全遮住它的发展脉络。

韩城秧歌在表演时唱则不舞,舞则不唱,类似元杂剧。据韩城秧歌世家刘锦轩先生所著《韩城秧歌简史》记载,在清朝光绪年间韩城秧歌进入鼎盛时期。光绪二年(1876),韩城秧歌艺人韩敏卿带领秧歌班子进京演出,名动京师。从此,皇宫专设"秧歌教习",在宫中教演韩城秧歌。光绪二十五年(1899),清廷派钦差大臣张启华来韩考察,韩城知县吉冠英专门举办了一次韩城秧歌大汇演,名角荟萃,盛况空前,150位秧歌艺人登台表演,全面展示了韩城秧歌的迷人魅力和精湛艺术。

在韩城秧歌的鼎盛时期,技艺超群的秧歌艺人成批涌现,秧歌艺人走南闯北,足迹遍布八百里秦川。秧歌迷把艺人的艺名还编成顺口溜,四处传唱:"一盆血,盆半血,白菜心,云遮月,人参苗子世上缺。一斗金,二斗银,满山铃,美死人。邠州梨,玻璃翠,万人迷,真入味。"这些红艺人的艺术特点也为秧歌迷所传诵:"广才文,贵喜酸,只有怀娃跑得欢""满熬浪,二涝走,保运嗓子难得有"。技艺超群的秧歌艺人成批涌现,是这一民间艺术成熟的标志。

韩城秧歌是一种非常独特且具有浓郁地方风情的艺术形式。其曲目丰富,现共挖掘整理出127折,出版96折。内容包罗万象,诸如历史传奇、神话传说、民俗风情、民间故事等。其曲调现存117种,曲体大致可分为三种类型:一是说唱音乐,是一种具有说唱性的叙事体;二是保留原民歌形态的结构形式,专曲专词;三是曲牌联套的结构形式。曲牌联套的结构形式与元杂剧的雏形"诸宫调"类似。韩城秧歌"说、唱、表"兼而有之,具有独特的艺术价值,是中国民间音乐艺术的一个宝库,不少音乐工作者用它的曲调改编的歌曲都曾风靡一时。

韩城秧歌

20 世纪 40 年代末,由于秦腔、蒲剧登上舞台,韩城秧歌开始走下坡路。至六七十年代,韩城秧歌的表演已很少见。1985 年,"韩城秧歌学会"成立,为培养壮大创作、演唱、研究队伍奠定了基础。2007 年 5 月韩城秧歌被列入陕西省第一批非物质文化遗产保护名录,2008 年 4 月被列入国家级第二批非物质文化遗产保护名录。

三、徐村司马迁民间祭祀

在韩城西南嵬东原上的徐村村口的石砌牌坊上,刻有"法王行宫"四字,倒念暗喻"宫刑枉法";沿土坡而上,法王庙两旁竖有"真假真假真真假真假分不清,错隐错隐错错隐错隐辩未明"的对联;村中建有"风追司马"的牌坊和汉太史遗祠。这里名为"徐村",但千余村民中,并无一人姓徐,而姓冯、同。这里最盛大的节日并非春节,而是清明。

徐村风追司马牌坊

这里千百年来遗存着冯、同两姓共进一个祠堂、共奉一个祖先的传统,共称司马迁为司马爷。两姓族人一直有着"冯同一家""冯同不分""冯同不婚"的规矩。祭祀活动中保持着唱跑台子戏等独特的民俗文化,这些在中国大地上绝无仅有,独一无二。

因为这里是中国伟大的史学家、文学家、思想家司马迁的后裔居住地。其间种种遗留下来的人文风貌都与他的命运息息相关、密不可分。

在徐村盛传这样一个故事:司马迁去世后,为防止朝廷降罪,族人在祭奠祖先时,总是在清明午夜时分于村西司马迁真骨墓旁以祭神的名义进行。徐村民谚道:"明为五社把神敬,实为子孙祭祖宗。"汉宣帝年间,冯、同两姓族人于清明前夕在真骨墓旁悄悄祭祖,忽传京城钦差直奔徐村而来,族人惊恐万状,狂奔至村东九郎庙,焚香祭神,以转移视线。后得知是司马迁外孙杨恽,一奉母亲司马英之命回乡扫墓,二回舅家报喜,因为汉宣帝已正式准许《史记》公诸于世。徐村族人转惊为喜,敲锣打鼓,以示庆贺。后人为了纪念这一化凶为吉、转悲为喜之事,以后每年清明节总要唱"跑台子戏",用比过年还热闹的节日气氛来祭拜先祖,纪念《史记》重见天日的这一天。这就是最为人说道的徐村清明祭祀所唱的"跑台子戏"。

后来,在每年清明前夕的午夜时分,徐村冯、同两姓族人由长者率领,着礼服、抬香案、献供品,在司马迁墓葬旁敬神祭祖。据徐村人讲,徐村有五个唱社,同姓4家,冯姓1家,每年轮两个唱社唱对台。唱对台戏的时候,东台和西台互相窥视,又有"东起西落"之说。东台开戏总在头,东边一开戏,西台马上就开唱,而向九郎庙跑的时候,东台却要紧盯西台,只要西台有"落"的趋势,东台马上做好"跑"的准备,而西台尽可能地掩饰以免被发觉。在九郎庙上双方仍是互相窥视,对台戏的胜负无专人评定。因为唱戏的目的仅在于纪念先祖司马迁。而这种以戏台的变动转移而形成的跑台子戏,就成了徐村人特有的祭祖方式。

徐村司马迁民间祭祀

第二天是正清明,徐村人欢度清明的活动才正式开始,全村人如过年般喜庆。冯、同两姓族人前往司马迁祠墓祭拜,头戴迎春花,喜食沾福馍。村中巷道搭建着柏枝牌楼,红绸横额上书有歌颂先祖的联句,家家门口张贴着红纸对联,门楣上悬挂红纱灯,入夜通明如白昼,对台上唱大戏,亲戚朋友纷至沓来,并引来商贾小贩摆摊叫卖。

"风追司马,蔚成风气;文脉昌盛,世代传承。"司马迁民间祭祀活动不仅体现了司马迁后裔对先祖的崇敬,为研究司马迁其人、其事、《史记》和有关历史问题提供了一部"活字典"。

2005年,在举办纪念司马迁诞辰2150周年——《风追司马》大型电视直播节目中,陕西电视台对此做了详尽报道,使人们认识到司马迁民间祭祀本身所具有的历史价值和学术价值。韩城市连续多年举办的祭祀史圣司马迁典礼活动,是由"徐村司马迁祭祀"演变而来,经过数千年的历史积淀,最后形成了"风追司马"的文化内涵,塑造了"史记韩城"的城市符号。

2014年,徐村司马迁祭祀被列入国家级第四批非物质文化遗产保护名录。

四、韩城抬神楼

韩城抬神楼是韩城特有的民间艺术表现形式,被誉为"社火之王",是全国独一无二的社火奇葩。

韩城抬神楼分为文神楼和武神楼。文神楼即"法王"神楼,武神楼为"黑虎"和"灵官"。法王相传为屈原后代,是驱邪治病的名医。宋朝时,因灵通帝梦,为真宗治疴而愈,朝廷有感而册封之。后宋仁宗听政,追封为法王,为其建庙祭祀,韩城人尊法王为神。逢年过节,蒸法王馍,祭神之后,家中男丁分食,意为仰仗法王神灵,身强体壮,驱病消灾。

据西庄镇《神楼记》载:"吾邑有法王神楼,正月十五迎神于村,清明送神于庙,厥有定规,由来已久矣。"送神还庙,献供祭香,唱大戏,耍神楼,这样热闹隆重的祭祀活动持续了数百年。1985年,陕西省文化厅派人来韩考察耍神楼,韩城市东庄村村民将祭祀法王的"法王神楼"和祈雨求福的"武神楼"合而为一,使其演变成为韩城所特有的独具魅力的社火艺术形式,展现在韩城市大街上,并被称为"社火之王"。

韩城抬神楼在表演时,队伍前边以火铳开道,村牌、对联紧随其后;下来是道锣、大号;再后是三五拨锣鼓和围绕锣鼓的五彩花杆。中心部分则为法王神楼和围绕四周的武神楼。最后是以马锣和小锣组成的小乐器队压阵。

韩城抬神楼表演

法王神楼16人抬,高约6尺,宽约4尺见方。形若金殿,彩绘华丽,金碧辉煌。内为赤面金身、横眉怒目、手持宝剑、脚踩毒蛇的法王神像。

武神楼所敬黑虎、灵官,4人抬,均为4.5尺高,1.8尺宽。武楼神像面目凶猛怪异,红脸持锏,黑脸抓鞭,令人生畏。行鼓声中,文神楼庄重严肃,进退有序;武神楼威风凛凛,横冲直撞。二者特色显明,富于情趣。

大型舞诗剧《华山魂》中的《祈雨》把韩城抬神楼搬上了大雅之堂。抬楼人乃为韩城的庄稼汉,他们原汁原味的表演引起了观众的强烈共鸣。1996年韩城抬神楼参加全国锣鼓擂台赛,荣获最佳气势奖。2003年,韩城市广电局和韩城市文化馆合作拍摄《荡楼人》,对保护神楼艺术资料、促进神楼艺术发展起到了积极的作用。2005年,韩城抬神楼参加纪念司马迁诞辰2150周年《风追司马》大型电视直播活动,同年11月参加大型电视文化行动《唐师曾走马黄河》的拍摄,及渭南市建市十周年大型社火舞诗《华山魂》演出。2007年,抬神楼被列入陕西省第一批非物质文化遗产名录。后来,中央七套《乡土》栏目对韩城抬神楼做了专题报道,对韩城抬神楼的保护传承起到了积极的推动作用。

五、韩城"谏公"鼓吹乐

韩城"谏公"鼓吹乐是韩城市西庄镇杨村王门后裔尊神敬福的一种独特表演形式,古韵古味,优雅动听,独具一格。"谏公"曲谱由来已久,清顺治年间,王姓家族每年春节正月初一祭拜祖先,在祖先牌位前演奏此曲,以示不忘祖恩。康熙年间,因天下安定,王姓人丁兴旺,生活富裕,祭祖时感到乐曲单调,增添铙、钹、云锣、海牛、小镲等乐器,经过精心探讨,将曲谱起名曰"谏公"(即尊长之意)。其音量高低快慢有序,恭敬祭神,祭拜结束,方可演奏其他曲谱。从此,每年清明节祭玉皇神和敬法王时皆演奏此曲。

古乐曲谱"谏公"富有独特的表演形式:(一)有固定的表演程序。分别是金钟破晓、海牛净宫、道士清堂、云锣祭拜、古乐震宇。(二)特定的表演时间及地点。乐器按固定顺序在祭祖敬神时演奏;于巷道行进中人多之地,改奏"谏公"曲及其他鼓曲,以示热闹。(三)曲调独特。"谏公"曲谱分为八节:前序、身子、尾马子各一节,曲调五节,另外还有云锣四曲,囔囔锣一曲,铙钹行进曲一曲,小锣小镲曲调各不相同。演奏时,有独奏、合奏之分,高低快慢,音色各异,悦耳中听。(四)衣着各异。黄色古装、便服马褂,皆有不同,现已添加彩色衣帕、腰带。(五)队阵前后排列,有古执事列陈,演奏者端庄而立,尽显恭敬之情。

杨村"谏公"鼓吹乐

古乐曲谱"谏公"演奏所用乐器较为特殊:铙、钹每副重 5.5 斤,小锣、小镲面小较厚,不同一般;令人称奇的是作为主要乐器的竟是来自南方地区的"海牛"和"云锣",两只"海牛"据说是清代物品。"云锣"一副 10 个,音色不同,各具特色,这两样乐器目前难以制作,十分珍贵。

"谏公"曲谱流传至今已有三百余年,韩城境内仅杨村居民可演奏这一古曲。2009 年 6 月,古乐曲谱"谏公"被列为陕西省级第二批非物质文化遗产保护项目。

六、韩城古门楣题字

韩城历史悠久,是全国历史文化名城。民俗风情别具特色,素有"文史之乡"和"关中文物最韩城"的美誉。韩城民居建筑在明清时期繁荣发展,独具特色的四合院建筑为韩城赢得了"小北京"的美称。内涵丰富、风格迥异的门楣题字更是镶嵌在古民居建筑上熠熠生辉的颗颗明珠。

古门楣题字在韩城由来已久,蔚为风气,而且流风余韵,至今不衰。古门楣广泛分布于韩城的村村落落,其中主要以金城区(老城)、党家村、东彭村、西庄镇等地分布集中。

现存最早的古门楣题字是昝村镇南潘庄的"秩重华封",题于明万历年间,具有珍贵的历史价值。家族标志应是古门楣题字的最早源头,多为名门望族,并以此自豪,于是所题门额便成了家族姓氏的标志,如"三槐世家"为王姓标志,"延陵旧家"为吴姓标志等。

明清时期是韩城四合院建筑的定型时期,而韩城的文化事业也在这个时期进入了"解状盛区""户尽可封"的繁荣阶段,以至于韩城民谚讲:"上了死牛坡,秀才比牛多",于是四合院的门楼上,出现了"父子御史""十马高轩""世进士第""文魁""武举"等不一而足的门楣题字。

在门楣大盛的明清时期,寻常百姓家也把自己的信仰、追求用格言赞句题写在门楣上,既用以律己,又用来警后。这一类古门楣题字,通常以"耕读第""慎言行""和致祥"等形式出现。

古门楣题字所提及的内容可以说是言必称圣贤,语必出六经,警句格言内容经典,作为祖训代代传承,用以教化后人。题字书法多出自当代的文人墨客名家之手,或刻于门额,或悬于门楣,风格浑厚雄逸,刚健秀美,形成了古朴大方、浑厚规整的审美趋向。配以精湛的雕刻技艺,或阴刻,或阳刻,或阴阳相间。砖雕刀工精美、木雕古朴典雅、石雕凝重大气。最普遍的砖石灰色古文楣题字,色彩柔和协调,古色古香,清雅大方,不落俗套,与韩城特色民居融为一体,相得益彰。丰富的文化内涵、精美的书法和雕刻工艺的完美结合,让人们在欣赏之余感受到传统儒家人文思想的教义,极具保存价值。

古门楣题字

韩城古门楣题字大盛时期,不少文人雅士对其从内容、书法艺术、雕刻技艺方面进行过深入的研究。时至今日,门楣题字仍然盛行于韩城城乡,得到韩城群众的特别喜爱。新民居的门楼上,石刻或砖贴的门楣题字更富于时代气息,人们根据自己对生活的理解进行创新,有"自立自强""和谐门第""处乐知苦"等,其中因袭旧的也不少,以"耕读第""居之安""和为贵""平为福"最多。

2009年6月,韩城古门楣题字被列入陕西省级第二批非物质文化遗产保护名录。

七、韩城黄河阵鼓

韩城黄河阵鼓,又称"百面锣鼓",流行于陕西省韩城市龙亭镇城南、城北一带,它融打击乐及舞蹈于一体,是当地群众闹社火中特有的一种民间艺术表现形式。

韩城黄河阵鼓源于何时,无详实可考。据城北村的《徐氏家谱》记载,城北主姓徐氏先祖籍于安徽亳州,为明初大将徐达嫡系侄威武大将军徐常后裔。村中存有明朝刺制的头旗"道衍南州",为明朝徐氏族人徐宏基所书,用金线绣制,喻指徐氏后人传承先祖遗风,彪炳忠孝,崇礼尚义之祖德。1936年,在城北村东华社盛装社火服饰的衣箱底,发现明朝万历年间村上逢年庆贺之时的旧账簿,记载有当时的"三社"(东华社、南金社、西城社)派专人前往苏杭一带购置社火器物之事,证明城北社火有文字记载的历史,距今至少已有四百余年。

清乾隆年间,城北村村民徐乾元、樊典则二人将古时曲谱改编,奠定了黄河阵鼓五部乐章,流传至今。当时,村中的菩萨庙、关帝庙、禹王庙,均存有铜器道具,用于庙堂祭祀、祈雨和喜庆丰收。三社为了同举社火均筹二十亩公田,作为筹措社火资金所需。为激发三社共启社火,常常使用"激将法""羞辱计"等,激起热情,"怒"而上阵。由于竞争激烈,保障有力,所以明、清时期最为兴盛。1935年,城北人因喜遇丰年,大闹社火,观众达万人。1950年元旦,为庆祝新中国的成立,"三社"又联合演出了阵鼓。此后,每逢过节或有重大庆典皆有演出。

韩城黄河阵鼓之所以名"阵":一谓宫廷仪仗华贵典雅、肃穆庄严的阵容;二谓军乐仪仗列阵威严、节奏强烈的阵势。其表演气势宏伟庞大,队伍严整有序。它不同于其他锣鼓,多用于五谷丰登之年,庆贺风调雨顺、国泰民安,是农民群众自娱自乐、庆祝丰收的鼓乐。因其特殊的背景,既富宫廷式锣鼓的端庄清雅,又有鼓声催奋的战场豪情。

在正式表演时,整个社火队伍喜用百面锣鼓出现,磅礴大气、声震于天。队伍的最前方,由一名扮成古代"开山神"模样、脚踩近一人之高的高跷、身着红袄绿裤、手持长鞭的人物,边走边向左右频频挥鞭,啪啪作响,打通拥塞的街巷,随后紧跟一面戴红脸绿鼻、呲牙凹眼面具、手提响锣的"开道者"。接着十杆火铳轮流点放,震耳欲聋。金瓜、钺斧、佛手、朝天镫紧随其后,"肃静""回避"分列左右,四十面龙凤旗(俗称"头旗"),精工刺绣,龙飞凤舞,三社头旗"田家自有乐"

"农民鼓舞春""杨柳春风",字体不凡,苍劲有力。旗后是数十个高达丈余的花杆,簇拥着队伍的核心——百面锣鼓。浩浩荡荡的仪仗队,走上了清水泼街、黄土垫道的街巷。

凡进入百面锣鼓表演的击打乐器都各有位置,依序前进阵容严谨,不可随意更换。其阵容布局是以中心直径一米开外的大鼓为统领,小鼓若干围拱大鼓,右边半百镲,左边半百锣,前后队末必有两三面马锣;花杆居于两侧外围,形成大小鼓居中、锣镲长阵分列两边的庞大阵容。在此阵容中,大鼓前后、锣镲长阵的空间,各有一人手执三米长的竹竿和令旗,脚踩锣鼓点,忽前忽后,指挥整个锣鼓队伍,并充当舞蹈的主要角色,最是引人注目。指挥者左手握杆,右手执旗,压杆停,鸦雀无声;起杆响,惊雷腾空;杆起杆落,撕裂空气直飕飕作响。"舞者"动如脱兔,静如处子,忽而飞身腾空,忽而平地旋转,忽而疾步穿行,忽而仰卧鼓阵,气宇轩昂,潇洒飘逸。继而大小鼓集中,《五子登科》敲响,一人打五鼓,重槌击大鼓,轻落点小鼓,两手同向击、单手反向击,花样翻新,章法不乱,尽显英武雄姿。黄河阵鼓以敲为主,它的舞蹈动作多用于行进之中。40位锣手身着一色服装,戴墨镜,每人都身背着用彩带、纸花装饰的宽面竹片,竹片从背部弯至左肩前,上端有钩,系挂大锣,俗称"背弓锣"。行进间鼓慢锣疏,边敲边走,文质彬彬。行进中的鼓点以《走锣鼓》为主,它的基本节奏是缓慢而规整的。节拍为屡次反复,配以循环舞步,由于行进表演、舞蹈动作比较简单,舞动时幅度也不大,称为"一步一舞,一锣一声",出声简朴,文雅清秀,有人亦称"文锣鼓",一般与指挥者同步。其动作是先跨左腿,右腿后交叉,其次马步,循环动作,徐徐向前,舞姿典雅优美,矜持舒缓,构成了一幅乐队行进的舞蹈画面。停步时奏《狗撕咬》鼓点,紧凑激昂,气氛热烈,汹涌澎湃。正是:"百面锣,随大鼓,镲子隔,马锣补;看花哨,数小鼓;看姿势,像猛虎。"这也恰如其分地体现了韩城黄河阵鼓鼓点八致:动、静、高、低、长、短、轻、重。有道是:"动时如猛虎下山,静时为深涧幽鸣;高时如天马行空,低时如龙卧沙滩;长时如彩虹弄影,短时如碧玉落盘;轻时为祥云绕梁,重时为晴天霹雳。"其声韵特点文武交融、声情并茂,阳刚与阴柔相契合,既有大鼓直白表达的阳刚,又反串用静、低、长、轻表达含蓄的阴柔,其后者更能体现出阵鼓之特色。使观众看而不厌,听而不烦。

韩城黄河阵鼓的鼓谱有《狗嘶咬》《打五元》《文武魁》《走锣鼓》《阵鼓》等乐章。相传鼓谱初启者以乡村犬吠声此起彼伏、东呼西应,一犬惊声、百犬应和为引而作《狗撕咬》。鼓谱中设计有"一犬警吠""东呼西应""百犬应和"等节拍,紧凑激昂,相互不让,难分难解,扣人心弦。《打五元》由《打三元》发展而来,用于新春"三阳开泰"之喻。现《打五元》又称"五子登科""五谷丰登""五福临门"等,其鼓谱刚柔相济,对比强烈,喻五子登科有问有答,相互祝愿;喻五谷丰登,播鼓而作,息鼓为逸。《文武魁》为前半场文雅、后半场威武,喻文要重教、武要保国,亦颂扬"文官廉洁不爱钱,武将疆场不畏死"的中华民族传统美德。

韩城阵鼓表演照

明清至今保存完好的社火专用龙凤旌旗,曾在北京故宫博物院展出,被视为国宝。1981 年,先后在法德两国巡展一年,海内外观众赞不绝口。1982 年,阵鼓进城献艺,以"溥彼韩城"为主题,展示韩城民间十大故事,引起轰动,观众达万人。电影《六甲》《黄河大侠》在韩城拍摄时,黄河阵鼓以其独特的艺术风格被摄入镜头,登上艺术大雅之堂。1996 年、1997 年连续两年参加黄帝陵祭祖,被陕西省文化厅选为鼓队之魁。

2009 年,韩城黄河阵鼓被列入陕西省非物质文化遗产保护名录。

八、鲤鱼跃龙门传说

黄河是中华民族的母亲河,流经秦晋之间,在陕西韩城龙门地区形成独特的自然景观,大开大合、收放自如的张力给人以强烈的视觉冲击。大气磅礴的黄河文明与恢宏的华夏史在这里叠加,赋予了韩城独特而厚重的文化底蕴。在这片沃土之上,流传着许多美妙的神话传说,其中,最有名的是寄托着执着努力、奋勇向上精神的"鲤鱼跃龙门"的传说。

龙门,又名禹门,亦称"禹门口",扼黄河之咽喉,地处陕西省韩城市龙门镇。据《禹贡》载:"导河积石,至于龙门。"清乾隆《韩城县志》记载:"两岸皆断山绝壁,相对如门,惟神龙可越,故曰龙门。""龙门"相传为大禹治水时所凿,亦称禹门渡。《三才图会》记载:"此处两山壁立,河出其中,赛约百步,两岸断壁,状尽斧凿,形状似门,故称龙门。"

龙门山横跨黄河两岸,把黄河紧紧夹在中间。两山对峙,形如门阙,上入霄汉,陡壁千仞,危耸险峻,地势异常险要。东西龙门山上均建有禹庙,建筑雄伟,依山而立,亭台楼阁,险峻秀雅,雕梁画栋,绚丽异常。站在庙前,深感"黄河一线天上来,两山突兀屏风开"的传神。沿龙门逆水而上,两岸如同刀砍斧劈,行约4公里处为"石门",此乃黄河最窄之地,咆哮的黄河在此被夹成一束水流。九曲黄河从雪峰连绵的莽莽昆仑奔腾而来,一路上,集千流、汇万溪,裹挟着黄土高原上的泥沙呼啸着直奔龙门。正如唐代大诗人李白的千古绝唱:"黄河西来决昆仑,咆哮万里触龙门。"韩城八景之一的"禹门春浪"即指此处。

相传大禹凿开龙门,眼望山峡两岸,悬崖峭石壁立千仞,相对如门,惟有神龙可越,遍招英才。东海众多金背鲤鱼、白肚鲤鱼、灰眼鲤鱼听闻挑选能跃上龙门的钟灵毓秀之才管护龙门,镇压恶蛟作祟,便成群结队,沿黄河逆流而上参加竞选。远未望见龙门之影,那一条条灰眼鲤鱼们便被黄河中的泥沙打得晕头转向,无奈又游回东海。但金背鲤鱼和白肚鲤鱼排成一字儿长蛇阵,轮流打前锋,迎风击浪,日夜兼程,终于游到龙门脚下。禹王一见大喜:"鱼龙本是同种生,跃上龙门便是龙"。鲤鱼们一听,立即鼓腮摇尾,使尽平生气力向上跃起,没想到刚跳出水面一丈余高,便跌落摔于水面之上,浑身疼痛。但并未灰心丧气,日夜苦练摔尾跳跃之功。如此苦练七七四十九天,一跃七七四十九丈高,但达百丈龙门,还相差很远。大禹看到鲤鱼们肯用功苦练过硬本领,急流勇进,便点化:"好大一群鱼!"有条金背鲤鱼听了禹王的话大有所悟,便对群鱼说:"这不是启发我们要群策群力跃上龙门吗?"群鱼齐呼:"多谢禹王!"鲤鱼们高兴得摇头摆尾,一条条瞪眼鼓腮,甩尾猛击水面,只听"漂漂"的击水声连接不断。一跃七七四十九丈高,在半空中一条为一条垫身,又是一跃七七四十九丈高。只差两丈,禹王便用手扇过一阵清风,风促鱼跃,众鱼一条接一条跃上了日夜向往的龙门。却说最后那条曾为众鱼多次垫身的金背鲤鱼,眼看同伴都跃上龙门,唯独自己还留在龙门山下,寻思道:"我何不借水力跃上龙门"。恰巧黄河水正冲向龙门河心的巨石上,浪花一溅几十丈高,这金背鲤鱼便猛地蹿出水面,跃上浪峰,又用尾鳍猛击浪峰,一跃而起,没想到竟跃入蓝天白云之间。一会儿又轻飘飘地落在龙门之上,如同天龙下凡。大禹一见赞叹不已,随即在这条金背鲤鱼头上点了点红,瞬时,金背鲤鱼幻化成一条吉祥之物——黄金龙,大禹便命黄金龙率领众鲤鱼管护龙门。

鲤鱼跃龙门雕像画

唐朝大诗人李白有诗:"黄河三尺鲤,本在孟津居,点额不成龙,归来伴凡鱼。"据当地老人讲,如若捞到头顶有红的鲤鱼,即刻放生。

从此,"鲤鱼跃龙门"便成为天下招考英才的象征,有青云得路、变化飞腾之意。后人以"鱼龙变化""身登龙门"来比喻金榜题名,青云直上。老百姓把幸福生活的飞跃或事业的成功,亦称为"鲤鱼跃龙门"。千百年来,文人学士皆以"一登龙站,身价十倍"而自豪。韩城自古读书人多,把"进学中举"喻为"鱼跃龙门"。城内还设立过"龙门书院",学校招生出榜,姓名上点红的做法也来源于此。现在,龙门镇大前村小学开设了大禹班,以大禹精神为治学理念,以鱼跃龙门为校徽图案,激励着少年学子,弘扬和传承着百折不挠、积极进取、乐观向上的精神风貌。

在现代科学的解释中,这里说的"鲤鱼"实际是"鲔鱼",或称"鳣鱼",又叫"鳇鱼"或"黄鱼",也就是鲟鱼。鲟鱼是江海洄游性的鱼类,晋、陕两省交界处的龙门一带以其特殊的地理环境成为鲟鱼云集产卵的一个理想场所。产卵前雌雄追逐,时常跃出水面,频繁跳跃。这种大自然生物繁衍的现象为鲤鱼跃龙门的传说提供了生活来源,也说明了在古代科技不发达时,人们面对这种自然现象带来的困惑所赋予的一种美好希冀。

鲤鱼跃龙门的传说在韩原大地妇孺皆知,是韩城独特的地理环境所孕育出的神话故事,世代流传,是韩城人民精神生活的重要组成部分,寄寓着韩城民众对大禹的崇敬之情,对鱼跃龙门不畏艰险、积极向上的欣赏之感。

直插云霄的陡壁、驰骋飞流的黄河、横架天堑的桥梁,这些客观实物加入灵性的传说,让这里更具有了生动性、丰富性,使优美的传说依然徜徉在风云涤荡之间,让人们在追寻遥远过去时,增加对生活的热爱。

鲤鱼跃龙门所折射出的逆流而上、百折不挠的奋进精神,不仅影响着世世代代的韩城人,更是我们整个中华民族精神的中流砥柱。

第六节　韩城市传统美食及地方名吃

一、羊肉糊饽

羊肉糊饽是中原农耕文明和草原游牧文明交融的产物。历史时期,游牧民族不断南下侵犯农耕民族,在此过程中,也把草原饮食文化带到中原。游牧民族流动为生,厨房灶具难以齐备,为了解决饮食问题,常常将面粉烙饼切丝,以方便携带。另外,游牧民族喜食羊肉,在烩制饼丝过程中,常常将其与羊肉汤和羊肉一起烩制后食用,有的地方因此称之为烩饼、羊肉烩饼或羊汤烩饼。

但在陕西,有两个地方的人们却将烩饼称为糊饽:一是合阳县的煮糊饽,另一个就是韩城的炒糊饽。其共同特点是烙饼相似,都用羊肉烹煮,油水充足,辣子红亮,咸鲜辣香,过口不忘。在制作过程中,小麦粉加适量食用碱加水和面,和好的面反复揉压,揪剂擀成薄面饼,烙制至两面微黄,八成熟即可,趁热回性变软,折叠切丝。趁油温八成热时,下入香菜、葱花、蒜片、辣椒面炝锅,烹入香醋,击出香味,加羊肉汤、羊肉、羊血开锅调味,下糊饽饼丝略煮出锅。羊肉糊饽和羊肉饸饹是一对姊妹小吃,有着相同的文化渊源和地方特色,都是韩城人的至爱。

二、清汤羊肉和干馍片

每天清晨,在韩城大街小巷的羊肉店内,人头攒动,络绎不绝。韩城西部山区,水草茂盛,内含植物碱,养育的羊只肉质细腻,肥瘦相间,极少腥膻。在我国的很多地方,每年立春至农历六月初一前通常不食羊肉,因为人们认为这个时期的羊肉干柴欠肥,腥膻味大。但韩城却是一年四季羊肉畅销,逢年过节更是供不应求。

在韩城街头的一些店铺,煮羊肉是绝活手艺。羊肉冷水浸泡,浸出残留血水,入锅内稍煮,去浮沫,再入老汤锅内炖煮。老汤留底,水至没肉,大火煮沸,小火慢炖,待汤泛白,投入料包,内放花椒、八角、桂皮、豆蔻、茴香、香叶。各店煮肉料包大同小异,但香料配比各有绝招,秘不传人,形成不同的口感风味。以铁箅盖之,上置重物,肉尽入汤,小火慢炖一晚,肉烂可口,汤似奶乳,肉片红白相间,羊血红亮滑润,置碗内煎汤回热,撒入葱花香菜,点上明油,连汤带肉,热气腾腾,香气扑鼻。

韩城人喝清汤羊肉时,吃法有别于其他地方。当地人喜欢将羊肉汤泡干馍片,这也是全国各地绝无仅有的羊肉泡吃法。传统的干馍片制作简单,通常是将蒸好的馒头去皮,掰成两半,暴晒风干,不仅便于贮存和不易霉变,也便于农民下地农耕和上山干活时随时充饥,形成了韩城独特的饮食习惯。后来,干馍片开始商业化生产,现在的韩城商店超市、饭馆酒店,都备有干馍片销售。干馍片泡入羊肉汤里,吸尽汤汁,入口即化,满嘴留香。

三、韩城馄饨

馄饨是一种非常大众化的面食。全国各地都有不同风味的馄饨,做法基本相似。陕西的鸡丝馄饨、上海的肉馅大馄饨、四川的抄手、广东的云吞面,都是现包现下,各有风味。

韩城馄饨的做法和吃法,全国独特,绝无仅有。韩城馄饨的主要特色是蒸熟回热,臊子浇汤,易于贮存,随吃随用。韩城馄饨又有南北之分。北塬馄饨以红白萝卜作馅,型制饱满,状如坐佛。包好的馄饨上笼蒸四十分钟即可,散热晾凉,食时回热,浇汤即可。

韩城馄饨的关键在制作大肉臊子。选上好的五花肉,切块成丁,热锅凉油,文火煸炒,待肉里油浸出,加入八角桂皮,茴香豆蔻,当然少不了享誉国内的韩城"大红袍"花椒,入老抽生抽上色,加水小火慢炖数小时方可。臊子汤以高汤为底,加入炖好的肉臊子,依次放入黄花、木耳、海带、豆腐、姜末、虾米、葱节,尤其要加入油炸豆腐丝,加生抽调色,加鸡精调味,大火烹制,水滚汤沸,投入菠菜白菜丝,断生停火,臊子汤即成。食时把回热的馄饨盛在碗中,浇上臊子汤,调入香醋,以糖蒜、咸菜、腌韭、蒜薹、四样小菜佐之。入口筋道,口感极佳,汤鲜肉烂,口齿留香,回味无穷。

韩城馄饨

韩城人对肉臊子有特殊的情感,是人们日常饮食尤其是制作馄饨不可缺少的配料。一直以来,农家女是否会做肉臊子,是当地婆家挑媳妇的一个标准,因此,韩城女人大多都是制作肉臊子的行家里手。

韩城人待客实诚、热情,逢年过节、迎亲嫁女、老人祝寿、小孩满月必备馄饨待客。其他地方待客只有中午一顿正餐,韩城来客必备两顿饭,以臊子馄饨作为早餐,体现了韩城人待客的热忱。

四、韩城芝麻烧饼

和羊肉饸饹同食的芝麻烧饼,为韩城一绝。芝麻烧饼又称油酥饼,烧饼的制作用的是高筋小麦粉,一个成熟的烧饼要经过和面、醒面、制剂、拉条、涂油、制饼、沾芝麻、烙饼、烘烤九道工序。制作好的芝麻烧饼两面焦黄,层层油酥,动之掉渣,香气扑鼻。

改革开放以来,一批又一批的韩城人走出黄土地,到外面的天地里闯世界,很多有制作芝麻烧饼手艺的韩城人,凭一尺擀杖走天涯,把韩城特有的芝麻烧饼,带到了北京、上海、天津、青岛、广州、深圳等地,将韩城特色的面食带到了天南海北。羊肉饸饹和芝麻烧饼是绝配,常有食客吃完羊肉饸饹,掰芝麻饼入碗,再添臊子汤食之,香味直透心脾。

五、羊肉饸饹

饸饹古称"河漏",是中国北方最常见的面食吃法之一。早在唐代,随着面食的普及,饸饹也逐渐成为人们制作和食用的面食种类。元代农学家王祯在《农书》中谈及荞麦言:"北方山后,诸郡多种,治去皮壳,磨而为面……或作汤饼,谓之河漏。"明代药学家李时珍在《本草纲目》中亦言:"荞麦南北皆有……磨而为面,作煎饼,配蒜食。或作汤饼,谓之河漏,以供常食,滑细如粉。"韩城山区除了产羊,还产荞麦。因为荞麦适宜在瘠薄的土壤中生长,对耕作要求也比较粗放,以前地多人少的山区,在一些坡地上撒种些荞麦,也不失为广种薄收的良策。有了羊肉,又产荞麦,羊肉饸饹便顺理成章的成为当地的名小吃。

羊肉饸饹的做法,最关键的是两道工序:一是制作羊肉臊子和羊油辣子,二是压饸饹。羊肉臊子,韩城人称之为"拦臊子",拦,是陕西话中菜肴的一种加工工艺,与"炒"有别,做法是将羊肉切成八分见方的片,先用武火炒,后加入特制的面酱和十全调料,再用文火慢煮;主要调料羊油辣子实际是老陕油泼辣子的做法类似,把菜油换成了羊油,将辣椒面放入烧热的羊油中,然后置入盆中冷却即可。羊油辣子制作水平的高低也是决定羊肉饸饹好吃不好吃的重要因素。

饸饹的制作最好是现吃现压,老吃客都知道一定要点"新面饸饹",这个新面不是指新产的荞麦做的饸饹,而是指刚压制出来的。因为刚压出来的口感特别劲道,吃起来细长绵软爽口。为了增加筋度,韩城人在荞麦面中还要加入一定比例的沙蒿面。沙蒿粗脂肪含量较高,纤维量中等,所以韩城饸饹与其他地方的饸饹颜色、口味有明显不同。

羊肉臊子饸饹店家或摊子通常支两口锅,一锅热水,一锅烩羊肉臊子汤。将在冷水中涮去黏汁的鲜饸饹在热水锅中氽一下回热,放入大碗里,再浇上另一口锅里的热臊子汤,调上香醋,放点咸韭菜段、葱花,就可以享用了。

羊肉臊子饸饹,细长绵软、臊子酥烂浓醇、入口麻辣宜人、回味芬芳隽永,香中透鲜味美,油香爽口不腻。从营养学的角度来看,荞麦性凉,羊肉和辣子性热,热凉互克互补,阴阳平衡。在享了口福的同时又有养生的功效,所以羊肉饸饹馆在韩城随处可见,成为当地风味小吃头牌。

六、韩城石子馍

石子馍是颇受群众喜爱的传统食品,又名古鏊饼。由于它历史悠久,被称为我国食品中的"化石"。石子馍的原料是面粉、碱面、精盐、熟猪油、鲜花椒叶等,经和面、加工石子、制坯、焙烤几道工序制作而成。其特点为酥松荃香、易于消化、携带方便、利于储存。石子馍是渭南农村孕妇产后常吃的食品,也是馈赠亲友、招待佳宾、出外旅行的必备佳点。

七、油酥角

油酥角是韩城的另一特色面食品种。油酥角入口外脆内酥,咀嚼时松酥可口,特别为老年人所喜食。且经焙烤,其中的水分多已散失,所以也耐存放,乡下人进城时,许多人都要给父母买几个,让父母享一下口福。

关于油酥角,还流传一个故事。说是以前在韩城古城做生意的,多是山西人。其中一位掌柜的年纪老了,还乡赋闲,生意便由儿子接班打理。儿子问父亲:"您老在韩城待了半辈子,你最爱吃韩城什么东西,我回来时给你捎些。"父亲答道:"我最爱吃韩城的油酥角,你每次回来都要带,不能忘了。"儿子于是遵照父亲的叮嘱,每次回家都捎带不误。不料有一次,竟空手而归。父问其故,儿子说,这次回来不太顺当。上船后风急浪大,行船一度偏离航线,摊住了(即搁浅了),于是只好在船上等机会,这样就耽搁了一天。一天下来,肚子饿得没办法,只好把给您老带的油酥角吃了。父亲听完之后说,从韩城到咱家,虽只隔一条黄河,可是隔山不算远,隔河不算近,你每次回家都要坐船,说不定哪回会发生意外。万一不能按时回家,肚子饿了怎么办?油酥角酥耐存放,吃起来油香,吃后顶饱,我让你带油酥角,就是为了预防不测,这下你该明白了我的用意吧!儿子这时方恍然大悟,才知道老父亲的良苦用心。

韩城油酥角

油酥角制作的基本流程是将面饧好之后,将面团再次揉搓,揪成四个等量的面团。将小面团擀成圆饼,先放在鏊上烙,之后十字切两刀,成为四个相等的扇形饼。这时,将扇形饼放入上下皆有炭火的烤炉,烤至饼两面鼓起,呈金黄色时即告成熟。

做油酥角由于费油费事,做好并不容易,且成本较高,食用人群又不广泛,所以过去卖烙饼的人不少,做油酥角的人却不多。在韩城市,专门制作油酥角的店铺并不多见,只是在老城区有数家还坚持制作油酥角。不过,也正因为此,这种传统的特色面食制品,仍得以保留。

八、韩城花馍

花馍,也称"面花",是中国民间面塑品,在北方黄土高原地区十分流行。韩城花馍分为喜庆蒸食和祭祀蒸食两种。

喜庆蒸食是逢年过节,乡民为增添节日的欢乐气氛而特制的一类蒸食。例如元宵节时,乡民们便在院中置麦积馍,在门道中放狗儿馍,居室放鸡儿馍,还有刺猬馍、兔儿馍等。在过清明节时,蒸如拳头大小的微型财神馍,名曰"滚蛋蛋馍",上坟时小孙子用这种馍在墓冢上滚上滚下,增添了祭祀时的喜庆气氛。

韩城民间蒸食,有以下几个特色:一是蒸食往来以血缘关系远近定数,以"琲"计量。如女给娘家、娘家给女儿家,定量三琲,姑姑姨姨,相互二琲,兄弟姊妹,定量一琲。在韩城的蒸食往来中,以六十条"卷儿馍"为一琲,三十个馄饨馍为一琲,六个"盘子馍"为一琲。

之所以以琲计量,是出于蒸食往来的需要。因为红白喜事,宾客众多,面对每位宾客众多的蒸食,主家均要一一过手,费时费事,也不便保藏。而各宾客按规定礼节,将自己的蒸食串成串,主人收礼时,只要数一下是几串就行了,简单快捷,一目了然。同时,将其一串一串地挂起来,也便于置放。为了给这个"串"取个恰当的量词,先民便以"琲"计数,因为许多个用上等白面做成的蒸食串在一起,像一串晶莹剔透的玑珠。

韩城蒸食往来的第二个特色,是带有明显的互助色彩。不管谁家过事,亲朋邻里均登门祝贺,在生产力低下、粮食加工手段极其落后的昔日,主家要在短期内备足几百人的膳食,确实力不能及。于是众亲戚便以蒸食相支援,这就是蒸食在往来中数量较多的主要原因。

韩城蒸食的第三个特色是保留着浓厚的原始文化痕迹。以"卷儿馍"为例,它是由精制的白面粉发酵后,两手食指和拇指慢慢拉伸成条状后蒸制而成,在色、形、口感等方面均为蒸食中的上品,多用来招待尊贵客人或作为对尊贵客人的回礼,俗称"抟(dun)卷儿"。这里的"抟",其实就是拉,但为什么抟成人腿状呢? 据传,在原始社会早期,人类曾有过"食人"之风。生产力的发展才引起了人类饮食的变化,"食人"陋习才告结束,并发展了同类相亲的感情,但作为美味佳肴的一种代表,韩城人却用蒸食的形式把它记录并保存了下来。另外,女儿生孩子熬完娘家回家时,外婆给外孙带上一串手指状的蒸食,也是古食俗的遗风。

韩城喜庆花馍

韩城蒸食的第四个特色是大量保留了古人对生殖的崇拜之俗,这在蒸食馈赠中表现得尤为突出。通常在女儿出嫁后,从来年春节开始,当娘的就要开始给女儿送馍,这个送馍的全过程就体现了生殖崇拜。在正月,送节的馍名曰"佑花子",形如仰睡的孕妇,"花子"是当地乡民对雌性卵巢的方言称呼。因此,"佑花子"不仅是母亲对女儿的生殖启蒙教育,更表达了母亲对女儿的关切之情,饱含着母亲对女儿保养好身体,快快怀上孩子的期盼。在清明节,送节的馍名为"子福馍",馍里面包有鸡蛋包,同样表现了一种生殖希冀。送端午节又称送串串子,而串串子的核心,就是悬于五色丝线上的那个胖娃娃,串串子上的其他饰物,可送给邻人作为纪念,而唯独那个胖小子,是万万不能送人的,必须挂在女儿屋里,作为一种图腾。女儿临产前当娘的送开口爵子,酷似孕妇性器微开,而产后送的圈圈馍,更是生育过程的写真。

生殖崇拜,在韩城的蒸食中显现得显著且强烈。因为人类初期,认识水平低下,对生殖的崇拜始于好奇和神秘。随着社会的发展,生殖崇拜便由无意识到有意识,以至将"不孝有三,无后为大"列入中国传统的道德观念。这种旧礼教也使妇女把传宗接代列为自己的第一要务。于是在农村经常听到这样的话:"某家的媳妇没吃一天闲饭(意为一结婚就怀孕,就生孩子)。"把不生孩子的就叫"吃闲饭"。所以,女儿出嫁后,当娘的考虑的首件大事,便是早怀孕、早生子,这是女儿的光荣,也是当娘的光荣。这就是生殖崇拜在韩城蒸食中保留至今的文化习俗基础。

祭祀蒸食是乡民过年、过节、生子、盖房时用来祭神的祭品,主要品种有"枣祃瑚""子福"、财神馍、房王馍等。财神馍形如罐状,俗称"银子罐";房王馍则在财神馍上再加一有顶的盖,象征房子里藏满银子;"枣祃瑚"和"子福"馍则文化色彩浓厚。祭祀蒸食的特点:其一是个头大,一般一个用水面一斤;其二是不管哪种馍,都要在中心包个红枣,以示有心。

枣祃瑚其状下部似鼎,三足(亦有四足者),上部为花瓣,乡民俗称其为"献爷(当地方言念 yá)馍",这里的"爷",不是指祖父,而是指神,因为韩城方言把"神"称为"爷",所以说"献爷馍",就是敬神馍,雅名"枣祃瑚"。祭祀时,五个为一副。

从其形制和名称看,枣祃瑚来历可溯至远古。在渔猎时期,先民为了免遭野兽伤害,多多获得猎物,或者打败其他部落,均要乞求于神灵的保佑。进入农耕社会之后,先民对自然界的依赖和祈求更多、更高,祭祀活动也就更加规范、隆重。祭祀活动不仅有助于维护血缘关系和增强部族凝聚力,同时也有助于维护扩大本部族的整体利益。商代出现了大规模的鼎、彝、瑚、俎、豆等青铜祭器,就反映了当时祭仪的规模和形式。作为普通百姓,在无权或无力铸造青铜祭器的情况下,只好以面食仿制祭器而进行祭祀,于是,枣祃瑚就出现了。

韩城祭祀花馍

枣,是先民食果时代最重要的果腹食物之一。其味甘甜,性温补,老幼咸宜,色形俱佳,又耐贮藏,四时均有,被列为诸果之首。枣在我国的栽培历史,已有三四千年,成书于两千五百多年前的《诗经》,就有关于枣的记载。韩城市地处黄土高原,是枣树的优生区,境内早熟品种众多,红枣早已融入人们的日常生产和生活。在原始时代的祭品中,除了肉类,果类之代表恐怕非枣莫属。

"枣祁瑚"本指盛有枣的祭器,后来逐渐演变为艺术化的蒸食。譬如,枣祁瑚下边底座,三足或四足,活生生的一尊"瑚",是写真,而在其上边缀以花瓣,则是艺术化的处理结果。清代韩城知县江士松有联云:"图瑚重鼎彝,玉树交柯枝。"联中的"图瑚"就是绘有或刻有花纹、图案的瑚。但是,当我们的先民用面来制作瑚时,便把瑚上的花饰图案用花瓣来表示,这就融入了夸张化的艺术手段,体现了先民的聪明才智和美学概念。但既称枣祁瑚,当然就离不开枣,于是在花瓣上再置一盘,盘中置一大枣,既高度概括,又画龙点睛,在整体造型上,又给人以美感。

至于枣祁瑚五个为一副,则体现了先民的一种哲学观念,即对"五"的认识和崇拜。古时,人们多以"五"来表示多或全。例如,把组成世界万物的基本物质由"五行"(金、木、水、火、土)来表示,把众多的颜色用"五色"(青、赤、黄、白、黑)来表示,把各种各样的粮食作物用"五谷"(稻、黍、稷、麦、菽)来表示,等等。为了表示对神灵的虔诚,先民把"五谷"盛入五尊瑚中进行祭祀。旧时神庙、祠堂乃至士绅富商之家,在举行祭祀活动时均在神位前摆放"香器"(铅锡合金制作),这种香器,就是五个为一套。

直到现在,枣祁瑚仍是韩城乡村中最隆重的蒸食祭品。除了大年初一凌晨以此祭献天地神外,人们日常生活中每遇重大祭祀之事,如盖房上梁、孩子过满月、还愿等,均蒸枣祃瑚一副祭献神灵。以蒸食形式,将古代祭器、祭品、祭礼、祭仪完整地保留至今。

枣祃瑚是中华民俗文化的一个"活化石"。

第七节　韩城市传统农业系统特征与价值评估

韩城市位于陕西东部,黄河中上游地区,地处中华农耕文明与游牧文明的交错地带。早在几千年前就有先民在这里繁衍生息,具有悠久的农牧生产历史和丰富的农耕文化。县域内农业文化遗产要素丰富多样,传统农业生产系统较大程度上得以保留。

课题组经过前期的准备和一周的实地调查后,在深入调查和科学识别的基础上,根据《中国重要农业文化遗产认定标准》对韩城市典型农业生产系进行了初步命名,主要包括:韩城山地大红袍花椒栽培系统与花椒文化;韩城旱作梯田农业系统;韩城淤地坝农业系统。

一、韩城山地大红袍花椒栽培系统与花椒文化

（一）起源与演变历史

在中国古代,花椒不仅用于祭祀或节庆,还有丰富的文化意蕴。《诗经·陈风·东门之枌》中记载了青年男女约会时,女青年"视尔如荍,贻我握椒",送给男青年一把花椒作为礼物,花椒也成为爱情的信物。《诗经·唐风》有"椒聊之实,藩衍盈升"之句,《九歌·湘夫人》也有"荪壁兮紫坛,播芳椒兮成堂"的记述,说明早在先秦时期花椒已经富有深厚的生育文化意蕴。发展到汉代,出现了著名的"椒房"。

韩城王峰古村落中的晒花椒塑像

韩城花椒已有上千年的栽植历史。明万历《韩城县志》中就有"境内所饶者,惟麻焉、木棉焉、椒焉、柿焉、核桃焉"的描述。清康熙《韩城县续志》也有"西北山椒迤逦……各原野村墅俱树之,种不一,有大红袍、枸椒、黄椒……远发江淮"的描述。清末《韩城县乡土志》则对花椒的习性做了论述:"栽椒者多于硷边,以根之半在空不至于伤水也。山阳,红大,然恶冻,冬寒必裹;山阴,则色虽不佳,而惯冷不至于冻伤。"韩城市地理概貌大致是"七山一水二分田",丘陵壑纵横,山区面积大,海拔多在 400～1200 米的范围内,而且土层深厚、质地良好,尤其含钾丰富,光热资源丰富,年昼夜温差大,植物光合作用强,营养制造积累多,栽植花椒的自然资源是得天独厚的。

新中国成立以前,韩城市西庄坪头一带的花椒就已经很有名,在西庄、板桥的浅山区也有零星栽植。20 世纪 70 年代末,韩城市出台了"百里千万株花椒林带"规划。经过 40 多年的艰苦努力,韩城大红袍花椒已经培育成为全国知名品牌。现如今,在纵贯韩城的中部浅山台塬地区,有着全国规模最大、产量最高、效益最好的"百里四千万株花椒基地"。花椒年产量 2700 万公斤,占到了全国的 1/6。仅栽植过千株的花椒大户就有 2 万户。

(二)农业特征与产品供给

韩城椒农在生产实践的过程中,逐渐形成了三种栽培模式,分别是:野生古老花椒栽培模式、花椒围园的高效生态栽培模式、规范丰产的椒园栽培模式。

韩城花椒主产区域主要分布在西部浅山丘陵及台塬沟壑区,其海拔高度在 500～1000 米之间,为花椒生长优生区。在此区域的农民,继承古老的智慧,对荒山、丘陵、沟壑进行开发,塑造了以梯田形式存在的花椒种植区。花椒根系比较发达,固土能力比较强,即使在坡地,仍能很好生长,农民多将其种在旱地梯田地埂上,以防风固土、涵养水源。

以韩城大红袍花椒为中心的种植生态系统,主要包括"椒—果""椒—草""椒—畜"等模式的生态种植体系。韩城大红袍花椒种植体系,融合传统的种植技艺,依照当地的农业发展格局形成科学的立体布局,使得大红袍花椒的种植在空间结构上形成合理的资源配置,有因地制宜的特点。此种植体系不仅能够充分利用自然资源,还能实现人地和谐,以达到经济效益的最大化。

①"椒—果"套种。韩城市的果树产业发达。在椒林中套种果树,不仅可以减少病虫害,还可以优化产业结构,增加经济效益,也有利于改善长期种植花椒土地肥力下降的缺点,形成优势互补的局面。

②"椒—草"套种。利用椒树与农作物及草类之间生长时间及生理学特征上的差异,将农作物与椒树按照一定的排列方式种植在同一土地单元内。这不

仅有利于涵养水源、保持水土,还可增加土地的肥力。种植花生、地瓜、辣椒等农作物还可提高经济效益。趁秋季花椒枝叶凋零时,种上白菜等冬季作物,也起到循环利用土地的作用。

韩城梯田花椒林

③"椒—畜"结合。椒农可以在花椒树下养殖家禽。椒叶、椒仁、杂草等可以用来饲喂家禽,不仅为家禽提供了良好的生长环境,还增强了家禽的免疫力,提升了家禽的肉质和口感。同时,家禽可以捕捉虫子,它们的粪便也为椒林提供天然的肥料,由此形成一个可循环的生态链。

(三)生态特征与生态系统功能

椒园中不仅有果树、豆类、蔬菜、瓜类、绿肥等,林下还有畜禽散养。椒园上部建有防护林,防护林带主要是一些适应性强、根系发达、固土性能好、与花椒没有共同病虫害的乔木和灌木,一般以当地的山杏、山桃、刺槐、沙棘、柠条、杜梨等为主。不仅如此,花椒本身所培育的种类也众多,如"南强1号""狮子头""无刺椒"等花椒和诸多野生品种,增加了大红袍花椒种植系统的生物多样性。系统内的动物、植物、微生物种类共同构成了大红袍花椒种植区域生机勃勃的生态循环。

生态系统服务是指人类直接或间接从生态系统得到的利益。韩城大红袍花椒种植系统是由动物、植物、微生物以及当地独特的自然环境和气候条件组成的生态系统,它不仅为当地人民提供了生活生产所需的椒果、椒叶、椒芽等农产品原料,同时还在潜移默化地提供生态服务。通过种植栽培过程中与生态环境的物质和能量交换,发挥着调节气候、净化污染、涵养水源、保持水土、防护农田、防风固沙、减轻灾害、保护生物多样性等功能,为当地人民提供多样的生态系统服务。

早在2005年,全市4000多万株花椒折合造林面积3.3万公顷,占到全市有林地面积的 30.5%；纵横交错的农田椒网，形成区域性生态林防护体系，使全市林木覆盖率提高 9%。境内 1.5 万公顷坡、台、梯田的 19 万条 2.7 万公里的地埂，都实现了花椒化，有效控制水土流失面积 5.8 万公顷，占全市治理水土流失面积的 45.5%。花椒防护林有效地改善了栽植区的农业生态环境，与无椒区相比，椒区水土流失侵蚀模数降低 59.3%，风速降低 20%～30%，土壤含水量增加 2%～3%，空气相对湿度增加 3%～5%，高温期气温平均降低 0.7℃，地表温度降低 0.6℃，光能利用率提高 7.5%，土地利用率由 61.8% 提高到 100%。

（四）景观特征与旅游价值

北起独泉乡的康家岭，南到龙亭镇的阿池村，大红袍花椒满山遍野，绵延百里，层层梯田，椒林尽染。1.5 万公顷坡、台、梯田的 19 万条 2.7 万公里的地埂，都实现了花椒化。夏季花椒成熟之时，形成一条条红绿相间的椒园盛景，漫步其间，椒味的芳香弥漫空中，沁人心脾，让游客流连忘返。

自 2000 年起，市政府每年投资 20 万元在国家级媒体、省级电视台、报纸和互联网设专栏宣传韩城大红袍花椒。近年来，韩城策划、生产了一系列花椒产品，通过古城旅游带动花椒的销售，并通过优质的花椒产品，举办"花椒文化节"等系列活动，极大地推动了韩城市旅游业的发展。

（五）传统技术知识体系

（1）种子采收及处理技术。由于韩城市特殊的气候环境与大红袍花椒品种的特性，花椒成熟期较其他品类的花椒要早。花椒果实收获的传统方法为人工采摘。每年 8 月初椒果开始成熟，至 9 月上旬是采摘的大忙季节。大红袍花椒采摘要考虑地势阴阳、椒树资质等因素对大红袍花椒成熟的影响。椒果穗大粒多，手快者，1 天能摘 25～30 公斤鲜椒。平均每人每天可采摘 20 公斤。为保证采摘种子的品质和成色，要求就地采种，就地育苗。对于母树的选择标准则是地势向阳、生长健壮、品质优良、无病虫害、结实年龄为 10～15 年生的结果树。于 8 月上旬，避开连天阴雨，在露水干后的晴天，待果实成熟、少量果皮开裂时进行人工手采。采摘时用拇指和食指捏住果柄，折断果穗，轻轻放入采集袋或竹笼内。

紧接着，种子需要干制。传统的干制方法仍然是天然晾晒。所谓"天晴太阳红，椒晒一天就能成"，为了保障大红袍花椒的成色和品质，要选择露水干后的晴朗天气进行采摘和晾晒。具体方法是把采下的鲜椒立即摊放在场面或席子上晾晒，3～4 个小时后用木棍轻翻，晒干。待果皮开口后，将果皮和椒籽分离，除去杂质，按级别分装密封储存于干燥通风的室内。近年来，开始不断运用各种机械烘干方法干制花椒,缓解了人工晾晒花椒的压力。

种子的贮藏,采用干藏法。干藏法是将处理好的种子,装入麻袋或放入缸、罐中加盖,堆放或干藏在凉爽、低温、干燥、光线不能直射的房间内。因韩城市当地土壤资源丰富,老椒农通常会采用泥饼贮藏或者湿沙层积贮藏,在湿沙层积贮藏时要注意检查和翻动种子,以防发霉。

(2)传统播种技术。传统的大红袍花椒栽植技术主要分为三个部分,即实生苗播种、大红袍花椒良种育苗、建园栽植。传统的栽植技术都是先民们从长期的农事生产经验中积累出来的。椒农以野生大红袍花椒果实为良种,在温暖回春的四月初进行春播,按照种植经验每隔三寸播一种子,筛土覆盖。夏季大红袍花椒幼苗出土后,配合大红袍花椒幼苗生长发育期的养分需求施用沤熟的粪肥,根据实际的生长情况进行浇水灌溉,使土壤水分充足。到幼苗有数寸之高的时候,选在夏雨季节进行移植,提高大红袍花椒的成活概率。

韩城大红袍花椒园

而在大红袍花椒栽培技术逐步完善的基础上,形成了良种育苗和建园栽植技术。大红袍花椒的良种育苗要求在背风向阳,土层深厚、肥沃的棕壤、黄棕壤、褐土上进行播种。播种前每亩施农家肥并细致整地、作畦。种子用碱水浸泡、温水催芽或沙积催芽法进行播前处理。10~11月中旬适宜秋播经碱水浸泡处理的种子;3月中下旬到4月初的春播,适宜用温水催芽或沙积催芽法的种子。播种方法为条播。在整好的畦子内,每畦按20~25厘米的行距,开4~5条沟,沟深5厘米,均匀播种。播后复土2~3厘米,再用麦糠和杂草覆盖,以利于蓄水保墒。播后管理应分次去盖:幼苗出土,分次揭去覆盖物,并实施中耕除草、间苗与定苗、追肥浇水和苗期病虫防治等。椒苗高度达到 60 厘米以上,地茎在 0.5 厘米以上时可出圃。建园栽植则需要选择海拔 1200 米以下、坡度 25°以下、坡向阳坡或半阳坡、避风处建园。以鱼鳞坑或穴状进行整地,正三角或“品”字形挖坑,采用“三埋两踩一提苗”的方法进行栽植并定干。

(3)完整的施肥方法。依据韩城市的土壤、椒树、季节、气候等情况形成了底肥、基肥、追肥到叶面喷肥的一整套促进花椒优质丰产的完整施肥方法。育苗播种期施肥要在播种前整地,每亩施农家肥 4500 ~ 5000 斤。播种后在 5 月下旬至 6 月下旬速生期,追肥 1 ~ 2 次。椒园施肥要在椒树落叶后的秋冬季每株施农家肥 25 ~ 50 公斤。叶面喷肥是从果实膨大期开始,结合病虫害防治每隔 10 ~ 20天喷施一次。开花期后开始每隔 15 天选择在下午 4 时后或上午 10 时以前进行一次叶面喷肥。6 月底 8 月初用 30 厘米厚的杂草覆盖树盘,到秋冬结合椒园施肥把所覆盖夹杂的野草翻压到施肥沟内,以提高土壤肥力。

(4)整形修剪。椒树的整形修剪,需要在生长期和休眠期时进行修剪和整形。幼树以自然开心形或丛状形进行整形,盛果期对徒长枝、病虫枝、交叉枝进行疏除,衰老树要及时回缩复壮弱枝组,逐渐恢复树势。

(5)水土资源管理技术。花椒树有强大的水土保持、涵养水源、防风固沙、农田防护的功能。韩城市处于黄土高原南部,再加上前些年的矿业开采,导致水土流失严重,椒园种植在地埂、沟坡和农田林网等地方都能够有效锁埂固边、抑制土壤退化、保护农田,加强当地水土保持,改善土壤侵蚀情况,改善生态环境。

(6)病虫害防治体系。主要包括农业防治、物理防治、生物防治等方法。其中,农业防治是通过综合的水、肥、修剪等措施增强树体抗性,剪除病枝、枯梢并集中烧毁;增施有机肥,改善土壤情况;冬春季树干涂白,防治冻害、日灼;刮除病斑可以防治花椒锈病、叶斑病、流胶病、花椒蚜虫等多种病虫害。

物理防治是根据病虫生物学特性,在园内放置糖醋酒液、诱虫灯及树干缠草等方法诱杀害虫。利用黑绒金龟子的假死性,于发生期的傍晚将其从树上震落捕杀;冬季清除树干上的越冬虫蛹,生长季节人工捕杀幼虫和蛹,可有效防治花椒凤蝶;土壤封冻前刨树盘,破坏虫害越冬场所,消灭部分越冬潜跳甲成虫;用铁丝深沟入虫孔,勾杀幼虫天牛等都可以有效防治虫害。

生物防治则是采取助育和人工饲养天敌控制害虫。生态防治主要以改善椒园透光条件抑制炭疽病发生,营造良好的椒园生态环境。

(7)灾害天气预防技术。每年的三月下旬到四月上中旬是韩城天气多变期,也是韩城市花椒晚霜冻害的频发期。这主要是韩城市所处的地理位置决定了气候的复杂性。但大红袍花椒树耐寒性较差,传统椒农为了保证椒树防止冻害,一般会采取树体保护和椒树灌溉的方法进行防冻。树体保护是采用蒿草、苇席等覆盖在树冠顶上,以达到阻挡外来寒气、保持地温的目的。或者把玉米、高粱、谷子等高秆作物的秸秆绕树围上一周,用草绳捆起来,以起到防冻作用。椒树灌溉是在花椒萌动前灌水以缓冲低气温的作用,使花椒减轻或避免霜害;同时降低近地面气温,延迟开花时间,避开霜冻。这是椒农在长久的农事活动中总结出来的经验与智慧。

现代椒园防冻措施有营建椒园防护林、采用枝干涂白或烟雾增温法等。其中枝干涂白或树冠喷白的原理是减少椒树对热能的吸收,降低枝干的局部温度而推迟花期,一般可延迟椒树发芽和开花3~5天,避开晚霜期,防止霜冻。

(六)独特性与创造性

(1)独特的品种资源。韩城大红袍花椒在花椒中的品质位于中上等,适于各种地形和土壤,普及价值高,具有品种纯正、颗粒硕大、均匀、油腺密而突出、色泽鲜艳呈红色或深红色、香味浓郁独特、麻味悠久等特点。大红袍花椒既可以调味去腥,又可配伍入药,有杀菌消毒、除湿止痛、宁咳止嗽、消积止泻等功效。

(2)优良的品质。大红袍花椒与其他花椒相比品质超群,其干果粒大肉厚、色艳味浓、清香浓郁,有"香飘十里"之奇香。大红袍花椒果面油腺发达、麻香味浓郁、品质上乘。对大红袍营养成分的测定结果表明,大红袍花椒富含挥发性芳香油,营养素种类多且含量丰富,具有极高的营养价值。陕西省质检机构花椒品种调查和品质鉴别结果都表明,韩城大红袍花椒各项指标列全国之首。

(3)独特的种植技术。大红袍花椒本是先民们在土壤贫瘠的山区地带发现的野生花椒,将其果实采收之后,开始了人工培植的生产活动。人们在培植过程中不仅创造出了既继承野生大红袍花椒"适应性强、抗病虫、结果早、习性良好"的优良种质特点,又迎合大红袍花椒生产需求的古法栽植技术。

随着技术的不断进步,大红袍花椒的栽培生产技术得到了完善,不仅对大红袍花椒的品种、种子采收与贮藏、育苗、园址选择、栽植与修剪、土肥管理、病虫害防治要求等栽培管理过程做出了明确而详细的规定,同时也对"大红袍花椒"给出了明确的定义。在保护和传承传统大红袍花椒栽植技术的同时,发展实生繁殖和无性繁殖的苗木育种技术,将韩城的优良品种迅速推广开来。

(4)多样化用途。大红袍花椒果皮、种籽、椒叶、椒根富含麻味素和芳香油,且含有优于其他品种的β-水芹烯、内型冰片乙酸酯、3-甲基-6-(1-甲基乙基)-2-环己烯-1-醇等成分,营养价值和药用价值高。现代医学表明,大红袍花椒具有降血压、抑菌、抗癌和麻醉止痛的作用,等等。大红袍花椒种子是优良的渣油原料,可以提炼芳香油、香精等,油渣可做肥料、饲料;叶、枝干都是优良的工业原料。大红袍花椒树根系发达,是韩城市天然林建设、退耕还林以及后续项目的生态先锋树种之一,可以有效减少水土流失,具有良好的生态价值。

(七)战略及示范价值和意义

韩城市获国家林业局中国名特优经济林花椒之乡殊荣。2005 年 10 月,大红袍花椒生产基地被国家标准化管理委员会、国家林业局,确定为大红袍花椒国家林业标准化示范区。花椒已成为韩城经济的特色支柱产业。

2014 年 10 月 24 日,收集国内外花椒优良品种 35 个(其中,400 颗经过精心挑选的韩城大红袍花椒种子),搭载神舟飞船飞向太空,建立了花椒种质资源圃,成为此次探月工程唯一搭载的农作物种子。2016 年 6 月 25 日,40 克韩城大红袍无刺花椒和 40 克韩城大红袍狮子头花椒种子搭乘我国全新研制的长征七号运载火箭,再次进入太空。为今后培育花椒新品种、促进全国花椒品种更新换代奠定了坚实基础。2016 年,8 月 8 日,中国经济林协会"中经林协函字〔2016〕8 号"文件,同意在韩城市成立花椒研究院,是全国唯一的面向全国花椒产业服务的研究机构。这两项荣誉对促进韩城市花椒产业转型升级,推动区域经济发展,引领全国花椒产业提档升级,带动全国林业产业转型发展,具有重要的战略意义。目前韩城市建有五个万亩花椒标准化示范基地,从北到南分别为:桑树坪镇万亩示范基地、西庄镇万亩示范基地、板桥镇万亩示范基地、芝阳镇弋家塬万亩示范基地、芝阳镇赵峰万亩示范基地。

2016 年,韩城已建成面积 55 万亩、4000 万株大红袍花椒生产基地和 3000 亩花椒芽菜生产基地,年花椒产量近 2500 万公斤,产量占到全国花椒总量的 1/6,年产值达 20 亿元,全市农民人均花椒收入达 8000 多元,成为全国规模最大、产量最高、研发最强、效益最好的花椒生产基地。大红袍花椒已成为韩城农业主导产业,形成 4000 多人的花椒专业购销队伍,国内各地有上百个花椒专业销售网点。韩城花椒产业带动山西、甘肃、四川、重庆联盟,以及周边合阳、富平、华县、澄城的花椒共同发展,形成"生产基地+销售网点+批发市场+购销队伍+农户"的销售网络。"大红袍花椒"已销往全国各地,并出口欧美和东南亚地区。

(八)文化特征与文化价值

(1)椒酒祭祀文化:先秦时期的祭祀文化昌盛。先民们通常将花椒当作诸王室的殉葬之物,或者将其做成椒浆或椒饭,作为巫女们酬神祭祀时的祭品。节日里饮用椒酒或用椒酒祭祀,更是古代中国人民生活的大事。屈原《九歌·东皇太一》中写道:"瑶席兮玉瑱,盍将把兮琼芳;蕙肴蒸兮兰藉,奠桂酒兮椒浆。"这里的椒酒,是祭祀东皇太一的主要祭品。汉代崔寔的《四民月令》载:"过腊一日,谓之小岁,拜贺君亲,进椒酒,从小起",以及"各上椒酒於其家长",椒酒在这里成为孝敬长辈的重要礼品。《后汉书·文苑传下·边让传》亦云:"兰肴山竦,椒酒渊流。"

（2）椒房传统。汉朝建都长安,在修建皇后正殿时用花椒花朵磨成的粉末粉刷宫殿的墙壁,被称为"椒房""椒宫"。同时,也是为取其温暖有香气,多福多子之义。《汉宫仪》中便记有"皇后以椒涂壁称椒房,取其温暖"。因椒房的盛行,花椒作为普通商品逐渐流入寻常百姓家。直至今日,当地居民的房前屋后,田埂园旁都有种植花椒树的习惯,除去可食可用药,也有祝愿日子红火、温暖、子孙昌盛的意义。

（3）节庆习俗。在农历新年之时向家长进献椒酒,是汉族传统节庆文化之一,此举有祝寿、拜贺之意。"元旦饮之,辟疫疠一切不正之气。"饮用方法也有讲究——"由幼及长"。梁宗懔在《荆楚岁时记》中就有"俗有岁首用椒酒,椒花芬香,故采花以贡樽。正月饮酒,先小者,以小者得岁,先酒贺之。老者失岁,故后与酒"的记载。这样的民俗直到现在依然有所保留。

现在,韩城花椒的民俗节庆被赋予了新的内涵。每年8月韩城市都会举办"中国·韩城国际花椒节"（现改为"中国·韩城花椒大会"）,包括特色产品展示、全国花椒产业高质量创新发展论坛、赛椒活动、扶贫产品展销、花椒科研成果展示等活动。其中,2018年花椒节的主题是"打造丝绸之路花椒产业新高地,助推乡村振兴产业大发展"。

2019 年第四届中国·韩城花椒大会

花椒节期间,一是成立"丝绸之路"花椒产业联盟。举行陕西省林业科学院中国（韩城）花椒研究院授牌仪式,举行"国家·韩城花椒产业园区"交易区建成入驻仪式,颁发全省花椒产业"十佳行业领军人物""十佳诚信规模企业"奖项,举行招商成果推介签约仪式。二是举办"丝绸之路"特色产品博览会。通过"丝绸之路"国际展区、"花椒产业联盟"产品展区、新型农机及科技展区、"乡村振兴脱贫攻坚"成果展区、推介活动专区五大展区，集中展示国内外花椒产业发展成就和最新技术成果。三是召开"乡村振兴品牌建设"研讨会。四是召开中国经济林协会花椒分会年会。五是举办韩城市首届农民丰收节庆祝活动。通过搭建会展平台，促进国内外花椒产业交流和提档升级，提升韩城花椒在国内外的知名度和影响力，加快"国家·韩城花椒产业园区"建设，推动韩城市花椒产业提质增效和高质量发展。2019 年 8 月，花椒大会举行花椒产业高质量创新发展论坛、"乡村振兴"战略能力提升专题培训班、"丝绸之路"花椒产业联盟 2019 年度工作会议、扶贫产品推介暨消费扶贫签约仪式、特色产品展示活动及赛椒会等多项活动和会议。来自全国各地的花椒研究专家、花椒主产区领导、"一带一路"沿线国家、国内知名花椒企业、各大媒体等齐聚韩城，共同探讨推动花椒产业高质量发展的方向和措施，研究花椒脱贫致富、助推乡村振兴的策略和方法。

花椒节将采摘和旅游文化成功对接，同时还展开一系列传播和弘扬椒文化特色的活动。花椒节是椒农和当地人民、政府、企业、游客共庆丰收的日子，它的每次举办都为花椒文化增添更加生动和艳丽的鲜活印记。

（4）文学艺术：围绕花椒，韩城市文化工作者及游客创作了一系列脍炙人口的民谚、快板、歇后语、诗歌、散文、传说故事、小说，更在秧歌、影视作品等艺术形式中加入花椒元素。

在韩城流行的花椒民谚："山区若要富，快栽花椒树。地边埂边椒成行，胜似家内开银行。一年苗，二年条，三年四年把钱摇。秋落叶，春透芽，夏季连雨能搬家（栽植）。一棵椒树一把伞，挡风遮雨护出坎。上结果子下种粮，植椒胜似开银行。埝边椒树象绿龙，挡风遮雨护田埂。埝畔栽椒好处多，省地护畔结果早。春上粪，夏除草，摘椒时间把树绞（剪）。立秋处暑到，摘椒打核桃。天晴太阳红，椒晒一天就能成。多挡壤，勤帮堰，该打八斗打一担。若要富，地里开个杂货铺（指兼做套种）。好种子种出好苗苗，好葫芦开出好瓢瓢。种地不拥畔，二亩种地一亩半。"这些民谚饱含了韩城人民对花椒的深厚感情，同时也是人们长期种植花椒的经验概括，总结了花椒从种植到管理的技术要点，劝告人们通过自力更生和努力耕耘，实现花椒产业发家致富的良好愿望和美好愿景。

此外，韩城人民在长期与花椒相伴的过程中，还在掌握花椒习性的基础上，总结了很多关于花椒的歇后语，例如，"死人吃花椒——麻鬼""猪头挂椒树——肉麻""爬上花椒树了——麻木不仁"，等等。

（九）面临的挑战与问题

气候异常给花椒生产带来威胁。近年来,气候异常变化,已发生的春季晚霜冻害,造成部分区域花椒嫩芽枯死、嫩枝干枯,成为制约韩城市花椒产业发展的一大瓶颈。对于霜冻目前还没有强力的防御措施,晚霜冻害直接影响群众发展凤椒产业的信心。

椒文化保护、传承和挖掘力度不足。韩城市栽植凤椒历史悠久,当地椒文化丰富灿烂,但当前只重视其品种、苗木的研发和推广,对于椒文化保护、传承、挖掘力度不足。群众缺乏对椒文化的保护意识,目前关于研究韩城市本地椒文化的人才也十分缺失,没有系统、完整地对椒文化涉及的诗词、农谚、民俗轶事进行科学的、严谨的考察和整理。许多极具特色和体现农民智慧的农谚俗语也只存在于老椒农的口耳相传中,没有形成具体而翔实的记录。对椒文化的深度挖掘工作力度不够,导致其丰富内涵无法得到充分展示和宣传,使当地休闲农业中椒文化体验项目创新不足、整合力度弱、表现不突出。

二、韩城旱作梯田农业系统

韩城市地处陕西省中东部,渭南市北缘,位于关中盆地与陕北黄土高原的结合部。境内地貌西北高,东南低,各地差异大,西部深山多为梁状山岭,一般海拔900米以上;中部浅山区多为黄土丘陵,海拔 600 ~ 900 米;东部黄土台塬海拔 400 ~ 600 米。澽水河下游川道和黄河滩地,海拔多在 400 米以下。深山和浅山丘陵占总面积的69%。故气候要素存在明显的地域差异,中西部有明显的山区小气候特征。

生活在韩城的先民很早就创造了旱作梯田这一兼具水土保持功效的土地利用方式。《诗经》中"瞻彼陂田"的诗句,被解释为关于梯田的最早记载。但学术界通常认为,包括韩城在内的黄土高原土坡梯田是在明清时期吸纳南方山地梯田技术的基础上,得以大规模建造的。它是技术引进、作物引种、人口增殖和环境再造的综合结果。

（一）农业特征

韩城旱作梯田主要种植花椒、玉米、核桃、苹果等,其中又以花椒为大宗。明《韩城县志》中就有"境内所饶者,惟麻焉、木棉焉、椒焉、柿焉、核桃焉"的描述。以韩城旱作梯田为核心,形成一个持续稳定的农业生态系统。由于韩城地区处于关中平原和陕北高原的结合部,降水量相较于陕北为多,年平均降水量达到

559.7 毫米,集中于夏秋两季,利于山顶果类经济林的种植和生长。

（二）传统知识及技术体系

土坎是梯田的关键支撑。土坎随着梯田生命周期的衰退而遭到破坏,其中既有自然因素亦有人为因素。很多土坎梯田破坏严重,导致梯田面积减少,水土保持能力减弱。韩城与其他地区沿用旧有的土坎不同,普遍地采用花椒桩护坎技术,不仅保证了梯田的水土保持功效,同时也延长了梯田的生命周期。韩城面积广大的梯田农业系统中分布着各类树种,在一定程度上形成了隔离带,起到延缓或阻碍病虫害传播的功用。

（三）景观特征

种植椒果一方面是植树造林的体现,可以起到保持水土的效果。水平墕地和梯田具有保水、保土、保肥、易于耕种和灌溉等多重作用,将水土保持和农业生产问题同时解决。原先水土流失严重的区域,经过工程改造,变为宜农的重要区域。另一方面,经济林的收益又远较单纯的农业种植为厚。而山腰地带修建的层层水平梯田,拾级而上,直插云霄,蔚为壮观。而红绿相间的花椒树、错落有致的核桃与苹果树,排列整齐,一层接续一层。生物措施与工程措施同步并进,提高了森林覆盖率,对于保持坡度大难于耕种地区的水土,涵养水源发挥了重要作用。山、水、林、田成为一个统一系统,调节了当地气候,一年四季变换多端,风情万种,呈现出“春艳”“夏红”“秋金”“冬银”的独特景致。

（四）独特性

相比于云南哈尼梯田、广西龙脊梯田、福建联合梯田等,韩城旱作梯田农业耕作系统呈现出其异于南方山地梯田的独特之处。一方面,将黄土高原地区水土流失异常严重的丘陵山坡改造为易于耕作的水平梯田,不仅客观上增加了优良农田的面积,同时也起到了保持水土、涵养水源的功效,是黄土高原防治水土流失、发展农业生产的成功案例,开创了一条黄土地区构建生态文明与美丽中国的示范新路。另一方面,从古至今的劳动人民面对黄土易流失的特性,没有表现出束手无策的无奈,而是通过观察黄土特质和地形地貌,充分发挥聪明才智,将易流失的黄土坡地修整为平坦的层层台地,是生存的智慧,也是顺应自然改造自然的智慧体现。梯田修建工程量巨大,用时长、用工量巨大,不可能一蹴而就,背后必定有无数先民的汗水,这更是中华民族艰苦奋斗自强不息精神的真实见证。

三、韩城淤地坝农业系统

黄土高原地区的淤地坝数量众多,历史悠久。韩城特有的以黄土性土壤为主的条件,是淤地坝产生的基础。黄土性土是在原生黄土或次生黄土母质上直接发育形成的。黄土性土的形成可分为两种类型:一种是侵蚀性土壤,即原褐土层被侵蚀掉,直接在黄土母质上发育形成的白墡土层;另一种是堆积型,在自然或人为堆积加厚的土层上,发育形成的黄墡土层。黄土性土面积 1 112 889 亩,占韩城市市土壤总面积的 50.64%,是本市面积最大的土壤。广泛分布于王峰、盘龙、西庄、大池埝、板桥、嵬东、芝阳、乔子玄等乡镇的浅山丘陵、沟壑川道和台原的缓坡地带。

由于史料的阙如,我们对历史时期韩城地区淤地坝修筑状况的了解极为有限。迄今,以淤地坝命名的只有韩城市西庄镇有两个淤地坝,分别为北溢口淤地坝和七一淤地坝。当然必定还有不少"隐姓埋名"的淤地坝,未能够进入我们的调查视野之内。

韩城市淤地坝面积不大,三面环山,沟口狭窄,愈往深处坝地愈宽广,呈葫芦状。坝地种植的几乎全是高秆作物玉米,零星分布着豆类作物。坝地三面靠近山脚的地方,为坡度较缓的小块坡地,人们充分利用了边际土地的生产力,在坡地种植适宜生长的马铃薯和豆类作物,体现出农民因地制宜的智慧。整个系统内,自上而下,作物布局呈台阶性,清晰地展示出陕北地区的作物种植结构,构成一幅立体生态作物种植图景,营造了一种可持续的农业生态系统,充分体现了淤地坝旱作农业系统所具有的农业生物多样性。

淤地坝的多重价值,曾得到习近平总书记的重视。2015 年,习近平总书记在梁家河调研之际,着重强调"淤地坝是流域治理的一种有效形式,既可以增加耕地面积、提高农业生产能力,又可以防止水土流失,要因地制宜推行。"2019 年,西北农林科技大学专家提出的《关于加强黄土高原淤地坝建设与风险管控的建议》,得到国务院总理李克强和国务院副总理胡春华的重要批示。淤地坝这种独特的水土保持和土地利用方式,在服务于国家生态文明发展战略和服务黄河流域生态保护与高质量发展方面,具有重要战略意义。

韩城市淤地坝具有重要的生态价值、景观价值和教育示范价值。盛夏之季,登上韩城市黄土高原地带的丘陵山地时,漫山遍野绿油油的庄稼,零零散散,生机盎然。俯瞰坝地时,两山之间夹着平坦的耕地,令人惊叹。当缓缓地从崎岖的小路行至坝顶时,一排排整齐的玉米仿佛一条玉带延伸至山脚,脚下坝体内侧种植的马铃薯,以及山脚无数块面积狭小的坡地,此时正开满白色小花,为这条绿色的玉带镶上了白边,构成一幅赏心悦目的立体农田图景。

韩城淤地坝农业系统充分体现了人与自然和谐相处的智慧和天人合一的哲学理念。黄土高原地区水土流失情况严重,对人们的生产生活产生恶劣影响,但是人们并没有束手待毙,相反,在生产生活的实践过程中创造了一系列的水土保持措施,而淤地坝就是其中一种极其有效的措施。可谓"盗天地之时利也",做到化害为利,将流失的水土拦蓄,形成小块平坦的耕地,这体现了中国古代哲学中的朴素辩证法思想,充分体现了我国古代劳动人民的生存智慧。

四、韩城市传统农业系统评估意见

在系统调研的基础上,课题组专家根据《中国重要农业文化遗产认定标准》和具有潜在保护价值的传统农业系统评估体系,对韩城市传统农业系统进行了初步评价,评估意见如下:

(一)韩城山地大红袍花椒栽培系统与花椒文化

花椒与人们的生活息息相关,在远古时期已经是原始宗教及图腾信仰的供奉神物,常闻花椒香气可以使人长寿。韩城市是我国花椒种植的核心区域之一,经过当地农民上千年的辛勤劳作,目前韩城市花椒遍布各个乡镇,规模已达55万多亩,形成了比较成熟的耕种体系。

韩城市进行花椒栽培的历史悠久,《诗经》中对花椒产地的描述中,就包括韩城所在的渭南,明万历《韩城县志》中就有"境内所饶者,惟麻焉、木棉焉、椒焉、柿焉、核桃焉"的描述。近现代以来,人口的自然增长,导致该地人地关系趋于紧张,大规模的屯垦活动和矿山开发导致韩城市土地裸露、空气污染严重,可耕地面积日益减少,遇到旱灾不断的年份,百姓苦不堪言。迫于生存压力,人们不得不将农业生产的重点从粮食作物转到耐寒、耐旱、耐瘠的作物。经过长期观察和实践,韩城人民创造出了山地梯田栽培的技术。"埝边椒树象绿龙,挡风遮雨护田埝。埝畔栽椒好处多,省地护畔结果早",当地民间流行的这则谚语,在一定程度上反映出山地花椒栽培技术产生的缘由以及花椒的广泛种植为人们高效利用土地、保护生态环境所做出的贡献。

山地花椒农业系统具有较强的生态多样性和复合性,椒园中不仅有果树、豆类、蔬菜、瓜类、绿肥等,林下还有畜禽散养。椒园上部建有防护林,防护林带主要是一些适应性强、根系发达、固土性能好,与花椒没有共同病虫害的乔木和灌木,一般以当地的山杏、山桃、刺槐、沙棘、柠条、杜梨等为主。椒园下部平原沟谷地带可以种植小麦、玉米、大豆等农作物。

韩城花椒山地农业系统,可在年降水量 400~500 毫米的半干旱条件下,使农民获得高产丰收。因此山地种植花椒可以提高土地的利用效率,开发出半干旱地区土地的经济潜力。另外,其干果粒大肉厚、色艳味浓、清香浓郁,有"香飘十里"之奇香。大红袍花椒果面油腺发达、麻香味浓郁、品质上乘,享有较高的声誉和市场价值,有利于农户增收。

山地栽培花椒还具有较好的生态价值,它恰当地适应了半干旱地区的气候、地理、土壤等自然条件,具有明显的改良和调节山地小环境的功效。花椒应用成果颇多,可作为主要原料用于制作花椒芽菜、花椒酒,也可作为配料制作花椒酸奶、花椒锅巴、花椒奶糖、花椒牙膏、花椒香皂、花椒啤酒等。通常施加的是农家肥或者少施化肥,农产品污染程度轻。花椒属于多年生作物,15~20 年时才会重新更换苗木,无须年年耕种,且收获期集中在 8 月,大大节省了时间成本,农民可以边种花椒、边做其他工作。本地花椒规模很大,采摘收货时需要大量劳动力,也因此带动了大量的劳动力就业,加快了乡村振兴的步伐。韩城市围绕花椒衍生出诗歌、快板、谚语、传说故事、微电影等各种文学艺术形式,对花椒涉及文化内涵进行了全面解读,极大地保护和继承了传统农耕文化。

在科学合理评估的基础上,专家组对韩城山地大红袍花椒栽培系统与花椒文化进行了打分,分值为 88 分。专家组认为:韩城市具有悠久的花椒栽培历史,形成了独特的花椒传统种植体系,孕育了深厚的花椒文化,极大地丰富了当地传统农业系统和优秀农耕文化。按照中国重要农业文化遗产认定标准,韩城山地大红袍花椒栽培系统与花椒文化具有较大潜力。

(二)韩城旱作梯田农业系统

韩城市旱作梯田农业耕种方式历史悠久,生物多样性丰富,诠释着北方旱作农业耕种技术体系的独特性与创造性,具有重要的生态价值、经济价值、示范价值和战略价值。符合国家进一步提出建设美丽乡村的设想,不仅是山水林田生态友好,而且景色壮丽,人在景中,固土保水,符合可持续发展要求。韩城旱作梯田作为黄土高原水土保持的代表,体现了人与自然和谐、天人合一的特征,是人类充分发挥主观能动性,尊重自然改造自然的产物,符合生态文明建设要求。这种在人与自然间找到最佳平衡点,化弊为利的智慧,在当前仍有很强的教育和借鉴意义。

在科学合理评估的基础上,专家组对韩城旱作梯田农业系统进行了打分,分值为 66 分。专家组认为:韩城市梯田具有悠久的历史,却缺乏明确的史料记载。人们在梯田中从事农业生产,艰难地保障了自身的生计安全,时至今日,虽然古梯田仍隐约可见,但却难构成壮美的梯田景观。除大红袍花椒之外,梯田中的传统农业物种已很难见到。将韩城旱作梯田农业系统认定为中国重要农业文化遗产,尚缺乏坚实的要素支撑。

(三)韩城淤地坝农业系统

韩城市地处黄土高原与关中平原的过渡地带,属于半干旱气候,东部紧邻黄河,夏秋季降雨较多。当雨水季节来临或山洪暴发时,会在山间形成沟壑,对其进行开发,形成淤地坝农业系统,既可充分利用了流沙的肥沃营养,又提升了土地的综合利用功能,增加了经济效益和生态效益,丰富了生物多样性。淤地坝经营农业历史悠久,土地利用方式、水土保持技术均具有独特性和创造性,价值丰厚。

在科学合理评估的基础上,专家组对韩城淤地坝农业系统进行了打分,分值为55分。专家组认为:坝地虽然是一种独特的土地利用方式,但相比其他地区的淤地坝农业系统,韩城市淤地坝农业系统在典型性和代表性方面略显不足,历史渊源难以追溯,代表的本土性动植物品种不够独特,围绕淤地坝形成的农耕文化也难以寻找,不具备被认定为中国重要农业文化遗产的必备条件。

第七章　陕州区传统农业系统识别评估

第一节　陕州区概况

一、总体概况

陕州区位于河南省西部,距省会郑州 266 公里,距三门峡市区 12 公里,东与渑池县交界,西与灵宝市接壤,南依甘山与洛宁县毗邻,北临黄河与山西省平陆县隔岸相望。域内侧东、西、北三面环抱三门峡市湖滨区。地处北纬 34°24′~34°51′,东经 111°01′~111°44′,境域东西长 61.4 公里,南北宽 48.8 公里,总面积 1763 平方公里。山区面积 665 平方公里,占总面积的 37.7%;丘陵面积 709 平方公里,占总面积 40.2%;川原面积 389 平方公里,占总面积 22.1%。辖大营、原店、观音堂、西张村 4 镇,张汴、张湾、菜园、张茅、王家后、硖石、西李村、宫前、店子 9 乡,总人口 35.01 万人。

陕州区属温暖带大陆性季风气候,地势南高北低,地理位置优越,交通及通讯便利,境内陇海铁路、郑西高铁、连霍高速、209 国道和 310 国道纵横交错。著名景观有地坑院、石壕古道、空相寺等。境内矿产资源丰富,具有种类多、储量大、埋层浅、易开采的特点。黄金、铝土、煤炭、地热矿泉被列为 4 大优势资源。特别是城区所在地的温塘矿泉,水温 30℃~65℃,含有人体所需的多种矿物质和微量元素。

二、历史沿革

在今陕州区境内,旧石器时代已有人类生息繁衍。新石器时期出现了较大的部族群落,主要分布在今陕州区西张村、菜园、窑头、人马寨、张汴、西王等地。

公元前 21 世纪至公元前 16 世纪,今陕州地是夏王朝统治的中心区域。公元前 16 世纪至公元前 11 世纪,陕地属商朝。公元前 11 世纪,周灭商,分封焦国、虢国于陕境,陕地先后属焦、虢。尔后,陕地成为西周初期两大统治区域的分界线。"自陕以东,周公主之;自陕以西,召公主之。"公元前 775 年,"虢人灭焦",陕地归虢。公元前 655 年,虢国为晋国所灭,陕地属晋。公元前 453 年,韩、赵、魏"三家分晋",陕地分归魏国。秦惠公十年(公元前 390)置陕县。此后,秦国与魏国在陕地多次征战,陕地时而属秦,时而归魏。公元前 225 年,魏国被秦国灭亡,今陕州地域从此归秦,隶属三川郡。

西汉时,陕县归弘农郡。北魏孝文帝太和十一年(487)置陕州,之后隋、唐、五代、宋、元、明、清各代陕县均属陕州。清雍正二年(1724),陕州改升为直隶州。民国二年(1913)废陕州置陕县。民国十七年(1928),属河南省第三行政区管辖。民国二十一年(1932),属河南第十一行政督察区管辖。其间陕州区均为行政公署驻地。

1949 年 5 月,陕县解放,归属河南省陕州专员公署管辖,为陕州专署驻地。1952 年 4 月,陕州专区撤销,并入洛阳专区,陕县归洛阳专区管辖。1959 年底,黄河水利枢纽工程——三门峡大坝动工兴建,陕县并入三门峡市。1961 年 10 月与三门峡市分开办公。1962 年 3 月恢复陕县建置,县委、县政府设于三门峡市,隶属洛阳专区。1986 年 4 月,撤销洛阳地区,三门峡市升格为省辖市,陕县归三门峡市管辖。2016 年 1 月 6 日,升县为区,三门峡市陕州区挂牌成立。2019 年末,全市总人口 230.85 万人,常住人口 227.65 万人,城镇化率达到 57.70%。

三、自然地理

陕州区地处豫西丘陵山区,由大河、大山、雄关、台原、平川、深涧组合而成,素有"南甘山北黄河山清水秀,东崤陵西函谷人杰地灵"之称。陕州区因"陕"而得名。"山势四围曰陕",最早有"陕原",原南有一条陌路,亦称"陕陌""陕南"。周公、召公以"陕原"为界,分陕而至,方有陕西、陕东之称。《日知录》说:"古有陕陌,汉有陕州区,因二公分之,遂有东、西二陕之名。古之陕西,止有阌乡之近。晋时方以关中为陕西。又有陕东之名,洛阳县于唐时置陕东道大行台。"《辞海》中解释战国与秦、汉时代的"山西""山东"地名,均以崤山为界通称。"陕津"即黄河茅津渡口,连通山西省。陕州区地处四陕之围,二山之界,秦、晋、豫三省咽喉要冲,特定的地理环境自古成为兵家必争之地。

陕州地区位于豫西地台区的华熊上元拗褶带上,是华北地台的组成部分,又在秦岭纬向构造带的延北支——崤山和黄河地之间。陕州区在地质构造体系上还属祁连山、吕清山、贺兰山地形构造的前弧,又接中条山向东北偏转的地段。区境西部的温塘断裂和华山北麓断裂在延伸方向上又交会复合,因而地质构造复杂。

陕州区又居三门峡盆地之中,沿西南—东北走向的崤山地三门峡横穿黄河。大地构造位置处于华北地台南缘,区内地层出露较齐全,从太古界到新生界均有出露。岩石类型以沉积岩和火山岩为主,区域构造比较简单,以断裂构造为主,岩浆岩不太发育,仅有零星分布。

区内地势南高北低,东峻西坦,呈东南向西北倾斜状。山峦纵横,丘陵起伏,原川相见,基本是三大原、三小原、五条川。地貌基本可以分为山区、丘陵和原川3种类型。

地处中纬度内陆区,属暖温带大陆性季风气候。冬季多受蒙古冷高压控制,气候干冷,雨雪稀少。春季太阳高度角逐渐增大,太平洋副热带高压北进,气温回升,雨水增多。夏季,由于太平洋副热带高压位置偏北、偏南不同,形成湿热干旱、炎热干旱、雨涝3种天气。秋季,太阳高度角逐渐减小,太平洋副热带高压南退,气候凉爽,雨水减少。具有冬长、春短,四季分明的特点。

区内水资源主要来源于大气降水,年均降水量为527.2毫米。水资源分地表水和地下水两部分。地表水资源较丰富,但年际变幅大,年内时空分布不均,丰枯悬殊,加之地形复杂流失严重,可利用量小。区西黄土地区的区域内,埋藏有比较丰富的地下水,且埋藏浅易开采,是陕州集中开发的宜井区。区东、南和北部多为基岩山区,地下水储量少、埋藏深开采困难,特别是河床切割深,多以泉水出露,成为河川排泄基流水。

四、生物资源

陕州区植物属华北植被类型,境内有植物700余种,分种植作物和树木两大类。种植作物为粮食作物、经济作物、蔬菜、食用菌、药材等;树木陕州区共有树种400余种,分用材林和果树两大类。用材林为泡桐、大叶杨、国槐、刺槐、椿树、楸树、箭杆杨等;果树为苹果、桃、杏、梨、柿、核桃、枣等。

陕州区境内动物有400余种,分家畜家禽和野生动物两大类。家畜家禽2006年末大牲畜存栏14.49万头、猪12.34万头、羊15.39万只,家禽201.03万只;野生动物有珍稀鸟类白天鹅以及豹子、狼、山鹿、羚羊、山猪、獾、狐狸、啄木鸟、喜鹊等。

五、农业生产

陕州区的农业生产是此地区一直以来的重要项目,是河南省重要的粮食、水果、蔬菜、畜牧、养殖产品生产基地和农林牧商品集散地。2019 年,全市生产总值 1443.82 亿元,按可比价格计算,比上年增长 7.5%。其中,第一产业增加值 136.18 亿元,增长 3.8%,占比 9.4%。

2019 年,陕州区粮食种植面积 162.21 千公顷,比上年减少 3.53 千公顷。其中,小麦种植面积 76.67 千公顷,减少 1.80 千公顷;玉米种植面积 56.85 千公顷,减少 1.48 千公顷。油料种植面积 13.04 千公顷,增加 1.47 千公顷。蔬菜种植面积 32.63 千公顷,增加 0.13 千公顷。全年粮食总产量 69.08 万吨,比上年下降 4.0%。烤烟产量 3.82 万吨,增长 2.7%。棉花产量 0.12 万吨,增长 7.6%。油料产量 3.23 万吨,增长 17.8%。蔬菜及食用菌产量 123.44 万吨,增长 4.2%。园林水果产量 250.66 万吨,增长 4.2%。全年猪牛羊禽肉产量 8.68 万吨,比上年下降 16.7%。

第二节　陕州区传统农业生产系统要素信息采集分布

一、原店镇

原店镇位于河南省三门峡市陕州区城区,镇域面积 13.84 平方公里,常住人口 26 676 人(2017 年)。南依张汴塬,北临大营村,东接温塘,西至五原;金水河、五里河夹辖区而过,南北走向分别流经大营、温塘注入黄河。因镇政府驻原店村而取名。

目前全镇 11 000 亩耕地中,已退耕还林 7700 余亩,间作药、草 5000 亩,发展石榴、梨枣、桃等小杂果 4000 余亩,粮经比例达到 2∶8;饲养蛋鸡 20 万只、羊 4000 只,猪 6000 头,使畜禽养殖业收入在农户总收入中的比重达到 40% 以上。

课题组实地调查原店镇,主要目的在于考察陕州御红袍石榴种植历史、栽培技术,采集御红袍石榴的生产现状与相关民俗文化等信息。

二、大营镇

大营镇为区政府驻地,位于陕州区西端,黄河南岸。面积 56.14 平方公里,人口 35 424 人(2017)。辖 12 个行政村。陇海铁路、310 国道过境。南与原店镇接壤,北临黄河,东与张湾乡连接,西与灵宝市大王镇毗邻。

大营镇历史上是粮棉之乡,后来果树面积增加,粮食面积大幅度减少,经过农业产业结构将其丘陵区设为优质苹果生产基地。2000 年全镇苹果面积已达到 1.56 万亩,品种以红富士、花冠等为主,在国内远销五省三十多个地区。

蔬菜是大营镇的支柱产业,在20世纪80年代以前面积仅2000余亩,种植以露地菜为主。从1996起,全镇开始了高效日光温室大棚建设。至2000年全镇蔬菜面积已发展到14 450亩,其中保护地面积1493亩,建高效日光温室2425座,蔬菜总产量达5767万公斤,产值达5852万元。

课题组实地调查大营镇,主要目的在于了解大营镇苹果、蔬菜栽种与畜牧业养殖的基本情况,熟悉栽培、管理、养殖的传统技术和知识体系。

三、张茅乡

张茅乡位于陕州区中东部,西距三门峡市19公里,距陕州区政府37公里,是陕州历史上四大名镇之一。截至2019年,乡域面积92.7平方公里,耕地面积41 286亩,是标准的旱作农业乡镇。全乡下辖22个行政村,147个村民组,153个自然村,5429户20 046口人。陇海铁路、连霍高速、310国道过境。文物古迹有三官庙、老君炉、姚懿墓等。

张茅乡属于丘陵山区,三面环山,地势由东南向西倾斜,形成山、川、沟、滩、并存的地貌特征。最高点为南部响屏山,海拔1309.1米;最低点为山口河滩,海拔549米。

张茅乡农作物中,红薯、谷子、烟叶为拳头产品。在红薯生产方面,注重发展红薯科研大户,引进新的优良品种,繁育的优良品种面积达3000亩。有食用型、药用型、水果型、淀粉型、烘烤型和日本彩色红薯6大类20个系列、40余个品种,省内外数以百计的种植大户和科研单位争相前来购买。每年还向周边乡村提供的优薯秧达30多万棵,成为豫西最大的红薯优良新品种繁育基地。

张茅乡清泉沟村所产谷子碾的小米,蒸吃郁香,熬汤爽口,为历代朝廷贡品,每年谷子收后,不用上市就被买空,有"陕州南泉水甜,张茅清泉米香"美誉。张茅乡以清泉沟为中心的谷子种植面积2000余亩,年产优质谷子40多万公斤。

张茅乡是清泉沟贡米的主要产地,其地所产小米有着悠久的历史与良好的声誉。课题组实地调查张茅乡,主要是了解张茅清泉沟贡米的基本情况,熟悉贡米栽培、管理、加工等方面的传统技术和知识体系。

四、西张村镇

西张村镇,位于陕州区中南部,距三门峡市20公里,东接菜园乡,西连张汴乡,北邻湖滨区崖底街道、交口乡,南与洛宁县上戈乡交界。有公路通三门峡市湖滨区。总面积300.35平方公里(2017年),人口48 130人(2017年)。

　　该镇辖区地势南高北低,有"四山、三岭、三分平"之说。南部山峦起伏,自东向西依次为唐山、放牛山、甘山、三角山。最高点甘山海拔 1903 米。北部为黄土源,人称二道,是陕州区三大源之一,平均海拔 750 米。全镇南北长 50 公里,东西 25 公里,总面积 187 平方公里(含甘山森林公园、曹家窑林区),合 165 245 亩,其中林地面积 3 万余亩,宜林牧坡地 4 万余亩,耕地面积 49 865 亩,人均耕地 1.6 亩。土特产有:木耳、核桃、柿子、梨、桃、子枣等。

　　课题组实地调查西张村镇,主要目的在于考察农牧结合农业体系,采集当地独特的剪纸、澄泥砚等传统民俗与独特的农业物种和种植制度等信息。

五、张汴乡

　　张汴乡位于陕州区西南部,北距城区 10 公里,东接张湾乡,西连大营镇,北邻原店镇,南与灵宝市寺河乡交界,是陕州三大塬之一。面积 113.38 平方公里,人口 1.2 万左右。

　　张汴塬是陕州区西南部的一块三级阶地,地形南高北低,由高山、黄土台丘陵、丘陵地和黄土组成,土壤有机质含量高,光照充足,昼夜温差大,是红富士、华冠、秦冠等苹果生产的适生区。

　　陕州地坑院,位于河南省三门峡市陕州区张汴乡北营村。作为一种古老而神奇的民居样式,地坑院蕴藏着丰富的文化,是全国乃至世界唯一的地下古民居建筑,是我国特有的四大古民居建筑之一。被誉为"地平线下古村落,民居史上活化石"。2011 年,地坑院营造技艺被列入国家级非物质文化遗产保护名录。

　　课题组实地调查张汴乡,是为了了解传统村落地坑院,以及与之相关的传统农业种植系统等信息。

六、区直属机构

　　区农业农村局。搜集陕州区特色农业物种、农副产品、农业特色小镇、农业农村合作社、独特农业景观等方面的信息。

　　区史志办。搜集陕州区地方志资料,挖掘陕州区历史时期的农业物种、农耕生活、传统农业民俗、传统农业技术等资料。

　　区自然资源局。了解陕州区全民所有土地、矿产、森林、草原、湿地、水等自然资源资产情况,掌握陕州区地籍地政和耕地保护建设等方面的政策,了解陕州区独特的土地利用系统及其分布情况。

　　区住建局。了解陕州区传统村落方面的情况,搜集陕州区传统村落的分布、传统建筑、历史遗存等信息。

区文旅局。了解陕州区古遗址遗迹留存情况,采集陕州区古遗址遗迹相关音频、文字、图片等资料。

区水利局。了解陕州区水资源和农田水利工程,尤其是历史时期农田水利工程遗址遗迹等方面信息和资料。

区文化馆。了解陕州区非物质文化遗产情况,采集陕州区非物质文化遗产音频、文字、图片等资料。

第三节　陕州区传统农业系统的核心要素

一、特色农业物种与农副产品

(一)清泉沟小米

清泉沟小米主产于陕州区张茅乡清泉沟村。米质清亮铮黄、香味纯正、浓郁黏稠、营养丰富、蒸煮皆佳。清末慈禧太后路过此地,亲口品尝清泉小米,赞誉不绝,随赐清泉小米为"清泉贡米"。张茅乡清泉沟村清泉沟小米蒸吃悠香,熬汤爽口,回味无穷。

清泉沟不仅是一条沟,沟的南面地势开阔,土地肥沃,水源充沛,光照时间充足,昼夜温差较大,光合作用强,非常适合小米的成长。每到秋季,整条沟里望去黄澄澄的一片,田野里弥漫着谷子的清香,吸引着过往游客的目光。清泉沟小米倍受游客青睐,他们纷纷在这里驻足,购买小米,然后带回家中品尝,滋养补体,老小皆宜。目前,清泉沟小米年种植面积2000余亩,产优质谷子40多万公斤。

清泉沟贡米采收

近年来,陕州区华晶种植专业合作社大力发展清泉沟小米,并将该产品进行包装,然后推向市场,产生了较高的经济效益。清泉沟贡米亩产400斤左右,在市场上销售价每公斤20元左右,每亩可收入4000元。贡米远销郑州、西安、武汉、运城、洛阳等地,深受消费者喜爱。

(二)二仙坡苹果

陕州苹果种植较早,从《陕县志》记载来看,陕州苹果的种植历史、分布广度、产量、效益等位于全国苹果生产基地县前茅。

据《陕县志》记载,陕州苹果种植已有70多年历史。民国三十年(1941),大营乡温塘村引种7亩。民国三十二年(1943),大营乡的城村、辛店、黄村相继栽植,面积发展到26亩。新中国成立后,张湾乡的土桥村、大营乡的五原村和区原种场率先发展苹果生产,面积不断扩大。

据1985年9月公布的《河南省陕县果树资源调查与区划报告》,苹果是陕州区的主要果树,当时全区共有成园苹果树527 732株,21 980.7亩,零星株数36 000株,折合1800亩,占全区果树总面积的91%。陕州区的主要苹果品种有10个。全区84.5%的苹果分布在区西三大原、两道川及丘陵地区。因陕州区具有海拔较高、光照条件好、气候凉爽、土层深厚、昼夜温差大等得天独厚的自然条件,在果农的精心栽培下,形成了色艳、味浓、含糖量高、耐贮运的独特优点。如大营乡南曲沃的秦冠、宜村乡营前村的小国光曾在洛阳地区鉴评会上被评为第一名。截至2016年12月,陕州区现有苹果面积25万亩,年产量4.5亿公斤,产值11亿元,果品产值占农业总产值的33.9%。

陕州区二仙坡苹果

近年来,为推动果品产业发展,区财政每年安排100余万元,用于扶持和鼓励果品产业的规模发展、新品种引进更新、品牌宣传推介等,使陕州区果品产业得到了健康的发展。2003年陕州区被确定为全国55个优质苹果基地县之一；2005年，全区20万亩苹果通过了国家农业部的无公害农产品产地和产品认证；2011年被确定为河南省出口食品和农产品质量安全示范区；2012年被确定为国家级出口苹果及果汁质量安全示范区；2013年通过对加拿大、智利出口果园认证；2014年通过对美国出口果园认证；2016年被中国果品流通协会评为"全国现代苹果产业20强县"。

目前，陕州区建成出口果品生产基地16.5万亩，良好农业规范（Good Agriculture Practice，GAP）认证基地3000亩，绿色果品认证基地5600亩，有机转换产品认证1000亩，无公害果品认证基地21万亩。规模以上果品加工及相关企业5家，年果品加工能力12万吨。区域内有12家果品生产加工销售企业，141家果品专业合作社。果品生产、加工、销售的产业链条基本形成，果品产业正在向规模化、标准化、产业化方向有序发展。

陕州区二仙坡位于河南省三门峡市陕州区大营镇南部山区。豫西伏牛山麓，平均海拔1030米。该地光热资源丰富，昼夜温差大，气候温和适宜，土壤肥沃，空气清新，具有生产优质苹果得天独厚的良好条件。二仙坡苹果是陕州区大营镇的特产。二仙坡苹果果品质优色润、保健养颜。绿色无公害品种有SOD苹果、富硒苹果等，产品在国家工商总局注册"二仙坡"品牌。在2011年举办的第九届中国国际农产品交易会上，陕州区"二仙坡"苹果荣获金奖。

（三）脂尾羊

脂尾羊是陕州区古老的绵羊品种，分布于浅山丘陵区。脂尾羊属蒙系绵羊。由于陕州区自然条件适宜，经过人们长期选育，形成了体质结实，四肢粗壮、脂尾肥大、性情温顺、抗病力强、耐粗饲、抓膘快、善跋涉、便放牧的特点。

脂尾羊

脂尾羊毛色多为全白,鼻梁隆起,颈肩结合良好。腹稍大而圆,体长背平,尻宽略斜,四肢短而健,肢势端正,蹄质坚实,脂尾呈椭圆形,尾尖紧贴尾沟。成年公羊平均体重 36 公斤,最大者达 60 公斤以上,母羊重 27 公斤左右。年剪毛 2.5 公斤。脂尾羊屠宰率平均 50.6%,出肉率为 40% 多。肉质较好,优于澳大利亚羊和阿拉伯羊,曾出口科威特,现存栏数量不多。

(四)陕州红柿

陕州区山川原岭都有柿树,东边尤多,以张茅、王家后为主要产区,种植历史悠久。柿树适应性强,耐旱、耐涝、耐瘠薄,对土壤要求不严格。寿命长达数百年,一代栽植,数代受益,群众中流传:"千年柏,万年槐,不信问它柿子伯",形容柿树的寿命较长。柿树属多年生乔木,有"木本粮食"之称。

陕州区柿子品种多达 30 多个,以红牛心、白牛心、牛青、杵头、锅盖、酥阳、镜面、火葫芦、蜜蜜罐、八月红为最多。这些品种各有特点:八月红成熟早;牛青、火葫芦耐贮存;白牛心蒂可入药,饼霜治口疮疔疗效独特;红牛心脆甜可口,适宜漤吃;酥阳无核,加工柿饼最好;蜜蜜罐甜似蜂蜜。

柿子营养价值很高,性热扶壮,婴儿食之可代乳粉。成熟后多数按水果随季节应市,少量加工为柿饼、柿醋、柿酒、制作甜面等。

(五)陕州红梨

在三门峡周围的丘陵山坡上,有两种植物不用种植却生生不息:一是棠梨树,二是酸枣树。黄土高坡常年干旱缺水,别的植物总是不耐干旱而枯萎病死,唯独这两种树木顽强生长,并总能在秋天结出果实。尤其是棠梨树,人们还将它栽植于门前屋后,春来雨季可以将主干锯了,嫁接成家梨,滋润家园。自古以来,这里的农村家家户户都有梨树,夏天在树下乘凉,秋天又收了果实享用,所以人们对梨树很有感情。

陕州红梨种植较早,种植历史、分布广度、产量、效益等位于全国红梨生产基地县前茅。陕州红梨种植已有 60 余年历史。20 世纪 50 年代,大营乡五原村果农率先从郑州地区引种日面红红梨 100 棵,挂果后,经济效益可观。后逐渐扩大到其他地区,大营、原店、菜园、西张村等乡村累计栽植红梨 1000 亩左右。

在 21 世纪初,张湾乡调整果树栽植结构,首先引进以早红考密斯为主的红色梨系列。截止到 2016 年 12 月,陕州区现有红梨面积 2 万亩,年产量 5000 万公斤,产值 1.5 亿元。

陕州红梨具有以下优点:一是适宜本地区生长,极抗黑星病、干腐病,含糖量高,最高达 23 度,一般在 16 度以上,不裂果;二是具有色鲜(表皮鲜红色,果肉为淡黄色)、味甜、肉细、核小、形圆、个大等优点,属高档优质品种;三是成熟期适宜,属中早熟品种,6 月下旬上市,7 月底销售结束;四是早果丰产,改接后第 3 年,亩产果 1000 公斤,第 4 年实现丰产,亩产果 2500 公斤;五是市场前景好,且销得快、供不应求。

陕州红梨

　　2007 年 6 月,张湾乡被河南省科技厅授予"河南省'中国—新西兰红梨'国际合作示范基地"。2008 年 9 月"满天红""红酥脆"陕州红梨被全国红梨协会认定为优质产品,陕州红梨特色产业已成为陕州区优势特色产业。

(六)陕州石榴

　　石榴种植在陕州历史悠久,并且有很多关于石榴的人文故事和传说。在清光绪年间(1899 年),慈禧太后从西安返回北京路过陕州城歇息时,陕州官员将此石榴作为贡品,请慈禧品尝。慈禧品后赞不绝口,因此该石榴又名"陕州御红袍"。陕州特色民居地坑院中,多在院落中种植石榴,寓意"多子多孙"。

御红袍石榴

目前,陕州区有石榴树 10 000 亩,年产量 20 000 吨。在原店镇新建村建设有 2000 亩的陕州大红袍石榴标准化生产基地,另外在张湾乡、菜园乡、西张村镇、张汴乡、大营镇均有零星栽植。新建村千亩石榴基地,海拔高、日照长、温差大、立地条件适宜,是远近闻名的无公害石榴基地,所产石榴果色艳丽、口感香甜、营养丰富。2008 年 3 月在国家工商总局登记注册为"陕原"牌御红袍,从果品生产、包装到销售,实行标准化管理。该区充分利用远程教育等网络平台,广泛发布产品信息,提高知名度,拓宽销售渠道。陕州御红袍石榴个大、色鲜、味甜,市场销路特别好。原店镇新建村的 2000 亩石榴成了"香饽饽",每公斤平均5 元的价格,可为群众增收 500 万余元。产量可达 300 万公斤,每年可创产值1800 万元。

二、独特的土地利用方式

陕州区地貌特征,基本上可分为中山、低山、丘陵和原川四种类型。为满足农业需求,全区大部分的丘陵坡地被逐渐开发为梯田。当地梯田的开发的历史悠久,但有记载的大规模开垦均在新中国成立之后。

梯田是黄土高原主要的土地利用方式,位于黄土高原东部边缘地带的陕州区也不例外。梯田按田面坡度不同而有水平梯田、坡式梯田、复式梯田等。梯田的宽度根据地面坡度大小、土层厚薄、耕作方式、劳力多少和经济条件而定。

梯田具有良好的水土保持作用,近年来对梯田分布范围和质量的提取一直都是水保措施调查的首要工作,对区域生态建设具有十分重要的意义。由于我国南北方气候、地形的差异,黄土高原地区主要以旱作梯田为主,田面宽度相对较大。

陕州梯田上种植有小麦、小米、玉米等粮食作物以及苹果、石榴、柿子等各种果树。梯田上的果园在边上种满酸枣,一是酸枣枝干生刺,可以起到篱笆的作用;二是酸枣成熟可以作为补充,增加经济收入。此外,果园内地面上还种植白菜等蔬菜来补充家用。另一种果园种植模式是二仙坡果业采取的鹅果共生系统,即在果园内养鹅,可以利用鹅除去果园中的杂草,将杂草中的元素转化为动物粪肥返还果园,促进果木生长。

三、传统耕种制度与技术

(一)轮休

陕州区过去存在土地肥力不足的情况,全区不少耕地都实行轮休的方式种植作物,当地人称之为"晒旱地",即这块地种植,让另一块地休闲养地,使得每一块单独的耕地有足够的时间休闲以恢复地力。这种种植方式往往只能使耕地作物一年一熟。在 20 世纪 50 年代这种轮休的耕种方式在陕州区还较为普遍被当地居民用来种植小麦、玉米、谷子、棉花、大麦、大秋(甘薯、马铃薯、豆类等)等作物,但随着农业新技术的普及和生产条件的不断改变,这种耕种方式基本不存在了。

(二)轮作倒茬

农业合作化运动时期,陕州区的耕地逐步通过推广轮作倒茬的耕种技术,使得当地的作物种植达到了二年三熟的水平,极大地提高了生产力水平。当时的陕州区分区域存在着几种轮作倒茬形式:

西部地区:小麦→晚秋作物(甘薯、马铃薯、豆类等)→棉花;棉花→小麦→晚秋作物。

东部地区:大秋作物(玉米、高粱、谷子等)→小麦→豆类;小麦→豆类→大秋作物。

当前,这些轮作倒茬仍是陕州区人民农业生产中常用的技术体系。

(三)复种

在 20 世纪 60 年代中期以前,陕州区的种植制度以一年一熟和二年三熟为主,20 世纪 60 年代中期开始,陕州地区逐渐发展推广出了一种新的种植方式——复种。当地人称之为"三三制",即三分之一种植棉花和其他经济作物,三分之一种植小麦、大秋,三分之一进行复播。直至目前,这种复种制度仍在普遍采用。

(四)间作套种

间作套种技术在民国年间就存在,但在陕州地区大范围的推广,还是从 20 世纪 70 年代才得以推广。当时的陕县政府为提高土地复种指数,开始着力推广小麦和夏玉米套种,在小麦收获前半月,麦垄中点种上夏玉米,对小麦产量无影响,夏玉米可提高产量 20% 到 30%。同时,夏玉米可以早成熟,使小麦能够适时播种。另外,采用小麦与棉花间作,以小麦为主,种 6 行小麦,间作 2 行棉花,或以棉花为主,种 3 行小麦,2 行棉花。县东水肥条件好的土地,也有采取种小麦时每 3 行留下 1 尺左右的大背垄,套种烟草或玉米,都可实现一年二熟之目的。后来,陕州区人民又推行了玉米麦垄套种、麦棉套种、棉油套种等。

四、农业合作社

（一）绿城无公害蔬菜农民专业合作社

陕州区大营镇绿城无公害蔬菜农民专业合作社成立于 2014 年初，注册资金 600 万元，注册会员 6 人。项目总占地 150 余亩，已建成占地 100 余亩的高标准日光温室 20 座，和占地 50 余亩的大田葡萄种植基地。日光温室主要种植以黄瓜、西红柿、西瓜、甜瓜、水果玉米等无公害果蔬，大田葡萄主要种植户太 8 号葡萄、夏黑葡萄、阳光玫瑰等新品种。这是由村支部牵头，农户积极参与，创立的无公害蔬菜农民专业合作社。

合作社采取"合作社+基地+农户"的经营模式，按照"统一管理、统一品牌、统一销售"的标准，形成了以陕州区绿城无公害蔬菜农民专业合作社基地为核心区，以城村葡萄种植基地为辅的千亩现代农业科技示范园区。合作社每年带动贫困户 20 余户，使贫困群众就地务工。同时采取"分包到户、比例分红"原则，增强贫困群众参与生产的主观意愿，提高了贫困户务工积极性，使贫困户年收入达 15 000 余元，实现了合作社和贫困群众脱贫的双赢目标。

按照发展目标，合作社将进一步扩大规模，增强扶贫带贫的能力，将合作社打造成休闲娱乐、观光旅游、餐饮采摘等一体的现代农业示范园。

（二）张湾乡新桥春花农民专业合作社

张湾乡新桥村春花农民专业合作社 2012 年 12 月成立，现有社员 120 人，2016 年被评为三门峡市市级农民专业合作社，是一家集无公害农产品种植、批发零售、同城配送和信息服务为一体的新型经营主体。

合作社依据省、市蔬菜生产技术规程，结合当地实际制定生产技术规程，做好标准转化，通过培训和中心示范区带动，推动合作社全面实施标准化生产。目前，合作社自建钢架大棚 64 座，开设有"九莲山果蔬"网店及公众号，开展同城配送，通过线上和线下的两种交易模式，年交易额 600 万元左右，已吸收大学毕业生、复转军人、返乡农民工等创业人员 10 人，本村和邻村 100 多名闲散劳动力就业；建有蔬菜水果批发交易市场一个，年交易量 1500 余吨；交易额 350 余万元，交易对象涵盖全乡 1200 多户果蔬种植户和市区商户，带动周边群众发展蔬菜及果品种植 2500 亩。

为保证合作社蔬菜产品的农产品质量安全。2016 年 5 月筹建了质量安全检测室，配备速测仪、工作台等设备，对合作社生产的产品检测合格后，颁发合格证,方能流入市场,有效保证质量安全。

合作社采用"预防为主,综合防治"的植保方针。以农业防治、生物防治、物理防治为主,化学防治为辅,统一购置黄板、杀虫灯等农资,严格按照标准合理用药,严格执行间隔期规定,减少了以农药、化肥为主的化学物质污染,保护了害虫天敌,提高了土壤肥力,净化了产地环境,为农作物生产生长创造了一个良好的生态环境空间,从根本上保证质量安全。

合作社建立了100平方米培训室,定期组织开展培训,及时把先进、安全的生产技术传授给合作社的成员,同时进行新技术的试验,在取得成功的基础上,进行大面积示范推广。建立优质无公害蔬菜生产基地,走规模化、规范化、标准化的绿色农业发展之路。

(三)二仙坡绿色果业有限公司

三门峡二仙坡绿色果业有限公司,位于河南省三门峡市陕州区,注册资金3000万元。公司现有员工216人,其中农民工人数202人,拥有各类技术人员65人,其中高级农艺师6人,农艺师21人。2013年底公司总资产2.5亿元,其中固定资产1.26亿元。2013年产绿色(有机)果品8500吨,销售收入8260万元,净利润2478万元。公司现有土地总面积22平方公里,其中果品种植面积9000亩,包括苹果7000亩、核桃2000亩,另有生态林12 000亩。公司附属建设有2万吨果品储藏保鲜库、无毒苗木组培中心、2.6万平方米育苗温室、秦巴现代果业科技培训学校等,是一家集绿色、有机果品生产、储藏保鲜、商品化加工、销售、科技培训及信息服务为一体的高科技民营企业。公司是"河南省林业产业化重点龙头企业""三门峡市农业产业化重点龙头企业",是"全国科普惠农兴村先进单位""河南省水土保持先进企业"及"三门峡市市长质量奖"获奖单位。

公司果品基地位于陕州区大营镇二仙坡,地处西北黄土高原东延地带浅山丘陵区。该区域海拔较高、光照充足、雨量适中、昼夜温差大,是全国乃至全球优质高档果品的最佳生产区域,属中国优势苹果产业带核心区。基地远离工矿企业,无环境污染,经国家环保部权威机构监测,其环境大气、灌溉用水、土壤状况均具备生产"AA级绿色苹果"条件。基地组建以来,通过整修道路及实施节水灌溉和标准化管理,实现了"千年丘陵旱坡地,如今层层绿果园",已成为国内目前面积最大、生产技术最先进、管理水平最高的现代化果品生产基地,先后被中国绿色食品发展中心确定为"国家绿色农业生产基地",被河南省农业厅确定为"河南省无公害水果标准化示范基地",被国家标准委确定为"国家有机苹果标准化示范基地",被水利部授予"全国水土保持科技示范园",被农业部授予"国家标准果园"。

公司主要产品为"二仙坡"牌优质苹果,2013 年总产 8500 吨,其果型端庄、色泽鲜艳、果面干净、酸甜适口、营养丰富,畅销全国近二十个省(市),并批量出口到欧美、东南亚和港澳台地区,深受消费者青睐。2005 年被中国绿色食品发展中心审定为"绿色食品 A 级产品",2006 年通过了中国和欧盟"良好农业规范(GAP)"认证,获得出口欧美 61 个国家资格,2011 年被国家标准委审定为"有机产品"。先后被省质监局评为"河南省标准化农产品",被省农业厅评为"河南省名牌农产品",并多次在全国、国际农业博览会、农产品交易会上荣获"金奖",被中国果品流通协会授予"中华名果"称号。"二仙坡"商标被省工商局评为"河南省著名商标",并已申报国家地理标志商标和中国驰名商标。

基地生产的"SOD""富硒""富钙""富锌"等功能苹果具有明显的食疗和保健作用,其中"SOD"苹果可消除人体自由基,提高人体免疫力,具有延年益寿、美容养颜的作用;"富锌"苹果可促进青少年生长发育,增强记忆力;"富硒"苹果可抗衰老,预防高血压和心脑血管等疾病;"富钙"苹果可补充人体钙质,促进新陈代谢,预防老年骨质疏松症。

公司成立以来,坚持绿色农业理念,保护生态环境资源,实施标准化生产,打造二仙坡品牌,龙头带动产业发展,带动果农发展绿色果业,增加果农收入。公司新建有 3000 余平方米的培训中心,是国家苹果产业技术体系定点培训中心,每年直接培训果农约 3500 余人次。目前公司已招收合同工(果农)180 余人,招收临时季节工(果农)500 余人,年可直接增加农户工资性收入 500 余万元。近年来,公司已总计带动 4800 余户周边果农的 24 000 余亩果品逐步走上绿色果品生产道路,年可增加果农果品经济收入 2400 余万元。

(四)龙凤坡果蔬农业专业合作社

龙凤坡果蔬农业专业合作社成立于 2014 年 6 月,是一家以苹果生产为主、产业覆盖苹果生产全过程的多元化发展的股份制民营企业,拥有年产销 1500 吨无公害苹果的优质基地 650 公顷,果树组培苗木繁育基地 50 亩,可储 500 吨的冷库。基地位于有"天然氧吧"之美誉的甘山脚下,这里有 40 多年苹果生产历史。2014 年 10 月,合作社获得了国家无公害绿色食品证书,实现有害物质"零残留"。合作社目前已实现了以"甘山红"为品牌的生产、线上线下销售、仓储物流为一体的配套管理,为当地经济发展做出了突出贡献。

第四节　陕州区传统村落与主要遗址遗迹

一、传统村落

陕州区地处豫西地台区,历来都有着较为成熟的农耕文化,更因其独特的地理环境与社会环境,形成了别具一格居住风格——地坑院。目前,陕州区拥有国家级、省级传统村落 12 个。其中,西张村镇庙上村、西张村镇南沟村、西张村镇丁管营村、张汴乡刘寺村、张湾乡官寨头村、张汴乡曲村,入选了中国传统村落名录。西张村镇人马寨村、西张村镇反上村、观音堂镇石壕村、张汴乡寺院村、张汴乡北营村、原店镇新建村,为省级传统村落。这些传统村落仍保留较多的传统农业要素,体现了当地的乡风民俗和传统农业文化。

(一)西张村镇庙上村

庙上村属陕州区西张村镇,位于黄土高原东部边缘的丘陵山区,于 2012 年入选第一批国家级中国传统村落名录。庙上村地坑院民居,最早院落修建于明初,随着时间推进人口增多,历年又陆续增多,至今有 80 余座,保护完好。其地坑院是沿袭原始人们以洞、穴栖身逐步演变的一种民俗住宅形式。

庙上村地坑院民居,位于西张村镇政府南 1 公里处,距三门峡市 20 公里,建筑面积 9.7 公顷,规划保护面积 15.9 公顷,辖 4 个村民组,居住户数 181 户,人口 627 人。庙上村地形地貌有山地、台原、沟壑等;属于暖温带大陆性季风气候,年均气温 13.9℃,该区域昼夜温差大,适于发展苹果、梨等水果产业;地下水资源多埋藏在冲击的沙层、砂砥石的含水层中,深度 12~90 米,水量丰富,水质较好。全村面积 3244.6 亩,人均耕地 1.67 亩,庙上村经济收入以旅游、种植业、畜牧业为主,人均年收入 8500 元。

地坑院是黄土高原上特有的一种民居形式,当地百姓自古以来就有住窑洞的习惯。根据地形可分为长方形和正方形,按阴阳八卦确定窑院的坐向。其通常是在平地挖出百余平方米、深约 6 至 7 米的土坑,在四壁凿挖窑洞 8 至 12 孔,上沿四周砌成围墙,俗称拦马墙。在窑院一角的窑洞内凿出阶梯式斜坡通向地面,作为人们进出院落的通道。在通道一旁挖有深约 28~30 米的水井一眼,供人畜用水。院中间挖有渗井一眼,直径约 1 米,用来渗透雨水和生活用水。院中间栽植梧桐、梨树等树木,因土层深厚,水分充足,树木生长极快,枝叶繁茂。窑院内除人住的主窑、客窑外,还有单独的窑洞作为厨房、厕所、鸡舍和畜圈。窑院内冬季温度在 10℃以上,夏天保持在 20℃左右,中午休息还要盖上被子,人们称

310

它是"天然空调,恒温住宅"。具有坚固耐用、冬暖夏凉、节省资金、挡风隔音、安全防震等特点。因整个村庄位于地平面以下。因此,人们进入村子,只闻人声笑语,鸡鸣狗叫,却不见村舍房屋,"见树不见村,进村不见房,闻声不见人",就是它的真实写照,被建筑专家们称为"世界土生建筑的绝妙之笔"。天井窑院既是游览农村的一大景观,也是考察研究黄土高原民俗和原始"穴居"发展演进的实物见证。

庙上村地坑院民居,东接菜园乡,西连张汴乡,北临三门峡市湖滨区,南与洛宁县上戈乡交界,海拔高度 696～706 米。庙上村地处黄土高原东部边缘,丘陵山区,崤山在境内由南向东北绵延,村地形地貌有山地、平原、沟壑等,雷张公路、S318 公路临村而过,交通便利。

庙上村地坑院

传统民居地坑院作为一种文化遗产,既有绵长的历史,又是生活中的现实,具有表现人类在黄土地区创造的一种独特生存环境的价值。在目前的形势下,它又是一种即将消失的古老民居形态,是一种独具特色的生土建筑形式,是其他地区罕见的人文景观。庙上村地坑院民居是其典型的代表,80 余座地坑院,最长延续有几百年历史,保护完好,能体现较完整的原始风貌。地坑院的形成与建造,紧扣社会经济发展的时代背景。其特点为就地取土,挖穴建宅,省工省料,经济实惠,冬暖夏凉,挡风隔音。"唯有树木不见村,风送炊烟缭绕飞,待看地坑如天井,嬉笑源于穴居人",这首游客触景生情顺口咏的诗句,形象概括了庙上村古槐翠绿遮阴,地坑院摆布成局,村民享乐无穷的生活气息。

庙上村地坑院民居连片分布,保存基本完好。地坑院院落一般深 6 米,根据宅基地地势、面积,按阴阳八卦决定修建具体形式院落,确定坐向。要求"正窑后有靠山,前不登空",窑按功能分有主窑、客窑、厨窑、居住窑、牛羊窑、杂物窑、茅厕窑、门洞窑等。门洞旁在槐树,取意"千年松柏,万年古槐",寓意家庭幸福长久,生活安康;绿化方面,遵循"前梨树,后榆树,中间一颗石榴树",寓意顺利、富贵、多子多福等。

庙上村有一棵古槐与一口古井。古槐位于村西,距今已有 200 年,树高 20 米,冠幅 15 米,树径 1.2 米,古朴、沧桑、极具生命力,取意"千年松柏,万年古槐",寓意家庭幸福长久,生活安康,现在是村庄美丽的风景。古井修建于明朝,深 15 米,口径 0.9 米,用于村民日常生活饮水。井水口味甘甜,养育一代又一代村民,古老原始,使人联想到先民们生活状态。

村内特色婚俗延续至今已有 100 年以上,与以前的社会经济状况及居住环境密切相关。近年来,随着城市化和现代化进程的加快,年轻人结婚越来越多地采用现代结婚礼仪,传统的特色婚俗有所淡化,但仍有些年轻人坚持原来的婚俗传统,在地坑院内举办传统的婚礼。地坑院传统婚礼表演,已经成为当地发展旅游业的重要内容。

地坑院传统婚俗

剪纸艺术在当地由来已久,其作品涉及当时生产、生活各个方面,体现先人勤劳朴实、热爱生活、追求真善美的情操。近些年来,剪纸艺术作为村里的一项产业,成立了剪纸协会,在老艺人的传带下,新人不断成长,剪纸艺术,有了较好的传承,在当地有很高的声誉。

(二)西张村镇南沟村

西张村镇南沟村,村域面积 268.8 公顷,常住人口 2380 人,全村土地计

268.8 公顷,人均耕地 1.3 亩,经济收入以种植业、畜牧业、剪纸艺为主。该村地处黄土高原东部边缘丘陵地区,主要产业为苹果种植与旅游业。该行政村落形成于明代,于 2013 年入选第二批中国传统村落名录。

南沟村位于三门峡市南 10 公里处,距西张村政府 10 公里。村域面积 268.8 公顷,村庄建设面积 47.94 公顷。北临东沟村,东与三门峡湖滨区交口乡,西与陕州区张湾乡毗邻,南与营前接壤。地理坐标北纬 34°24′,东经 111°44′。海拔约 700 米。崤山在境内由南向东北绵延,村地形、地貌西高东低,落差 15 米左右,有山地、平原沟壑等。三张公路经村西由北向南穿境而过。

南沟村地处黄土高原东部边缘,处丘陵山区,地形地貌有沟、台原等。该区域属于温带大陆性气候,年平均气温 13.9℃,昼夜温差大,适于发展苹果、梨等水果产业。

南沟村地坑院民居

南沟村黄土层堆积厚达百米以上,土质颗粒细小均匀,富含钙质结核物,具有良好的黏合性,透气性和渗水性,又有较高的抗压强度。地下水资源多埋藏在冲击沙层,埋藏深度 12~90 米。含水层透水性强,水量丰富,水质较好,开发潜力较大。村南侧深沟为季节性河流,常年雨水、雨季山洪向北排入涧河。

南沟村传统民居地坑院作为一种文化遗产,既有绵长的历史,又是生活的现实,具有表现人类在黄土地区创造的一种独特的生存环境的价值。最早的院落修建于明初,随着时间推进人口增加,又陆续增多,至今有 80 余座地坑院,80 座靠崖院,保护完好。

南沟村中学校院内古榕花树距今已有 150 年左右,树高 20 米,冠幅 12 米,树径 0.6 米。其古朴沧桑,极具有生命力,蕴含榕花富贵、万事如意、家庭幸福、天长地久、生活安康的寓意,如今已成村内一景。

南沟剪纸历史悠久,源远流长,有 300 的历史。其构图简洁,造型准确,具有南方的纤巧秀逸,又有北方的浑厚,粗犷豪放。南沟村的剪纸被有关专家称为中国"黑文化"的源头。2006 年南沟村在河南省成立了农民艺术协会。2007 年南沟剪纸被列入第一批河南省非物质文化遗产名录。2013 年南沟剪纸经国家商标总局注册,成为河南省注明的商标。南沟村传承发展了传统剪纸艺术,使剪纸成为村内一项支柱产业,成为了河南特色文化产业村。

南沟村地坑院民居入口

(三)西张村镇丁官营

村域面积 245.33 公顷,常住人口 1534 人,辖 9 个村民组,居住户 605 户,1852 人。西张村镇丁官营村于 2014 年入选第四批中国传统村落名录。该村位于西张村镇东北部,距三门峡市区 8 公里。北与大安头村相邻,西与小安头、五花岭村接壤,南接东沟村,东与湖滨区交口乡富村搭界,规划保护 36.54 公顷。丁管营地形地貌有沟、台原等,属于温带大陆性季风气候,年平均气温 13.9℃,该区域昼夜温差大,适于发展苹果等水果产业。地下水资源多埋藏在冲击的沙层,深度 12~90 米。水量丰富,水质较好。丁管营经济收入主要为种植业、畜牧业为主。

据村志记载,清朝在丁管营村驻扎有军营,由丁、管两个人领导,故而得名丁管营。

丁管营村传统民居也是地坑院。丁管营村地坑院现有 53 座,靠崖院 14 座,延续有上百年历史。

丁管营村坐落在因流水冲刷而形成的高地——陕塬上,整个村落地形地貌有山地、台塬、沟壑等,区域内地势西高东低,起伏较小多为缓坡地形;植被状况良好,无泥石流、山洪等灾害。村落选址处地势平坦,目前丁管营村以现代砖混建筑为主,传统建筑集中成片的只有 3 处,其他为零星布局。村落传统风貌分割现象比较严重,已不是"唯有树木不见村,风送炊烟缭绕飞。待看地坑如天井,嬉笑源于穴居人"的地坑院传统风貌。

村内有关帝庙遗址一处与百年以上树龄古树两株。其中一株为古槐树,树高 10 米,冠服 8 米,位于地坑院 23 号西南侧。另一株为皂荚树,树高 6 米,冠服 6 米,位于地坑院 22 号西南侧。

蒲剧是村内的传统娱乐项目,其传统剧目有本戏、折戏 500 多个。题材上至远古,下至明清,有文有武,风格多样。传统剧目有《薛刚反朝》《三家店》《窦娥冤》《意中缘》《燕燕》《西厢记》《赵氏孤儿》等,新编历史剧有《白沟河》《港口驿》,现代戏有《小二黑结婚》等。丁管营村于 1953 年成立自己的蒲剧团,蒲剧曲目有《八件衣》《斩皇袍》《斩美案》等。

(四)张汴乡刘寺村

张汴乡刘寺村,村域面积 4.5 平方公里,常住人口 2206 人,地处黄土高原东部边缘丘陵山区。村落形成于元代以前,于 2014 年入选第三批中国传统村落名录。该行政村主要产业为苹果种植业与旅游业。该村地处陕州区西黄土台地,地势南、西、北三面较高,东面较低临沟壑,海拔最高 700 米左右。整体为地表径流冲刷向的黄土塬,呈阶梯状展布,地貌破碎又多沟壑。属暖温带大陆性季风气候,受大陆低气压和蒙古高气压的影响,旱季雨季明显,春季多风干燥、夏季炎热多雨、秋季较适宜、冬季寒冷少雪,年平均气温 13.2℃左右,年降水量 650 毫米,年平均日照时数 2548 小时,全年主导风向为西南风。

黄土台地刘寺村,西面北面为阶梯状塬地,南倚甘山余脉,山体美若画屏,东为沟壑,形势蜿蜒、状若齐驱。沟下有张湾乡的青龙涧河沿边旁跨。山体沟壑,草木繁茂,植被好,地下水源丰富,水质好,在张汴源首屈一指。

刘寺村始建于汉代,由刘姓最早定居于青龙涧河边的高岩墙崖上,后又有他姓相继迁入。大约在元末明初,才有其他姓氏迁入本村,一直发展至今。

其地坑院民居位于豫西黄土高原东部边缘的丘陵山区,村地形地貌有山地、台原、沟壑等。该区域多为起伏较小的缓坡地形,植被况状良好,无泥石流、山洪等灾害。村落选址地势平坦,南、西、北三面偏高,东临沟谷,正南为甘山支流的高台原,此种选址有利于地坑院修建,能有效应对大风、山洪等自然灾害。刘寺村现有地坑院 200 余座,保存基本完好。

村内共有古槐 4 颗、古井 1 口。村中 1 号古槐树围 3.9 米,高 21 米。村南 2 号古槐树围 3.2 米,高 19 米。村南 3 号古槐树围 2.01 米,高 17 米。村东北 4 号古槐树围 2.8 米,高 15 米。古井深 15 米,口径 0.9 米。其中的 1 棵古槐已有千年以上,旁边古井也在八百年左右,村南 2 棵古槐也有三四百年树龄,村东北一棵古槐约有三四百年树龄。古槐长势强劲,枝叶茂密、挺拔屹立,历经沧桑,过往来人见者称奇。人们取意"千年松柏,万年古槐",寓意家庭幸福长久,生活安康。

(五)张湾乡官寨头村

张湾乡官寨头村,村域面积1.43平方公里,主要地貌特征为台塬式地貌。三面环沟,形成于元代以前,于2016年被列入建设部第四批中国传统村落名录。该自然村的主要产业为农产品种植与加工业。官寨头村现有68户,常住人口243人。该村典型的黄土高原沟壑地貌,形成了丰富的窑洞聚落景观。窑居种类齐全(包括下沉式窑洞、独立式窑洞及靠崖式窑洞)历史悠久,分布相对集中,具有一定规模。村落内部绿化良好,山地植被覆盖率较高,且种类沿山体等高线变化,沟壑景观层次分明;农业生产以果业为主,同时兼有禽畜养殖业。

官寨头村的修建,可追溯到元代。早期建筑为临崖凿洞,以窑洞建筑为主,被称为靠崖式窑洞。清乾隆年间,杜氏祖先在后头院临崖凿洞,院内土坯圈窑,砖瓦砌房,形成黄土塬特有的四合院建筑,又在平地挖坑凿洞,形成了地坑院。20世纪80年代中期,村庄重新规划,现代建筑平房、楼房、砖砌窑洞成为村西一景。原地坑院、靠崖院有的被重新修茸,成为集展现古建筑文化、民俗风情和居住为一体的建筑格局。

官寨头村落格局

官寨头村位于苍龙涧西侧的台塬上,是以窑洞为主要居住形式的典型黄土高原自然村落。官寨头村的村名起源于村中西边一处高地,原名官疙瘩(现依然存在名为官疙瘩的地方),由于形状酷似一个棺材形的土台,民间流传是虢国时期某国君的假坟(70年代整修大寨田时已铲平),因"棺材"与"官寨"在当地方言中同音,故取官寨头为村名。村中以杜氏家族最大,其次有路、王、程、曹四姓氏。

村中有开阔的平地,又有沟壑边直立的山崖,复杂的地形条件使这里有靠崖窑、下沉式窑洞和独立式窑洞三种类型,基本涵盖了分布于我国的所有窑洞形式。窑洞建筑规模约1.5万平方米。其中以下沉式窑洞保存最为完整,独立式及下沉式窑洞大部分建于清朝末年时期。

官寨头村属于混合式的窑居村落,从村落平面布局上看,整个村落呈不规则形状,布局紧凑、富有变化。现村落可分为五个区域:地坑式窑洞区、靠崖式窑洞区、独立式窑洞区、果品种植区和新村建筑区。

官寨头村属于典型的沟壑边缘发展的村落,村落早期沿台塬等高线发展,分布大量靠崖式窑洞。后期人口增加,没有朝向良好的崖壁可以利用,开始在塬上开挖下沉式窑院,形成现在的官寨头村村落形态。从村落周围的自然景观环境可以充分看出,官寨头村在选址时同样遵循"背山面水,负阴抱阳"的基本原则,整个村落坐北朝南、背山面水,同时考虑到耕地因素和防御因素等。

在村落内部空间中,以下沉式窑洞为主的窑洞组,被东西向的一条沟壑分割开来,形成南北两个区域。这种布局属于典型的面状空间,没有街巷等空间的串联,从村落内部空间到院内空间的过渡,仅通过下沉式窑院的女儿墙作为分界线,形成了地上和地下两个活动区域,通过入口坡道将地面上的村落空间和地下院落空间相连。每个下沉式窑院落都是一个独立的单元,虽然空间上是分割的,但是视线可达,从窑顶可以俯瞰整个院落景观。站在村落空间中,下沉式窑院区域没有明确的方向性,地上没有任何标志物,显示出了无序的、随机的特征。

在下沉式窑院区域的南部,地势开始呈阶梯式下降,自然地过渡到村落的靠崖窑区域。崖窑区窑洞建筑根据沟壑的走向进行布局,在台地间的崖壁上开挖靠崖窑。每户靠崖窑都会在窑前有限的地面上建设房屋,用土坯墙和院门围合形成窑房院,作为村落内部空间到窑院内部空间的分界线。窑院间由一条临沟壑的道路串联起来构成一个小组团,每个组团间以"之"字型坡道相互连接,最终形成了台地式的带状空间结构。与下沉式窑院组团相比,靠崖窑洞区在形态上更加分散。村落水源分布于沟壑底部,耕地区分布于塬上,早期生活在此的村民生活轨迹主要呈垂直形式。

官寨头村独立窑洞

官寨头村共有 37 个窑洞院落,其中,下沉式窑院 9 座,独立式窑院 2 座,靠崖式窑院 26 个。整个村落建筑肌理包含两种类型,既有"折线"或"曲线"型布局的靠崖窑村落建筑肌理特点,又有散点式布局的地坑式建筑肌理。下沉式窑院落间的距离一般在 10 ~ 18 米,呈现出匀质化的建筑布局。从村落整体来看,下沉式窑院呈团状布局,集中在村落南北两个地块。靠崖窑院主要分布在村落东、南面的沟壑崖壁中,随等高线依台塬层次分布,呈曲线或折线排列,大约 3 ~ 7 个窑院形成一个组团,分布在一层台塬上,多层台塬层叠,使靠崖式窑洞在不同等高线上布局紧密。

官寨头村整体传统风貌保存完整,现有传统民居使用情况较好,村民定期自发维修自家民居。窑洞建筑包括靠崖式窑洞、下沉式窑洞和独立式窑洞,其中以下沉式窑洞数量最多,保存最为完好,大都建于民国时期,目前仍有人居住其中。

当地下沉式窑洞位于村内平坦的黄土塬上,在地面向下开挖矩形的院坑,深度约 6 ~ 7 米,在院落四壁向内开挖窑洞。窑院内窑洞 8 ~ 12 孔不等,尺寸一般为 9 米×6 米,9 米×9 米,也有些较大的院落为 12 米×8 米,12 米×12 米。当地会根据风水确定主窑面。主窑一般为厅堂或长辈居住的房间。窑院的入口位于主窑面对面,除主窑和入口,窑外其余窑洞分担不同功能,例如牲口窑、杂物窑、茅厕窑等。窑院中设有渗井,雨水可直接通过屋檐排入窑院,入口坡道处会设有排水沟,直接通入院中渗井中的渗井,靠黄土下渗。

靠崖式窑洞位于村落南边的黄土崖面上,具有良好的朝向,沿崖面开挖数孔窑洞,面宽约 2.8 ~ 3.2 米,进深约 9 ~ 10 米。中间为主窑,挖出的黄土直接填在窑洞前面的坡地上形成较平坦的院落。该村的靠崖式窑洞目前大部分已废弃。

独立式窑洞不受地形限制,平面布局比较自由,在官寨头村现存仅有一孔独立式窑洞,建造年代约为清朝时期。位于村落中部偏东的台塬上,是在背靠山的平地上以夯土墙作窑腿,在窑腿上砌筑土坯拱,四周再夯筑土墙,屋顶形式为掩土夯实做成平顶。整个窑院呈"L"型布局,东、北两面各有 3 孔窑洞,平面由高约 1.5 米的土坯围墙以及宅门三部分组成。

关帝庙位于官寨头村中部沟壑区域内,是为了供奉三国时期蜀国的大将关羽而兴建的。如今关帝庙大部分已经损毁,但关帝庙作为传统文化的重要体现方式,在当时与人们的生活息息相关。与后人尊称的"文圣人"孔夫子齐名,关公被人们称之为武圣关公。官寨头村的关帝庙,是当地水土与民俗民风的展示,是村中重要的公共建筑。庙内供奉的关公像,是村中民众的道德楷模和精神寄托。

村中一直有栽种树木的传统,古树数量较为丰富。有 300 年以上树龄柿子树 5 棵,200 年左右树龄柿子树 3 棵,100 年树龄柿子树 39 棵;300 年树龄槐树 1

棵,80年树龄槐树1棵,80年树龄楸树3棵,70年树龄杨树6棵,70年树龄杏树11棵,70年树龄梨树8棵。

陕州豉汁历史悠久,《本草纲目》中特别提到陕州区豉汁的药用价值。史料记载官寨头村的豉汁以黑豆、黄豆等豆豉为原料,由羊沟泉水酿造。豆豉制作工艺历史悠久,至今仍保持着独特的文化传承。古曰:"陕府豉汁,甚胜常豉。其法,以大豆为黄蒸,每一斗,加盐四升,椒四两,春三日、夏二日、冬五日即成……"精通此工艺的村民仍延续古法酿造,成为该地区重要的非物质文化遗产技艺。

官寨头村鼓乐表演

鼓乐文化在官寨头村较为盛行,是村民重要节庆当中必有的集体庆祝方式。在春节、端午、庙会等重要节日,常安排传统鼓乐表演等民俗文化活动,以此庆祝。村中仍有一些老艺人从事传统鼓乐表演,活动路线多为沿台塬上下绕村进行,全村参与,热闹非常。该民俗活动成为官寨头村文化生活的重要组成部分。鼓乐表演场地多设在天井窑顶,村民上下应和,气氛热烈。

(六)张汴乡曲村

张汴乡曲村,村域面积2.87平方公里,常住人口1527人。主要地貌特征为高原,形成于明代,于2019年入选第五批中国传统村落名录。该行政村的主要产业为苹果、葡萄与桃的种植。

张汴乡位于陕州区的西南部,是三门峡市地坑院村庄保存完善的主要集聚区,曲村是张汴乡地坑院保存较多、较好的主要代表之一。该村位于张汴乡东部,距三门峡市区24公里。北与张汴集镇相邻,西与卢庄村接壤,南接西过村,东与曹村搭界。地势南高北低。南部山区,北部为黄土塬,海拔在655～935米之间。这里的黄土层堆积厚达百米以上,又具有较高的抗压强度。

村庄现状布局与周围环境较为协调,但功能结构比较单一,与传统建筑等自然人文景观缺乏有机协调。在地块内主要以居住用地为主,在村庄中部布置村委会、村民广场等公共服务设施。在建筑布局上,由于历史原因,曲村地坑院与其他地面建筑相互交织,形成地面建筑包围地坑院,在地坑院建筑群中建有地面建筑,部分地坑院被填平改为果园用地或宅基地。村内整体建筑布局较为混乱,用地复杂,对地坑院的保护和展示较为不利。

曲村的粮食作物有小麦、玉米、红薯等,但不是其主要的来源。其主要的经济来源为种植经济作物,以果、蔬为主,各种果树种植面积占耕地面积的80%。其中,种植苹果500亩,年产值150万元;种植葡萄300亩,年产值180万;种植桃200亩,年产值80万;种植梨树80亩,年产值24万。有蔬菜大棚40个。养殖业以养猪、养羊和养蜂为主。

曲村形成于明代,历史悠久,在成村以来的漫长岁月里,先人们为曲村留下了丰富的文物古迹。

曲村关帝庙始建于清朝中期,位于曲村北面,是之前张汴塬上重要的祈福求平安的场所。在抗日战争时期,于1944年被攻入曲村的日军烧毁,后于2013年进行修复重建,时年农历八月十九落成竣工,并举行祭祀大典。现在的每年农历四月初五曲村都会在此举办"曲村古庙会"。现关帝庙为曲村居民生活的公共空间,居民祭拜祈福、集会、交流多来于此。

著名的"分陕石"也位于曲村之内。公元前1046年,武王建立周王朝。成王时期,由于年幼,为了维护新建立的政权,方便治理和协调内部关系,以三门峡(古时为陕州)的"陕"为分界线把周的统治区域划分为东西两大行政区,由周王朝的开国重臣"分陕而治"。于是周召二公商定,凿了一根高3.5米的石柱栽于土中,这叫"立柱为界"。"自陕而东者,周公主之;自陕而西者,召公主之"。据考证,此石柱是我国历史上有文字记载的最早的一块界碑,"陕西"因此得名。

(七)原店镇新建村

原店镇新建村,村域面积3.16平方公里,常住人口620人。该村主要为丘陵地貌特征,形成于清代,入选第五批河南省传统村落名录。村民主要靠种植石榴、苹果、玉米、豆类等经济和粮食作物为主要产业,以及外出务工作为经济来源。全村共有土地1870亩,其中退耕还林1375亩,人均耕地2.3亩。平均海拔400米,年平均气温在18℃左右,年降雨量500毫米左右,年日照平均时数2315小时,无霜期210天,土壤结构为立黄土和沙壤白面土,坡势缓和,通风透光条件好。

新建村传统民居由张氏奠基人张胜华、张胜宇、张胜德三兄弟在此定居发展而来,经过几代人的苦心经营,现已发展成为前院、后院、后窑三大分支 109 户,431 人。现存明清四合院传统民居建筑 12 座,房屋 156 间,还有寨墙 500 余米。

村落形成于明末清初,因躲避战乱,张氏兄弟三人来到此处。由于此处地理地形俱佳,为宜居之地,便在此地定居。新建村的鼎盛时期在清朝中期,大院门楼上悬挂着匾联,全为此时官府、富贾所赠。该村 2013 年被三门峡市确定为第三批文物保护单位,2016 年被河南省确定为第七批文物保护单位。

(八)观音堂镇断岩村

段岩村传统民居,位于三门峡市陕州区观音堂镇段岩村,始建于清雍正年间,在清代至民国的数百年间,均有修葺。

村落选址科学,依山傍水,环境优美。北面、东面倚青山为守,西面山沟,南临河渠,结寨为营。此村址利用地势,便于防守,复又临近古丝绸之路,利于家族生意往来。反映了人与自然之间和谐互动的关系。

段氏家族有在丝绸之路上经商的传统。家族充分利用了古丝绸之路崤函古道段转运不便的特点,抱团大做贸易。经商致富之后,重视耕读,代有人才,家族也更加兴旺。段岩村也成为以段氏为主体的商人聚居之地,解放战争期间,陕州地委、陕州县委等曾经驻扎于此,是事实上的豫西解放总指挥部。

段岩村传统民居现存有:古井、古桥、祠堂、文庙、古戏楼、古民居、古寨墙、古寨门等等,建筑群规模大,布局合理,整体格局完好。建筑风格及院落布局汲取了豫、秦、晋三省的特色,砖雕、木雕精美繁多,具有珍贵的历史、文化和艺术价值,体现了清代豫西地区典型的建筑风格与技术水平。

二、主要遗址遗迹与文保单位

陕州区历史悠久,早在距今约六七十万年前的旧石器时代,华夏民族的祖先即在此生息繁衍,新石器时代的古文化遗址遍布全境,文化底蕴丰厚。此次陕州区农业文化遗产的调研便能以此为主要线索来探索陕州地区之前的农业耕作状况。

(一)庙上村地坑院

地坑院又叫作天井窑院,是古代人们穴居生存方式的遗留,被称为中国北方的"地下四合院"。庙上村地坑院有"中国地坑窑院文化之乡"美称,大多有一二百年的历史。2001 年 6 月,被列为全国重点文物保护单位。

庙上村地坑院

（二）庙底沟遗址

庙底沟遗址位于河南三门峡陕州古城南,总面积 24 万平方米,是一处仰韶文化和早期龙山文化遗址。遗址内涵分为二期:一期(下层)为仰韶文化遗存,命名为仰韶文化庙底沟类型。二期(上层)遗存属仰韶文化向龙山文化过渡性质的遗存,命名为庙底沟二期文化,它是承袭仰韶文化发展而来,又发展为河南龙山文化。该遗址发现于 1953 年,1956 年开始发掘,至今已累计清理面积 4480平方米,2013 年 5 月,被列为全国重点文物保护单位。

（三）崤函古道石壕段遗迹

崤函古道石壕段遗迹位于陕州区硖石乡车壕村东南,观音堂镇石壕村境内,距三门峡约 36 公里。石坂坡上的车壕印痕全长约 100 余米,路面宽约 6 至 8米,辙宽 1.06 米。车辙壕深 0.25 米,系车轮在石坡长期压碾而成。古道略呈西北、东南向。2014 年 6 月 22 日,在卡塔尔首都多哈举行的第 38 届世界遗产大会正式批准通过"丝绸之路:长安—天山廊道的路网"世界遗产名录的申请报告。崤函古道石壕段正式列入世界遗产名录,陕州区石壕古道遗迹申请世界遗产成功。

（四）温塘摩崖造像

温塘摩崖造像,位于河南陕州区温塘村南山阴的石壁上,距三门峡市区 15公里。现有造像 36 尊,龛 6 处。据造像风格和题铭文字看,此几处石窟开凿时间不一,有洛阳龙门石窟的风格。但据大周长安二年(702)的题铭,称之为"温汤古寺"。1963 年被列为河南省重点文物保护单位。

第五节　陕州区非物质文化遗产与传统农业民俗

　　陕州区拥有较多的非物质文化遗产与传统农业民俗,其中部分与当地农业生产生活密不可分,有的本身便是农业文化遗产的重要组成部分。目前,陕州区拥有市级以上的非物质文化遗产22项,其中,地坑院营造技艺为国家级非遗项目,黄河澄泥砚、杨高戏、王莽撵刘秀传说、中原棉布印染技艺(捶草印花技艺)、蒲剧(灵宝蒲剧、陕州梆子)等5项为省级非遗,民间剪纸、大营社火、老君的传说、武则天东巡故事、奶奶爷的传说、陈连娃的故事、豫西小调、传统灯笼制作工艺、等亲拴娃娃习俗、夜社火、文人及商旅故事、大营麻花制作技艺、面豆制作技艺、十碗席、武当壬九门武术、传拓技艺(古砚传拓技艺)等16项为市级非遗。

一、地坑院营造技艺

　　地坑院是古老的生土建筑,属减法营造的负建筑形态。四周有低矮的拦马墙,防止雨水倒灌和人物坠落。内部有8至12孔窑洞,其中一孔通过斜坡式甬道延伸至地面,供居民上下。另有公用的厕所窑、碾磨窑和水井。地坑院营造技艺是国家级非物质文化遗产项目。

陕州地坑院营造技艺

　　地坑院营造有完整的设计规制、模数和工艺口诀,且绝大部分和现代建筑理念相吻合,环境负荷极小,民俗性和科学性相统一,足以体现劳动人民的智慧。由地面经窑坡到院里,再到窑洞,整个空间收放有序,充满了明暗、虚实、节奏的对比和变化;窑洞的拱形曲线,与拦马墙、瓦檐这些直线因素形成对比,尖拱、半圆形拱、抛物线拱,其中心则是门窗,整个窑洞立面构图的线条素洁生动,颇具艺术美感;从上往下看,整个窑院为方形,站在院子中间看天,天似穹窿,这是天地之合的缩影,既体现了方圆之美,又暗合了中国古代"天人合一"的哲学思想和天圆地方的世界观。依据"庙正院不正"原则,方位要稍偏。为体现尊卑秩序,主位要高大,地势"上高下低",天井"上宽下窄",主窑为"九五窑",其他为"八五窑"。为解决通风采光问题,窑洞要"前高后低""前宽后窄",安装要"扑门仰窗"。建地坑院使用的土工尺子,长5尺,和古代男子平均身高相似,通过其数值和尺度控制,能保证各建筑部位与人体活动需要的空间协调平衡。这种向下挖掘的独特民居的负建筑形式,展示出了当地人民在建筑美学、排水系统、建筑力学等方面的原创性智慧。

二、捶草印花技艺

"捶草印花技艺"是省级非物质文化遗产项目,它是把一种学名叫"太阳花",中药名叫"老鹳草,俗名称"嵌棒棒"(其果实状似啄木鸟的头部),属牻儿苗科的植物嫩叶,夹在白布里,在平整的石头上用木棒槌锻打出液汁,使其叶脉纹路渗印在白布上,形成白底绿花的花布。这是缝制女性服饰的十分原始的印花技艺。后来有了化学染料,人们又把黑矾用热水化开,将渗印在白布上的草样涂描固色,最后纯色浸染。这样印出来的花布,花样呈暗红色,十分朴拙美观,是当地农民明、清、民国初期较普遍使用的一种印花技艺。

《河南农田杂草志》记载:"太阳花具有提取黑色素,做染料的用途"。太阳花纤维素紧密,反复锻打,不散其形,液汁较多,附着力极强,尚未发现其他草叶可以取代。

捶草印花主要技艺流程为:

(1)每年夏季从田野采摘"嵌棒棒"草叶,择洗干净,晾去水分;

(2)将白布铺在捶布石上,把草叶摆成自己喜欢的花形;

(3)白布对折覆盖,摆好的草叶夹在中间;

(4)用木棒槌轻轻锻打,看到白布上隐现绿色花纹即可;

(5)取出草叶,用热水化开黑矾,用毛笔蘸黑矾涂描渗印在白布上的花纹,进行固色;

(6)将化学染料放在铁锅里煮开,把锻印好的白布煮染;

(7)将铁锅里染好的布料捞出,搭在绳上晾干即可。

陕州区捶草印花技艺

　　捶草印花技艺主要流传于陕州区西部大营、原店、张汴、西张村、菜园等乡镇,该区域位于秦晋豫黄河三角地带,分布有三大黄土台阶平塬,属浅山丘陵地貌,土层深厚,沟壑纵横,民居多为下沉式地坑院。该地历史延续十分久远,民俗风情受秦晋文化影响较大,与黄土环境、黄河文化关联密切。

　　捶草印花是一种十分独特稀有的传统手工印花技艺,它反映了农耕时期,当地农民巧妙利用天然的植物叶形美化生活的智慧和情趣。

三、陕州澄泥砚瓦

　　"陕州澄泥砚瓦制作技艺"是省级非物质文化遗产项目。澄泥砚历史悠久,早在唐元和年间,著名书法家柳公权在《砚论》中就把澄泥砚和端、歙、洮砚并称为四大名砚。民国二十五年(1936)《陕县志》卷十三《物产土属》记载:"澄泥砚,唐宋皆贡。说文云:'虢州澄泥砚唐人品之,以为第一。'又云:'砚理细如泥色紫可爱,发墨不渗,久之砚渐损凹,硬墨磨之,则有泥香。'按:此砚今产于人马寨……实取土于土门村,土质如红石,碾碎成粉,掺合为料甚佳。昔清乾隆皇帝宫内宝藏数方,足证其有价值云。"清光绪二十八年(1902),在官督商办模式下创办了陕州工艺局,人马寨村就此成为国内著名的陕州澄泥砚瓦手工业制造中心地。人马寨的制砚艺人独具匠心地制造出许多极具民间地域特色的澄泥砚瓦,其造型粗犷、饱满、古朴,是清末民初澄泥砚工艺的代表作。

陕州区人马寨村生产的澄泥砚瓦,属范模成型。制砚所用的范与模均为澄泥陶制。艺人们以家庭为作坊,根据所造砚的形状,利用内外范模分别进行翻制。所用泥土取自土门村和当地的火烧阳沟的红胶泥土,经过拣选、捣碎、过筛、澄滤、配料、搅和等多道工艺,澄炼出十分细腻的泥浆,脱模后的砚坯放置室内阴干,在其半干时再用利器进行整修、刻划、压印铭记堂号;干透后,再在太阳下暴晒数日,趁热即可入窑烧制了。

陕州澄泥砚的品种十分丰富,产量大、款式多。产量最大的是一种仿唐宝莲花簸箕砚,当地人称其为莲花池砚。其砚犹如一椭圆形簸箕前低后高,砚首有七个莲花瓣,宛如一朵盛开的莲花。澄泥砚瓦种类繁多,有仿生型的"伏虎砚""双狮砚""卧牛砚""云蝠砚",还有几何形的"圆""椭圆""四方""长方"等,有传统式的"凤字砚""瓦当砚""马蹄砚""覆手砚",更有一些造型奇特古朴的随型砚。大者近尺,小者二寸。

澄泥砚瓦

人马寨制砚艺人还把圆雕、浮雕、刻花、划花、画彩、髹漆、贴金等工艺运用到制砚工艺上,如金蟾澄泥砚就是髹漆贴金的典型代表。他们还发明两种澄泥暖砚,一为水砚,砚分两层,内层中空以贮热水;一为火砚,中空置炭火,使砚膛长暖,圆周透雕双线纹通风窗,独具匠心,十分奇特。

清末时,人马寨的制砚作坊已是星罗棋布,"玉瑞堂""福瑞堂""盛瑞堂""文善堂""永兴堂""永兴泰记""三义合号""集义通记"等多家堂号竞相烧制。新出窑的澄泥砚瓦,由于在窑内摆放位置不同受热也不同,再加上泥质、配料和烟熏的缘故,出现鳝鱼黄、蟹壳青、虾头红等自然窑变。这时要趁热用蜂蜡涂抹砚身,以便日后使用时不渗水。

四、陕州剪纸

"陕州剪纸"是市级非物质文化遗产项目,其剪纸种类繁多。从用途上说,有结婚用的喜花、春节用的窗花、刺绣用的样花、丧事用的幡花等;从表现形式上说,有团花、角花、围花、瓶花、单色花、染色花等;从题材内容上说,有花鸟花、虫鱼花、人物花、动物花、生肖花等。剪纸花样,异彩纷呈,美不胜收。

陕州区剪纸风格独特。一是崇尚黑色,视黑色为色中之王,是尊贵、庄重的象征。春节窗花以黑色最为珍贵,每家每户都要贴上几方,这在全国,较为罕见;二是构图造型,简洁明快,北方的粗犷奔放、南方的灵巧清秀兼而有之;三是点染技艺,较为独特。黄、红、绿三色流动交融,相互浸润,清爽淡雅,斑驳艳丽。

陕州剪纸

陕州区剪纸得古陕州风气之先,有着深厚的历史渊源和广泛的群众基础,在"剪纸窝"南沟村,最鼎盛时,几乎人人持剪,家家卖花。最近两年,受国家抢救、保护非物质文化遗产影响,剪纸之风又日益强盛。目前,全县较为知名的剪纸艺人就有 350 多名。

在陕州剪纸中,曲村剪纸很具有代表性。曲村剪纸传承于陕州区剪纸,并且传承良好,目前曲村地坑院窑洞的窗户和风门,基本上都是木制的井字形方格,原来玻璃很少,农民都是用白纸贴在里面,这是窗花大量使用的基本条件。曲村剪纸在各种民俗事项中的应用非常广泛,历史延续十分久远,与黄土环境、黄河文化关联密切。

曲村剪纸历史悠久,现在还有用葫芦皮剪小药葫芦戴在小孩衣服的纽扣上以避邪防病的习俗。剪纸在春节、婚俗、丧俗等民俗事项中扮演着重要角色,主要用途包括春节贴窗花,结婚用的团花、喜花,丧俗用的纸马、各种纸扎、柳幡、香幡、手幡、门幡等,避邪用的"药葫芦""五毒花"等,刺绣、工艺制品等用的样花。

曲村剪纸历史悠久,风格独特,在我国非物质文化遗产研究应用中具有较高价值。概括起来具有融通性、原创性、"聚窝特色"、崇黑习俗等四大特色。

曲村剪纸的产生依托于曲村地坑院的居住环境、文化习俗和生活方式。曲村的剪纸也应用于曲村的传统节日、婚丧嫁娶、日常生活和地坑院的装饰等方方面面。曲村剪纸与曲村的整体环境密切相关,与村庄依存程度非常之高。

五、大营麻花制作技艺

"大营麻花制作技艺"是市级非物质文化遗产项目。大营麻花,始创于明代晚期,已有数百年的历史。因源于古陕州大营而得名。相传很久以前,此地为战事兵营,后因战乱灾荒而客居于此的民众,逐成民居之地。其时,草木旺盛,野兽出没,毒蝎横行,尤以毒蝎危害甚广,凡中毒者,十有半亡。人民为诅咒蝎害,于每年阴历二月二,家家户户把和好的面拉成长条,扭作毒蝎尾状,油炸后吃掉,称之为"咬蝎尾"。久而久之,这种"蝎尾"就演变成今天的大营麻花。大营麻花硬面和就,配料讲究、口味独特、纯手工制作,有脆、酥、香等特点。

大营麻花配料讲究,发酵讲究夏宜嫩、冬宜老,须凉冷后,揉入干面。冬天面宜软,夏天面宜硬。不论冬夏,麻花胚条都要粗细均匀。搓麻花时,小股劲大,大股劲小,不得惜力。炸麻花以植物油为宜,并需要掌握火候,达到焦而不糊,表里如一。

大营麻花可分为软面和硬面两种。最初,大营制作的麻花多属"软面型"。19世纪中叶,大营人又炸出了含水量较少的"硬面"麻花。这种麻花长尺许,色泽柿红透亮,棱角分明,香甜酥脆,久放而不干,营养价值较高,一面世就受到了黄河两岸群众的喜爱。其基本配料为精面、食盐、鸡蛋、糖等,分为甜、咸两种,均为硬面和就,具有"香、酥、脆"之特点。

大营麻花制作技艺

大营麻花完全是靠手工炸制的,制作麻花的师傅舞动着灵活的手臂,将那些细长的面坯搓动、折叠、拧花,丢进滚烫的油锅里,然后用一双长筷子不停地翻动,很快,一根又黄又脆的麻花就出锅了。一位文人,看到麻花的制作过程,随口吟出了"梨木案上龙摆尾,青油锅里虎翻身"的佳联,就是对这种制作情景的真实写照。

六、面豆制作技艺

"面豆制作技艺"是市级非物质文化遗产项目。面豆是陕州区菜园乡及其周边地区农村群众十分喜爱的一种小吃食品,其历史渊源已无从考证,可能是古时当地群众外出携带的一种干粮。据当地老年人说,面豆历史至少在二三百年。

面豆是独具特色的豫西传统面食小吃,其采用手工工艺,用精制的小麦面经过揉面、发酵、搓揉成条、刀切成如大豆一样的颗粒、用白绵土做介质焙烤而成。因其味道酥、脆、香,且耐保藏,具有养胃、开胃的作用,是豫西一带人出行远游和重大节日待客的特色小吃。

菜园乡面豆

菜园乡面豆在传统工艺的基础上,从选料到工艺上进一步精细,再加之特有的白绵土和天然井水,生产出的面豆不加任何添加剂。基本流程是选用小麦面粉,添配多种佐料,用深井泉水手工和面发酵,施以传统工艺,做成豆装颗粒;然后置入盛有滚烫白绵细土的大铁锅中混合翻搅,经高温烘烤烧炒而成。

七、十碗席

"十碗席"是市级非物质文化遗产项目。十碗席的起源和豫西当地的气候有很大关系。豫西山区雨量较少,气候干燥寒冷,民间饮食多用汤菜兼之,喜欢香辣咸酸,荤素搭配,以抵御干燥寒冷。这里的人们习惯用当地的家猪肉和萝卜、田野菜等制作经济实惠、汤水丰盛的宴席,久而久之逐步形成了极富地方特色的豫西"十碗水席"。

十碗席已有三百余年历史,系陕州名吃珍品。光绪二十七年(1901年)九月初八,慈禧太后及光绪皇帝从西安回銮北京路过陕州,当地官员为取悦慈禧和光绪,遂安排当地名厨用十碗水席进献,太后和光绪品尝纯正地道的十碗席后大悦,且亲口夸赞:"十碗水席,十全十美。"

十碗席的菜品,就形状而言,丝、片、条、块、丁花样丰富;就其制作过程而言,煎、炒、烹、炸、烧变化无穷;就其营养而言,荤素搭配汤菜兼有,具有香而不干、甜而不腻、补而不燥、爽而不硬,香味浓郁,清爽利口的特点。十碗席上菜有讲究。上菜先热后凉,中间大烧、小烧,与桌纹垂直且与正门相对的方向为上,由年长德高望重的人坐。桌正中上方摆金针,相对下方摆海带,左摆红色、右摆白色菜。简单地说来就是:大烧小烧,上珍下带;左红右白,两头凉菜。

穿山灶

十碗席还有如下特色:一是有荤有素,素菜荤做,选料广泛,畜肉、蔬菜均可入席;二是有汤有水,味道多样,酸辣甜咸,舒适可口;三是"十碗席"所搭配主食乡风浓郁,手工面条爽滑劲道,回味绵长,手工馍面质松软细腻。

"十碗席"有独特技艺特征,有荤有素,有热有凉。即七热三凉,其中的扣碗肉、小酥肉经过加工切成片后煮熟,再进行烧烤、加料、焖透后装入瓦碗内蒸。蒸碗色红味香,口感不腻,具有独特口味,食后回味无穷,令人流连难忘,是陕州农家饮食风味独特的美食。

第六节　陕州区传统美食及地方名吃

一、大营麻花

大营麻花原产于大营村,特点是酥、脆、清香、适口、味美。早在 20 世纪 30 年代,大营麻花即以名产馈赠亲友而远近闻名。至今,当地农村仍以麻花作为走亲访友的主要礼品。

麻花以含水量多少,分为软面麻花与硬面麻花 2 种。初期,大营麻花全属软面型。19 世纪中叶,大营村秦寿录始创硬面麻花,后由刘阮娃等相传至今,并改进了配料和操作方法,使其遐迩闻名。

大营硬面麻花的配料比例是:面粉 10 斤,苏打 4 至 5 钱,食盐 2 两左右。发面用量随气温高低增减,面的发酵要适度,发面凉冷后,还要掺入干面,揉合均匀。搓麻花时双手劲要使匀。制作上等麻花,需选用精粉和大槽芝麻油,还要拌入生鸡蛋,这样麻花就会酥松适口,别具风味。

二、观音堂牛肉

1929 年,从郑州来一擅长做牛肉的厨师,名叫海镇玉,靠着一口锅,在观音堂立足摆摊。当时,生意并不兴隆。海镇玉死后,经其弟子张永安、白西元苦心探索,改进配料,增加品种,使牛肉名声大振。其制作方法是先将宰杀的鲜牛肉(约 200 市斤),置于盛满清水缸中,内加食盐 18 斤,火硝 3 两腌渍。时间长短根据季节而定,一般冬季为 1 个月,夏季为 3~4 天,春秋两季为 7~8 天,直到腌的里外透红为止。腌好后,放进大锅沸煮 6 至 7 个小时,在沸煮中,一次放进茴香、丁香、白芷、姜、蒜、辣椒等各 3 两。为防止夹生和烙锅,要勤翻勤看,控制火候,以煮烂肉不散为宜。出锅后(夏季要凉透防止热捂)就成为味美可口的五香酱牛肉。

在新中国成立前,观音堂五香酱牛肉,虽为名产,但食者多系富家豪门,销路不广,最好年景,年销售量只有 1500~2000 公斤。新中国成立后,销售量逐年增加,1985 年,销量达到 2.5 万多斤。近年来,区财政拨款扩建牛肉加工场房,改善操作条件,以生产更多更好的牛肉,满足人民生活日益增长的需要。

三、五香面豆

面豆是独具特色的豫西传统面食小吃。其采用手工工艺,用精制的小麦面经过揉面、发酵、搓揉成条、刀切成如大豆一样的颗粒,用白绵土做介质焙烤而成。因其味道的酥、脆、香、耐保藏,且具有养胃、开胃的作用,就成为豫西一带人出行远游和重大节日待客的特色小吃。

五香面豆在传统工艺的基础上,从选料到工艺上进一步精细,再加之其村特有的白绵土和天然井水,生产出的面豆外观洁白、入口酥脆、香气浓郁,富含多种微量元素,对久闷不食和胃溃疡有较好的疗效,同时还具有久存不霉变,不加任何添加剂的优点,从而成为豫西地区面豆生产的品牌,并以其独特的风味深受食者喜欢,产品已远销全国各地。

四、陕州糟蛋

陕州糟蛋已有近百年的历史,为陕州区名产,由鸡蛋和黄酒酒糟加工酿制而成。其味道独特,富营养、质醇厚、具酒香、色红黄、呈糊状。而且增食欲、助消化、细品尝、味悠长,深受消费者欢迎。光绪二十七年(1901),山西省临漪县富商张诗秀聘请一名苏师傅,在陕州区城内"祥太号"酱菜园制作经营。1924年,区城南关"祥太东"也制作经营此品。1940年10月10日,国民党陕州专署在城内农林实验中学举办的农工产品展销会上,陕州糟蛋曾被评为佳品,荣获奖状,从此驰名秦、豫、晋等省。新中国成立后,仍为私人制作经营。1954年,陕州区食品厂曾试制生产。1959年,陕州区并入三门峡市,则由三门峡市食品厂生产经营。目前,陕州糟蛋仍是一个知名的地方小吃品牌。

第七节　陕州区传统农业系统特征与价值评估

陕州区位于中华文明的发祥地,拥有悠久的历史与农耕文化,域内传统农耕文化要素多元而丰富。随着市场经济的发展,农民逐渐将目光转向了农产品所能带来的收益,陕州区的传统农业元素受到了极大的冲击,其农业文化遗产要素的挖掘、整理和保护,需要加以关注。

课题组经过实地调查之后,在深入调查和科学识别的基础上,根据中国重要农业文化遗产认定标准,对陕州区典型农业系统进行了初步命名:(一)陕州区清泉沟小米种植系统与文化;(二)陕州区御红袍石榴种植系统与石榴文化。

一、陕州区清泉沟小米传统种植系统

陕州清泉沟小米种植历史悠久,享有较高的声誉,在长期的农业生产实践中,陕州人民掌握了系统的小米种植技术和知识体系,形成了厚重的粟作文化。

(一)产品特性

小米又称为粟,北方称谷子,谷子脱壳为小米。小米是世界上最古老的栽培农作物之一,起源于中国黄河流域,是中国古代的主要粮食作物。其具有营养价值高、耐旱、耐贫瘠等特点,是半旱半干旱地区的主要粮食作物。清泉沟小米种植区位于丘陵山区的塬上,地势开阔,年降水量充足,日照时间长,昼夜温差较大,非常适合小米的成长,所产出的小米也是陕州区享誉全国的作物之一。

张茅乡清泉沟位于豫西丘陵山区,每年成千亩丰收的谷子地与勤劳朴实的农民、传统的陕州区地坑院民居等一起构成了一幅幅壮美的农业画卷。

(二)经济价值

清泉沟小米米色金黄发亮,籽粒圆大,整齐、均匀,熬粥糊化速度快,米汁香稠,米油丰富,粘糯醇香,细柔光滑,汤纹可揭数层。食用之满口溢香粳性,细柔光滑,溢香可口。"贡米"之名誉满全国,2018年更是获得了农业农村部批准的农产品地理标志产品登记保护,产品远销陕西、山西、湖北等地。每年小米作物种植面积约为667公顷,稳定产量在2000吨,为当地农民的增产增收提供了强有力的支持。

(三)科研价值

谷子是中国古老的种植作物,在中国古代农业中,有着重要的地位,其曾经是中国最重要的粮食作物之一。而三门峡市陕州区内被较大面积黄土所覆盖,土壤多为红黏土、黄土质和红黄土碳酸盐褐土。而土层深厚、土质疏松、富含有机质、透水透气良好的壤土、土壤pH值中性,土壤无污染等因素,是优质小米生产的有利条件。尤其该区域土壤富含钾,有利于提高小米的品质。当地人更是有只有在当地的土质状况之下才能种出优质小米的说法。对其地小米的种植进行研究,能够对现代农业科学中提高小米品质与土壤肥力的相关研究提供重要参考。

（四）社会价值

清泉沟谷子的种植历史悠久，所产的小米以其适口性好、品质优良而驰名当地。2018年2月12日，中华人民共和国农业农村部正式批准对"清泉沟小米"实施农产品地理标志登记保护。对其进行种植保护，在现如今市场化情境所带来作物品种单一化现状下，有着保护优良品种资源，为我们保留优质作物性状的巨大社会价值。

（五）文化特征

小米在地处黄河流域的陕州区人们的饮食结构中一直扮演着重要的角色，清泉沟小米更是因清末慈禧太后西往西安时赐名"清泉贡米"而使当地居民产生了更为深厚的文化归属感。

二、陕州区御红袍石榴种植文化

石榴种植在陕州区有较为悠久的历史，其与陕州的文化与人们的生活早已融为一体。当地先民在种植过程中，充分熟悉了石榴的生长节律，掌握了相关的种植技术与知识体系，形成了独特的石榴种植文化，其中最为重要的是御红袍石榴。

陕州御红袍石榴生长在原店镇新建村，树势中等，果实圆形。《地方志》中记载，在慈禧太后和光绪皇帝经过此地时，称其可与临潼石榴媲美，得名"陕州御红袍"。当地居民也多在特色民居地坑院中种植，寓意"多子多孙"作为对美好生活的期望。

三、陕州区传统农业系统评估意见

在系统调研的基础上，课题组专家根据《中国重要农业文化遗产认定标准》和具有潜在保护价值的传统农业系统评估体系，对陕州区传统农业系统进行了初步评价，评估意见如下：

（一）陕州区清泉沟小米传统种植系统

陕州区具有悠久的历史和厚重的文化底蕴，这里曾出土了庙底沟文化，是夏王朝统治的中心地区。数千年来，生活在陕州一带的人们通过种植粟米，维系了较为安全的生计模式。时至今日，错落有致的梯田，以地坑院和土窑洞为代表的传统民居和村落,淳朴忠厚的村民,丰富的文化遗址遗迹,共同构成了一幅幅壮美且生机勃勃的农业画卷。

清泉沟地理位置独特,这里四季分明的气候和独特的红黏土、黄土质和红黄土碳酸盐褐土,使得土层深厚、土质疏松、富含有机质、透水透气良好,土壤中富含钾,使得这里生产的小米金黄发亮、籽粒圆大、米汁香稠、米油丰富、细柔光滑,一度被清代统治者誉为"贡米"。成百上千年来,人们在从事小米种植过程中,形成了独特的技术体系,孕育了丰富多彩的非物质文化遗产和独具的乡风民俗。但随着现代农业发展的不断推进,清泉沟原有的小米品种逐渐消失,代之以现代培育的小米品种,传统小米种植系统也发生了某种意义上的中断。

在科学合理评估的基础上,专家组对陕州区清泉沟小米传统种植系统进行了打分,分值为68分。专家组认为:陕州区清泉沟小米传统种植系统虽然具有较为悠久的历史,但目前的小米种植品种已不是本土品种,若认定为中国重要农业文化遗产还欠缺核心要件。不过,如果恢复本土品种,继续保持传统的种植方式,陕州区清泉沟小米传统种植系统纳入中国重要农业文化遗产,仍有一定的价值和意义。

(二)陕州区御红袍石榴种植文化

陕州区盛产石榴,石榴在当地人民的生产生活中扮演着较为重要的角色。在长期栽培石榴的过程中,陕州人民充分利用山坡、庭院、梯田,广泛种植石榴,形成了浓厚的石榴文化。

石榴是张骞出使西域后,从西域传入中原本土的果树品种。陕州地处长安和洛阳之间,得二都频繁交流之便利,很早就将石榴融入人们的日常。不过,相比于陕西临潼,陕州的石榴种植规模、品种多样性、文化传播范围、市场认可度等方面明显较弱。在陕西临潼石榴已经列入中国重要农业文化遗产之后,陕州御红袍石榴并没有突出优势能够超越临潼石榴。

在科学合理评估的基础上,专家组对陕州区御红袍石榴种植文化进行了打分,分值为58分。专家组认为:陕州区御红袍石榴种植文化虽然具有较为悠久的历史,但认定为中国重要农业文化遗产的必要性、战略性均明显不足。因此,不建议将陕州区御红袍石榴种植文化纳入中国重要农业文化遗产名录。

第八章 黄河流域传统农耕文化的保护与传承

第一节 黄河流域创造了本源性的农耕文化

黄河是中华民族的母亲河和中华文明的摇篮,农业是文明的基石,灿烂的中华文明得益于黄河流域悠久且未中断的农业生产实践。在数千年的历史长河中,一代代中华先民在黄河流域辛勤劳作,创造了本源性的农耕文化和永续稳定的生存模式,留下了丰富多样的农业遗产和宝贵的精神财富。

（一）黄河流域丰富多样的本土农业物种,印证了我国的世界农业起源中心地位

我国是世界农业起源中心地之一。至少在七八千年前,中华先民就已经在黄河沿线从事农业生产。黄河流域是黍、稷、麻等古代主粮作物的起源地,是大豆、蚕桑、猪、狗、鸡等主要农业物种的重要驯育地,是栗、桃、杏、李、枣等果树的最早栽培地,是黄芪、党参、当归、枸杞等名贵中药材的原产地。数千年来,生活在黄河流域的人们以"五谷丰登""六畜兴旺"和"人寿年丰"的美好愿望和孜孜追求,不断推动着中华文明的发展繁荣。

（二）黄河流域厚重的农耕文明,催生了大批标志中华文明起源的符号,孕育了最能代表中华文明的重要遗产

半坡文化、老关台文化、裴李岗文化、磁山文化、仰韶文化、龙山文化、大汶口文化、马家窑文化等,是中华文明起源的主要印证;长城、麦积山石窟、秦始皇兵马俑、法门寺、晋祠、云冈石窟、龙门石窟、白马寺、孔庙,是最能代表中华文明的重要遗产;西安、洛阳、开封、太原、安阳、邯郸、郑州等,是世界著名的历史文化名城。它们像一颗颗璀璨的明珠镶嵌在黄河沿线,诉说着中华文明的悠久和灿烂。但农耕文明是黄河文明和中华文明的主要特征之一,它们无一例外的是黄河流域农业生产发展和农耕文明滋养的结果。

（三）黄河流域悠久的农业生产实践，创造了本源性的中华农耕文化

农耕文化是黄河文化的主要内容之一。人们在黄河流域数千年的农业生产活动，塑造了神农和后稷两大农神，形成了浓厚的农本思想，构建了影响深远的国家重农体制。编制了以二十四节气为代表的天文历法，书写了《齐民要术》等古代骨干农书，形成了先进的铁犁牛耕和成熟的"耕—耙—磨"耕作技术体系，修筑了郑国渠、唐徕渠等大型农田水利工程，建造了窑洞、地坑院、四合院等传统民居，孕育了以敬天授时、用养结合、道法自然为核心的农业伦理观。它们是本源性中华农耕文化的重要标志，是中华优秀传统文化的重要组成部分。

（四）灿烂的黄河农耕文化，形塑了中华文明的独特气质和文化基因

黄河、黄土、黄帝是中华民族的重要标志。滔滔的黄河水因滋养黄土地而成为中华民族的母亲河，黄土地上的良田美景和成群牛羊成就了灿烂的黄河农耕文明，黄河流域的农业发展和社会进步塑造了中华"人文初祖"黄帝。世世代代生活在黄河沿线的劳动人民，在通过辛勤劳作创造幸福生活的同时，不仅形成了中国人民重视农业、珍惜粮食和土地、保护生态环境的正确观念，而且形成了自强不息的向上精神、厚德载物的向善精神、家国一体的向心精神等独特价值体系和意志品质，为中华文明和中华民族注入了独特气质和优秀文化基因，推动着中华文明的延续和不间断发展，奠定了中华儿女"我之为我"的骄傲和自豪。

（五）黄河流域丰厚的农业文化遗产资源，为树立文化自信和推进乡村振兴提供了重要支撑

黄河流域悠久的农耕实践为中华民族留下了丰厚的农业文化遗产资源，包括富含农耕文化信息的遗址遗迹，本土农业物种的传统种养殖系统，成片的古树园或古树群，以砂田、土坡梯田、淤泥坝地、滩地为代表的独特土地利用系统，以历史悠久的窑洞、地坑院、四合院为主体建筑的传统村落，民谣民谚、传统手工技艺、特色农事礼仪和民俗活动等非物质文化遗产，悠久独特的农业景观，等等。丰厚的农业文化遗产资源既凝聚着人们深沉的乡愁和家国认同，也为弘扬传承传统优秀文化，发展乡村文化产业和推动乡村振兴，提供了重要支撑。

第二节　黄河农耕文化缺乏系统挖掘和保护

农耕文化是中华优秀传统文化的重要组成部分。近年来，党和国家多次强

调坚定文化自信,实施农耕文化传承保护工程,开展农业文化遗产普查与保护,传承和弘扬中华优秀农耕文化就是坚定文化自信的具体举措。黄河农耕文化是中华农耕文化的集中反映,黄河流域是我国农业文化遗产的核心富集区。系统挖掘和梳理黄河流域农业遗产和农耕文化要素,建立黄河农耕文化保护带,推动黄河农耕文化系统保护和传承,是时代赋予的使命。

(一)黄河流域的农耕文化和农业遗产要素呈加速流失态势

传统农耕文化生于丰富的农业生产实践,长于广阔的乡村大地,传于祥和的田园生活。但随着现代农业生产方式的普及、城市化进程的加快和"空心村"现象的普遍发生,黄河流域的农耕文化和农业遗产要素越来越多地失去存续的土壤。具有重要保护价值的农业文化遗产逐渐消失、乡村公共文化活动难以为继、民间技艺大批失传、传统乡风民俗渐行渐远、传统村落人去房空等现象日渐凸显,一再印证了挖掘和保护黄河农耕文化和农业遗产的紧迫性。

在实地调研中,课题组明显感受到我国农业文化遗产要素在快速地消亡,主要体现在:

其一,一些本土的特色农业物种在 20 年前可能还是县域主要的农业品种,如府谷的滚沙驴、本土黄米品种、陕北黑山羊、八眉猪,清水河的乌驴、本地胡麻等等,在快速的农业现代化和市场经济体制下,已经逐渐消失或处于消失的边缘。

其二,传统的土地利用方式,如黄土高原的土坡梯田、淤泥坝地等,在土地摞荒的背景下已经不再具有生产功能。

其三,随着城市化进程的加快和年轻劳动力的流失,传统村落和富含农耕文化色彩的非物质文化遗产,也在逐渐消亡。课题组在内蒙古清水河县调查传统村落时,发现之前人口兴旺、建筑古老、文化浓厚的古村寨,只剩下 50 岁以上的数十人(兴盛时多达 500 多人),等这一批人下世之后,这个典型的黄河流域古村落将不复存在,围绕古村落形成的传统农业系统同样将消失殆尽。而农业文化遗产要素的快速消亡,意味着我国农业文化遗产资源在日渐枯竭。

(二)黄河流域农耕文化资源分布不平衡

黄河流域农耕文化和农业遗产要素富集于广大乡村,尤其是历史文化悠久、现代化和城市化水平较低的县域,农耕文化资源更为独特和集中。相比而言,人口集中的现代化都市却需要更多的优秀农耕文化,以满足都市人群对家乡的眷恋和对田园生活的向往。目前,农耕文化难以在现代都市扎根,农耕文化资源城乡配置不平衡,无法满足城市居民的文化消费需求问题十分突出。并且,优秀农耕文化资源在黄河流域内部分布同样不均衡,总体上呈西强东弱的分布状态,但人们的需求却是东强西弱,具有明显的结构性矛盾。

(三)黄河流域农耕文化挖掘保护较为滞后

农耕文化挖掘保护是一项周期长、投入大、成效慢的工作,需要强大持久的社会经济支持。黄河流域社会经济发展与"长三角"和"珠三角"有较大距离,农耕文化的挖掘保护同样差距明显。例如,我国 15 项全球重要农业文化遗产(GI-AHS)和 118 项中国重要农业文化遗产(China-NIAHS),绝大部分集中在长江流域或南方地区,黄河流域分别仅有 3 项和 19 项。并且,黄河流域内部发展严重不平衡,其中山东、河南既是社会经济较发达的省份,同时也是文化大省,农耕文化的挖掘保护较为充分。相反,黄河上游的省区虽然具有丰富的文化资源,但农耕文化的挖掘保护明显滞后。

(四)黄河流域农耕文化传承和发展缺乏系统性

黄河流域地势西高东低,地形地貌相差悬殊,但流域处于中纬度地区,光照、温差、降水分布等差别不大,流域内的农业生产模式呈阶梯状过渡和沿承,种植养殖的主要农业物种具有较明显的一致性,农耕文化具有较强的同质性。但各地在挖掘、弘扬和传承农耕文化之际,通常仅关注辖区内农业历史遗产的挖掘和农耕文化的叙事,忽视了它们之间的沿承性和内在一致,黄河农耕文化因而经常以被割裂的片段示人,难以形成整体协同的文化效应。

第三节　协同建设黄河农耕文化带
系统保护传承黄河农耕文化

2019 年 9 月 18 日,习近平总书记在黄河流域生态保护和高质量发展座谈会上明确指出:"千百年来,奔腾不息的黄河同长江一起,哺育着中华民族,孕育了中华文明。""九曲黄河,奔腾向前,以百折不挠的磅礴气势塑造了中华民族自强不息的民族品格,是中华民族坚定文化自信的重要根基。""黄河文化是中华文明的重要组成部分,是中华民族的根和魂。要推进黄河文化遗产的系统保护,守好老祖宗留给我们的宝贵遗产。要深入挖掘黄河文化蕴含的时代价值,讲好'黄河故事',延续历史文脉,坚定文化自信,为实现中华民族伟大复兴的中国梦凝聚精神力量。"

为了系统保护黄河农耕文化,发挥黄河农耕文化在树立文化自信、推动乡村振兴、延续中华民族的精神根脉等方面的积极作用,我们建议:

（一）将挖掘、保护和传承黄河农耕文化上升为国家文化发展战略，协同推进黄河农耕文化带建设

借鉴大运河文化带建设经验，从国家文化发展战略的高度，协同建设黄河农耕文化带，深入推进黄河农耕文化挖掘、保护和传承。从国家层面成立"黄河农耕文化带协同建设领导小组"，统一协调整合农业农村、文化旅游、林业、自然资源、发改委等中央各部委以及沿黄河各省（区）。以黄河农耕文化保护、传承、利用为主线，按照高质量发展要求，紧密围绕黄河流域农耕文化要素采集、重要农业文化遗产挖掘、传统农业景观留存、沿线传统村落和历史文化名镇保护修复、农业农村非物质文化遗产传承、优秀农耕文化保护传承示范、农耕文化与乡村旅游融合发展、农耕文化国际交流等，科学规划，优化布局，突出保护和传承，统一编制黄河农耕文化保护和发展规划。

（二）实施黄河农耕文化和农业遗产要素采集工程，加强黄河流域重要农业文化遗产的挖掘和保护

广泛采集黄河流域与农业生产和农民生活息息相关的遗址遗迹、非物质文化遗产、民风民俗、传统村落等信息，系统调查黄河流域传统农业技术和知识体系、独特的土地利用系统、古树园或古树群、本土或特色农业物种及其利用方式等，深入挖掘黄河农耕文化和历史遗存蕴含的人文精神、价值理念、道德规范等，切实建设黄河农耕文化和农业遗产要素数据库。以中国重要农业文化遗产（China-NIAHS）和全球重要农业文化遗产（GIAHS）项目为重要抓手，深入开展黄河流域重要农业文化遗产的识别评估工作，加强黄河流域重要农业文化遗产的保护和开发。

（三）进一步加大对沿黄各省（区）的文化投入，建设一批以黄河农耕文化为主题的博物馆，系统展示黄河流域农业历史和文化

划拨黄河农耕文化带建设专项资金，对经济发展水平较低、文化遗产保护资金有限、农耕文化资源富集的黄河中上游适度倾斜。"一个博物馆就是一所大学校"，农耕文化博物馆是人们了解农业历史、传承农耕文化、开展社会教育的文化殿堂，支持农耕文化资源富集的城市和县域建设专题博物馆，突出地域特色，从不同层面系统展示黄河农耕文化。对已建成和运行的黄河农耕文化专题博物馆进行支持。

（四）深入推进黄河农耕文化示范园建设，发挥园区在农耕文化遗产保护展示、城乡文化旅游融合提升、优秀传统文化保护传承利用的示范带动效应

在科学设计、合理布局、统筹考虑农耕文化遗产资源分布基础上，在黄河流域农耕文化富集区或典型性、代表性地区，建设若干国家级别的黄河农耕文化示范园，深入挖掘和丰富黄河农耕文化内涵，集中展示和弘扬黄河农耕文明，创新黄河农耕文化遗产保护传承机制，探索农耕文化和旅游融合发展的新模式和新路径，多点联动，以点带面，形成黄河农耕文化保护传承利用的样板，充分发挥示范园的示范和辐射带动效应。

文化自信是更基本、更深沉、更持久的力量，文化振兴是乡村振兴的精神基础，黄河流域的高质量发展离不开文化的支撑。保护、传承、弘扬黄河农耕文化，一定能够为黄河流域高质量发展和实现中国梦凝聚更大的精神力量。

参考文献

［1］习近平.在黄河流域生态保护和高质量发展座谈会上的讲话(2019 年 9 月 18 日).求是,2019(20).

［2］李文华.中国重要农业文化遗产保护与发展战略研究.北京:科学出版 社,2016.

［3］王思明,李明.中国农业文化遗产研究.北京:中国农业科学技术出版 社,2015.

［4］王思明,李明.中国农业文化遗产名录.北京:中国农业科学技术出版 社,2016.

［5］王思明,沈志忠.中国农业文化遗产保护研究.北京:中国农业科学技术出版 社,2012.

［6］农业农村部国际交流服务中心.全球重要农业文化遗产(GIAHS)实践与创 新.北京:中国农业出版社,2018.

［7］田阡.多学科视野下的农业文化遗产与乡村振兴.北京:知识产权出版 社,2018.

［8］唐晓云.农业遗产地社区的旅游开发研究.北京:旅游教育出版社,2012.

［9］中国农业博物馆.中国重要农业文化遗产大观.北京:中国农业出版 社,2018.

［10］农业农村部国际交流服务中心.乡村振兴与农业文化遗产——中国全球重 要农业文化遗产保护发展报告(2019).北京:中国农业出版社,2020.

［11］顾保国,林岩.文化振兴:夯实乡村振兴的精神基础.郑州:中原农民出版 社,2019.

［12］包美霞.乡村文化兴盛之路:传承发展提升农耕文明.郑州:中原农民出版 社,2019.

［13］谭砚文.农耕文明的传承、保护与利用研究.广州:世界图书出版社,2019.

［14］沈凤英,秦丽娟. 农耕文化与乡村旅游. 北京:中国农业出版社,2020.

［15］满珂. 非物质文化遗产:变迁·传承·发展. 北京:科学出版社,2019.

［16］沈镇昭,隋斌. 中华农耕文化. 北京:中国农业出版社,2012.

［17］胡彬彬,吴灿. 中国传统村落文化概论. 北京:中国社会科学出版社,2018.

［18］周建明. 中国传统村落保护与发展. 北京:中国建筑工业出版社,2014.

［19］葛剑雄. 黄河与中华文明. 北京:中华书局,2020.

［20］贾玉英. 黄河流域旅游文化及其历史变迁. 北京:科学出版社,2020.

［21］张纯成. 生态环境与黄河文明. 北京:人民出版社,2010.

［22］(清)谭吉璁. 康熙延绥镇志. 陕西省榆林市地方志办公室整理. 上海:上海古籍出版社,2012.

［23］榆林市府谷县史志办公室. 府谷县志两种. 上海:上海古籍出版社,2014.

［24］(清)黄建中. 皋兰县志. 乾隆四十三年刻本.

［25］(清)文秀. 新修清水河厅志. 传抄清光绪九年刻本.

［26］(清)龚崧林. 重修直隶陕州志. 乾隆二十一年刻本.

［27］景泰县志编纂委. 景泰县志. 兰州:兰州大学出版社,1996.

［28］府谷县志编纂委员会. 府谷县志. 西安:陕西人民出版社,1994.

［29］韩城市志编纂编委会. 韩城市志. 西安:三秦出版社,1991.

［30］韩城市地方编纂委员会. 韩城市志(1990-2005). 西安:陕西人民出版社,2012.

［31］清水河县志编纂委员会. 清水河县志. 呼和浩特:内蒙古文化出版社,2001.

［32］陕县史志编纂办公室. 陕县志. 郑州:河南人民出版社,1988.

后　记

　　本书是西北农林科技大学中国农业历史文化研究所、农业农村部传统农业遗产重点实验室组织师生,通过选取黄河中上游地区的景泰、府谷、清水河、韩城、陕州等县市区,对其农业文化遗产要素进行挖掘整理和传统农业系统识别评估以及对其农业文化遗产特征分析的基础上形成的阶段性成果。在调查研究的推进和成果的形成过程中,得到了农业农村部农村社会事业促进司的大力支持!

　　在实地调研过程中,山东大学历史文化学院博士研究生陈祥、西北农林科技大学人文社会发展学院博士研究生刘鑫凯、杨思洁和硕士研究生李娜参加了景泰县调研,并负责搜集整理了相关资料。南开大学历史学院博士研究生艾开开、中山大学马克思主义学院博士研究生王佳妮、西北农林科技大学人文社会发展学院硕士研究生张雪璐、乔沁、金俊杰、徐昀微参加了府谷县和清水河县调研,并负责搜集整理了相关资料。西北农林科技大学人文社会发展学院副教授赵越云、博士研究生刘鑫凯、朱玉参加了韩城市调研,并负责搜集整理了相关资料。西北农林科技大学人文社会发展学院硕士研究生乔沁、成志杰、王兴红、徐康宁、宋梦丹参加了陕州区调研,并负责搜集整理了相关资料。课题调研由杨乙丹教授带队,并负责组织撰写调研报告。全书由杨乙丹教授、朱宏斌教授负责统稿。

　　在实地调研中,课题组得到了景泰县农业农村局、府谷县农业农村局、清水河县农业农村局、韩城市人民政府、陕州区农业农村局等单位的大力支持,在此深表谢意!也特别感谢西北农林科技大学出版社对本书出版所付出的努力和辛劳。

编　者
2021 年 10 月